森林康养规划设计

PLANNING AND DESIGNING OF FOREST THERAPY

陈雄伟　陈楚民 ⊙ 主编

中国林业出版社
·北京·

图书在版编目（CIP）数据

森林康养规划设计 / 陈雄伟等主编 . -- 北京 : 中国林业出版社 , 2021.9
ISBN 978-7-5219-1150-3

Ⅰ . ①森… Ⅱ . ①陈… Ⅲ . ①疗养林—规划②疗养林—设计 Ⅳ . ① S727.5

中国版本图书馆 CIP 数据核字（2021）第 082702 号

中国林业出版社 · 林业分社

责任编辑：于晓文　于界芬　　　　电　　话：（010）83143542　83143549

出版发行：中国林业出版社（100009　北京市西城区德内大街刘海胡同7号）
网　　址：http://www.forestry.gov.cn/lycb.html
印　　刷：河北京平诚乾印刷有限公司
版　　次：2021 年 9 月第 1 版
印　　次：2021 年 9 月第 1 次
开　　本：889mm × 1194mm　1/16
印　　张：16.5
字　　数：400千字
定　　价：128.00 元

《森林康养规划设计》编写组

主　　编　陈雄伟　陈楚民

副 主 编　陈钰皓　邓洪涛　韦丽荣　朱卫东　朱利永

编写人员　陈雄伟　陈楚民　陈钰皓　邓洪涛　韦丽荣
朱卫东　朱利永　魏玉晗　梁银凤　白昆立
薛国凤　杜谦泰　胡菲菲　何双玉　苏玉贞
胡　飞　乐　平　赵　艳　陈振雄　肖智慧
陈倩倩　王先志　刘碧云　彭词清　黎荣彬
贺炬成　辛成锋　文　伟　陈启程　吴梓彦
谢锐何　朱剑光

FOREWORD 序

随着我国经济社会的快速发展，身体亚健康、人口老龄化等问题日益严重，人们崇尚绿色、向往自然、追求健康的愿望日益迫切。森林康养作为充分发挥森林资源生态产品服务价值的新业态，通过医学的询证研究，分析不同森林环境带给人们健康的效益，并组织森林疗养师及专业人士设计专属的森林康养课程，以达到治疗或预防疾病的一种替代性活动疗法，对满足人们对森林资源深度体验需求、改善人们生活品质、促进人们身体健康具有重要意义，为人民群众的美好生活需求创造了条件。

2016 年，党中央、国务院印发实施《“健康中国 2030”规划纲要》，正式提出了健康中国战略。由此，森林康养产业开始被纳入大健康产业，得到了社会各界的广泛关注和殷切期盼。但是，目前我国森林康养基地的服务水平和管理体系仍处于产业发展初期，尤其是规划设计理论迫切需要建立、总结、规范，以指导我国的森林康养基地规划设计和建设工作。目前全国关于森林康养理论研究不足，对基地的规划设计也没有系统的研究，基地的建设没有成熟经验，大多处于探索、体验、规划阶段。因此，开展森林康养基地规划设计研究，对加快促进我国森林康养基地的建设发展，开展森林康养体验活动，推进健康中国战略、乡村振兴战略具有重要的意义，为全国森林康养基地规划设计和建设提供了理论和实践的参考价值，具有较好的借鉴作用。

本书作者拥有多年的森林旅游、森林疗养、林业规划设计经验和实践经历，在森林康养规划设计方面有深入的积累和研究，在对广东乃至国内外多个森林康养基地建设成功案例进行深入研究的基础上，系统论述了森林康养基地规划设计理论和实践，提出了森林康养基地建设规划设计的思路和策略，填补了我国森林康养规划设计教材和理论研究的空白。本书的出版，对广东省乃至全国森林康养基地的规划设计行业和建设起到很好的指导作用，是一本深化森林康养基地建设指引的工具书。本书也可以作为大专院校相关专业的教学参考书，同时也可以供森林疗养师、森林旅游爱好者阅读。

广东省林业局局长 陈俊光

2021 年 4 月

PREFACE 前言

自2016年以来，党中央、国务院以及国家林业局（现为国家林业和草原局）等部委发布了很多支持鼓励发展森林康养的政策文件。2016年，中共中央、国务院印发《“健康中国2030”规划纲要》《乡村振兴战略规划（2018—2022年）》；2016年，国家林业局印发《关于启动全国森林体验基地和全国森林养生基地建设试点的通知》；2019年，国家林业和草原局、民政部、国家卫生健康委员会、国家中医药管理局联合印发《关于促进森林康养产业发展的意见》；2019—2020年，广东省和全国各省份发布了《关于加快推进森林康养产业发展的意见》，对实施健康中国战略、乡村振兴战略，推动森林康养产业发展，科学合理利用林草资源和林业供给侧结构性改革，践行“绿水青山就是金山银山”的理念，满足人民对回归自然、美好健康生活的追求，意义十分重大。

森林康养是以丰富多彩的森林景观、沁人心脾的空气环境、健康安全的森林食品、内涵浓郁的生态文化等为主要资源和依托，建设各种不同的康养服务中心、森林医院、度假屋、康养步道、体验平台、疗愈花园等设施，开展以治病养生、修身养心、调适机能、延缓衰老为目的的活动，如各种森林疗法、林中步行、森林瑜伽、森林音乐、打太极拳、森林静思、深长呼吸、放声歌唱等，康养课程和产品针对不同体质、不同病情人群，制定相应的课程，通过一段时间的对症治疗，使用合适的康养产品，使患病人群得到身心治疗，恢复健康身心，享受快乐人生。目前，随着我国国民生活水平的逐步提高，“亚健康”、“三高”、慢性病、抑郁症等人群状态在都市中普遍存在，人们对生活质量和身心健康的关注越来越多。2020年预计全国60岁及以上人口超过2.5亿，老年人的健康保健问题也越来越严重。近年来，世界各国开展了森林环境对人类健康影响的科学研究，日本、韩国以及我国获得了大量的医学效果证明。人们对森林生态功能、保健功能、文化功能的需求越来越旺盛、越来越迫切。按照总体规划要求，森林康养就是将医院、疗养院等设施搬到森林中，在森林里开展治疗体验活动。以走进森林、回归自然为特征的森林康养正逐步成为社会消费的热点，自然环境优良的基地成为了众多都市人追求野趣自然的首选地。最近世界各地发生的新冠肺炎疫情，让人们感受到回归自然、回归森林、回归健康生活方式的重要意义。森林康养基地的建设发展会有广阔的市场前景和良好的社会经济效益，预计未来几年将成为国家大健康产业发展的风口，享受中国经济继续高效发展的机会红利。

目前全国关于森林康养理论研究不足，对基地的规划设计也没有系统的研究，基地的建设没有成熟经验。全国森林康养基地的建设刚刚起步，多数企业处在探索、体验、规划阶段。因此，开展森林康养基地规划设计研究，对加快促进我国森林康养基地的建设发展，开展森林康养体验活动，推进健康中国战略、乡村振兴战略具有重要的意义，为全国森林康养基地规划设计和建设提供了理论和实践的重要参考，具有较好的参考价值。

编写组结合近年来广东森林康养基地的规划设计实践，吸收国内外同行业建设的经验，以深化基地建设指引为目标，编写成一本森林康养基地规划设计和建设指引工具参考书。本书适合森林康养行业规划设计、建设管理、森林疗养院、森林疗养师使用，也可以作为大专院校相关专业的教学参考书，同时也可供森林康养行业投融资、森林旅游、森林康养爱好者阅读。本书共有九章，具体分工如下：第一章：魏玉晗、陈雄伟、薛国凤、胡菲菲、朱利永；第二章：邓洪涛、苏玉贞、胡飞、何双玉、陈楚民；第三章：陈钰皓、陈雄伟、杜谦泰、赵艳、胡菲菲；第四章：陈雄伟、陈钰皓、何双玉、胡菲菲、朱利永；第五章：朱卫东、胡菲菲、梁银凤、陈楚民；第六章：陈钰皓、朱利永、陈张华、何双玉、赵艳；第七章：邓洪涛、白昆立、何双玉、胡飞；第八章：韦丽荣、陈雄伟、王先志、何双玉；第九章：陈楚民、梁银凤、胡菲菲。本书成果的理论框架、统稿由陈雄伟负责。本书在编写过程中，得到广东省林业局改革和发展处、广东省林业产业协会的大力支持和帮助，同时得到广宁县林业局、惠东水美温泉、广东省林下经济示范园、高州森林生态示范园、茂名江南静好生态谷、四川洪雅玉屏山、洪雅七里坪、浙江丽水草鱼塘、丽水白云森林公园、丽水景宁大漈乡、温州猴王谷、福建龙栖山、广州香江集团、广州碧水湾温泉等单位和基地的大力支持，提供非常珍贵的资料和照片，在此表示诚挚的感谢！特别感谢为本书作序的广东省林业局陈俊光局长！感谢为本书提供帮助的有关专家领导和所有人员！

由于森林康养基地规划设计研究难度较大，编写组水平有限，书中存在不足之处，敬请提出批评指正，以提高森林康养基地规划设计研究水平，共同努力推动我国森林康养事业发展。

2021 年 4 月于广州

CONTENTS 目录

第一章　康养基地建设背景

1.1 规划设计研究背景

自2016年以来，党中央、国务院以及国家林业局（现为国家林业和草原局）等部委发布了很多支持鼓励发展森林康养的政策文件，对实施健康中国战略、乡村振兴战略，推动森林康养产业发展，科学合理利用林草资源和林业供给侧结构性改革，践行“绿水青山就是金山银山”的理念，满足人民对回归自然、美好健康生活的追求，意义十分重大（表1–1）。

表1–1　国内支持森林康养发展相关文件

相关文件	主要内容
2015年中国林业产业联合会《关于启动全国森林康养基地试点建设的通知》（中产联〔2015〕85号）	有36家申报单位确定为“第一批全国森林康养基地试点建设单位”。已先后三批确定了233家全国森林康养基地试点建设单位、3个全国森林康养基地试点建设县和1个全国森林康养基地试点建设区
2016年中共中央 国务院《“健康中国2030”规划纲要》	积极促进健康与养老、旅游、互联网、健身休闲、食品融合，催生健康新产业、新业态、新模式。培育健康文化产业和体育医疗康复产业。制定健康医疗旅游行业标准、规范，打造具有国际竞争力的健康医疗旅游目的地。大力发展中医药健康旅游
2016年国家林业局印发《林业发展“十三五”规划》	做大做强森林等自然资源旅游，大力推进森林体验和康养，发展集旅游、医疗、康养、教育、文化、扶贫于一体的林业综合服务业。加大自然保护地、生态体验地的建设力度，开发和提供优质的生态教育、游憩休闲、健康养生养老等生态服务产品。重点强调发展森林旅游休闲康养产业，构建以森林公园为主体，湿地公园、自然保护区、沙漠公园、森林人家等相结合的森林旅游休闲体系，大力发展森林康养和养老产业。到2020年，各类林业旅游景区数量达到9000处，森林康养和养老基地500处，森林康养国际合作示范基地5～10个
2016年国家林业局印发《关于大力推进森林体验和森林养生发展的通知》（林场发〔2016〕3号）	发挥森林在提供自然体验机会和促进公众健康中的突出优势，推动森林体验和森林养生的规范快速发展，在完善相关制度、标准的基础上，建立一批森林体验基地和森林养生基地，更好地满足人们日益增长的森林体验和森林养生需求

（续）

相关文件	主要内容
2016 年国家林业局印发《中国生态文化发展纲要（2016—2020 年）》的通知（林规发〔2016〕44 号）	以国家级森林公园为重点，建设 200 处生态文明教育示范基地、森林体验基地、森林养生基地和自然课堂；推进多种类型、各具特色的森林公园、湿地公园、沙漠公园、美丽乡村和民族生态文化原生地等生态旅游业，健康疗养、假日休闲等生态服务业；推动与休闲游憩、健康养生、科研教育、品德养成、地域历史、民族民俗等生态文化相融合的生态文化产业开发
2016 年国务院办公厅印发《关于完善集体林权制度的意见》（国办发〔2016〕83 号）	推进集体林业多种经营。加快林业结构调整，充分发挥林业多种功能，大力发展新技术新材料、森林生物质能源、森林生物制药、森林新资源开发利用、森林旅游休闲康养等绿色新兴产业
2016 年国家林业局《关于启动全国森林体验基地和全国森林养生基地建设试点的通知》（林园旅字〔2016〕17 号）	把发展森林体验和森林养生作为森林旅游行业管理的重要内容，要结合各地实际，统筹谋划，积极推进，以抓好、抓实森林体验和森林养生基地建设为切入口，充分汲取国内外相关领域的发展理念和成功经验，努力提高建设档次和服务水平，不断满足大众对森林体验和森林养生的多样化需求
2017 年国家林业局办公室《关于开展森林特色小镇建设试点工作的通知》（办场字〔2017〕110 号）	培育产业新业态。充分发掘利用当地的自然景观、森林环境、休闲养生等资源，积极引入森林康养、休闲养生产业发展先进理念和模式，大力探索培育发展森林观光游览、休闲养生新业态，拓展国有林场和国有林区发展空间，促进生态经济对小镇经济的提质升级，提升小镇独特竞争力
2018 年中共中央　国务院印发《乡村振兴战略规划（2018—2022 年）》	合理利用村庄特色资源，发展乡村旅游和特色产业，形成特色资源保护与村庄发展的良性互促机制。以践行绿水青山就是金山银山的理念为遵循，促进乡村生态宜居。加快转变生产生活方式，推动乡村生态振兴
2019 年国家林业和草原局、民政部、国家卫生健康委员会、国家中医药管理局联合印发《关于促进森林康养产业发展的意见》（林改发〔2019〕20 号）	到 2022 年建设国家森林康养基地 300 处建立森林康养骨干人才队伍，到 2035 年建设国家森林康养基地 1200 处，建立一支高素质的森林康养专业人才队伍；到 2050 年，森林康养服务体系更加健全，森林康养理念深入人心，人民群众享有更加充分的森林康养服务
2019 年广东省自然资源厅、广东省文化和旅游厅、广东省林业局《关于加快发展森林旅游的通知》	依靠广东建设中医药强省的有利契机，弘扬岭南中医药传统文化，大力推进森林疗养、亚健康理疗、养生养老等健康促进服务。建设森林浴场、森林温泉、森林步道、森林康养中心等服务设施，发展森林食疗、森林药疗等服务项目，重点建设一批以提供森林康养服务功能为主的森林生态综合示范园
2020 年广东省林业局、广东省民政厅、广东省卫生健康委员会、广东省中医药局《关于加快推进森林康养产业发展的意见》	广东省将努力培育一批特色鲜明、环境优良、服务优质、管理完善、效益明显的森林康养示范基地，到 2022 年年底，全省国家级、省级森林康养基地 50 个以上。加大政策扶持力度，积极推进森林医疗、运动、康复、养生、养老、旅游、教育、文化于一体的森林康养产业发展，到 2025 年年底，全省国家级、省级森林康养基地达到 100 个，森林康养服务体系更加健全，森林康养理念深入人心，森林人才队伍逐步建立，逐步构建产品丰富、标准完善、服务优质、融合发展、效益明显具有岭南特色的广东省森林康养产业体系。加大政策扶持，在依法依规的前提下，争取将森林康养基地建设用地纳入优先审批。争取将符合条件的以康复医疗为主的森林康养服务纳入医保范畴，费用按医保支付报销

1.2 康养相关概念

1.2.1 森林康养

康养是“健康”和“养生”的结合。森林康养最早起源于德国，创立了世界上第一个森林浴基地，形成最初的森林康养概念，后来形成日本的“森林浴”和韩国的“森林休养”。2012 年我国引入森林康养概念，湖南和四川是我国最早发展森林康养的地区；2015 年森林康养列入国家林业“十三五”规划；2017 年森林康养在中央一号文件首次被提出；森林康养在我国没有明确的概念，国家林业和草原局官方定义：森林康养指依托优质的森林资源，将现代医学和传统中医学有机结合，配备相应的养生休闲及医疗、康体服务设施，在森林里开展以修身养性、调适机能、延缓衰老为目的的森林游憩、度假、疗养、保健、养老等一系列有益人类身心健康的活动（邓三龙，2016）。

2019 年 3 月 6 日，国家林业和草原局、民政部、国家卫生健康委员会、国家中医药管理局联合印发《关于促进森林康养产业发展的意见》中定义：森林康养是以森林生态环境为基础，以促进大众健康为目的，利用森林生态资源、景观资源、食药资源和文化资源，并与医学、养生学有机融合，开展保健养生、康复疗养、健康养老的服务活动。

1.2.2 森林疗养

森林疗养最早起源于德国，紧接着是日本，但是两国都称之为森林疗法，森林休养是韩国称谓。每个国家或者地区的称谓都会有所区别，但本质是相同的，森林疗养是森林浴的进一步发展，基本含义是“利用特定森林环境和林产品，在森林中开展森林静息、森林散步等活动，实现增进身心健康、预防和治疗疾病目标的替代治疗方法”（南海龙，2015）。韩国山林厅发布的森林文化休养法定义是森林疗养指通过利用森林的特殊环境，使人的身心得到康复，人的情操得到培养，人对森林的认知得到提高的一种休闲方式（曹佩佩，2020）。

2010 年北京市率先将森林疗养理念引入国内，翻译出版《森林医学》，并建设了国际模式的森林疗养示范基地，进行了森林疗养师的培训探索。2015 年 10 月 12 日，我国召开了全国森林疗养国际理念推广会，成立了中国林业经济学会森林疗养国际合作专业委员会，森林疗养事业正式拉开帷幕。

1.2.3 森林医学

森林医学最早起源于德国，之后在日本得到进一步研究发展。国际上把森林对人体的保健功能称为“森林医学”，这是从医学的角度研究森林对人体所具有的疾病预防、治疗、康复、保健和疗养功能的一门新兴学科。森林医学的定义为森林医学属于替代医学、环境医学的范畴，是研究森林环境对人类健康影响的学问（李卿等，2013）。

我国在发展森林与健康有关的产业方面起步较晚。1985 年在浙江省天目山建成的“天目山森林康复医院”，是我国最早利用森林保健功能的健康促进产业。我国各种类型森林环境对健康影响的医学研究基本上停留在较为简单的森林生态观光、旅游阶段，缺乏专业的利用森林环境引导人们预防疾病的研究及科学的指导方法。随着我国健康产业的发展和对疾病预防产业的重视，以及人们日益增长的回归自然的需要，森林医养在我国将有着广阔的发展前景（杨欢，2019）。

1.2.4 康养产业

国外没有“康养产业”的提法，而是称为“健康产业”。对“健康产业”的界定，狭义上指经济体系中向患者提供预防、治疗、康复等服务部门的总和，对应于我国的“医疗卫生服业”；广义上即“大健康产业”，在狭义概念基础上，包含了美国经济学家保罗·皮尔泽在《财富第五波》中所提及的保健产业，即针对非患病人群提供保健产品和服务活动的经济领域，因此广义的“健康产业”包括了医疗产业和保健产业。国内对“康养产业”概念的提出始于2014年。与“康养产业”密切相关的概念，包括“健康产业”“养老产业”“老龄产业”和“养生产业”（房红等，2020）。

截至目前，对“康养产业”尚未形成统一的、清晰的概念界定。2014年12月，首届中国阳光康养产业发展论坛第一次提出“康养产业”这一新名词，意指“健康与养老服务产业，包含健身养生业、旅游休闲业等相关产业，是现代服务业的重要组成部分”；生态康养产业可定义为“以充沛的阳光、适宜的湿度和高度洁净的空气、安静的环境、优质的物产等优良资源为依托，辅以优美的市政环境和完善的配套设施，以运动、保健、休闲、度假、养生、养老等功能为核心的促进人健康长寿的现代服务业。”

1.3　国外发展概况

森林康养起源于20世纪40年代的德国，流行于日本、韩国、美国和欧洲等发达国家和地区，经过上百年的发展形成了以森林医疗、森林疗养和森林浴为特色的多种发展模式和一定的产业规模，产生了巨大的综合效益。1980—2000年，日本、韩国两国的森林康养产业发展迅速，同时培养了大批具有专业素质的森林疗养讲解员、森林疗养师，建立了经过医学验证的森林疗养基地。目前，国际森林康养正向着基地化、标准化和体系化的方向发展。国外对森林康养的研究发展经历了3个阶段：第一阶段是1980年以前，以美国、德国为代表；第二阶段是1980—2005年，以日本、韩国为代表；第三阶段是2005年以后，在世界范围内蓬勃发展（郑鸣顺，2019）。

1.3.1　日　本

1.3.1.1　日本森林康养的发展

1982年，日本林野厅提出了“森林浴构想”，旨在把森林徒步这种生活方式推广到全民。1999年，日本森林疗法最早由日本森林协会提出，并在部分残疾人士中率先开始使用，后来广泛用于心理疾病患者、老年人以及孩子等群体。经过20年的努力，到2000年年初“森林浴构想”已取得初步进展。日本将发展森林疗法基地建设作为推动森林康养的一个重要手段和方式。2004年日本林野厅出台《森林疗法基地构想》，首次提出了“森林疗法基地”的概念之后，日本森林疗法基地规划随即进入布置之中，并由森林疗法协会进行森林疗法基地认证，森林疗法基地发展迅速。2006年，日本成立森林养生学会，开始森林环境与人类健康相关性研究工作。2007年成立日本森林医学研究会，建立了世界首个森林养生基地认证体系。从北海道到冲绳自北向南已认证的森林疗法基地62处。（王燕琴，2018）。2009年，日本每年组织一次“森林疗法”验证测试，报名参加考试者众多。根据测试结果，通过最高级的考试者，可获得森林疗法师或森林健康指导师的从业资格；通过二级资格的，可从事森林疗法向导工作，来推进森林浴的发展。2006—2016年，日本森林疗法基地的数量呈持续增长的态势，平均每年有3～5个森林疗法候选区。经过近10年的建设，离日本林野厅设定的100个疗法基地建设目标越来越靠近。森林疗法基地的快速发展也催生了森林疗法相关从业人员的增加，有力地促进了地方经济发展（图1-1）。

茂密的森林给日本人民进行“森林浴”创造了良好的条件，每年约有8亿人到林区游憩、沐浴，享受森林带来的身心愉悦。在此基础上，日本共建设有1055处“休养林”，每年约有1.1亿人到访。2003年，愿意通过森林浴放松身心的日本人已经达到25.6%。现在日本每年约有8亿人次到林区开展森林浴和户外游憩活动。

图 1–1 日本森林浴发展历程（1982—2009 年）

1.3.1.2 日本森林康养的特点

接受疗养的人们可以到森林旅游区进行短期休闲旅游，通过刺激 5 个感官（视觉、嗅觉、听觉、味觉、触觉）发挥其效果，即通过森林漫步把自己置身于森林中，全身心地感觉、尽情地享受森林的独特氛围，从而达到放松、减压的效果，最大限度地体现人类健康增进、疾病预防等功效。依托人们的修行和放松的需求，引导企业投资，在使其获取利益的同时还保护了当地的森林资源。疗法步道总数为 212 条，包括坡度较大的登山步道、眺望步道，坡度适中的滨水步道，坡度较小适合残疾人通行的环形步道及特定林分中的植物景观欣赏步道等类型。

1.3.1.3 案例分析

（1）FuFu 山梨保健农园。FuFu 山梨保健农园位于日本山梨市牧丘町，占地 6 万 m^2。以基地酒店为载体，以丰富的自然资源为基础，以“健康管理服务”理念为指导，以专业化人才和先进设备保证治疗效果，通过提供“定制化森林疗养课程”的方式，帮助不同需求的客人实现深度的康养体验，进而达到彻底放松身心和疗养休闲的目的（表 1–2）。

表 1–2 FuFu 山梨保健农园基本信息

项目	描述
地理位置	日本山梨市牧丘町
健康管理设施	除了提供基本的餐饮住宿外，还提供瑜伽教室、健身房、读书角、观星台、心理咨询室、按摩室、森林疗养步道、药草花园、作业农园、宠物小屋等活动空间。但住宿部只有 13 个房间 45 个床位
经营方式	实施预约制经营
游客特征	游客来自东京为主，主要以健康管理为目的，几乎没有以观光为目的客人。年龄集中在 20 ～ 40 岁，性别以女性为主，有女性单独前往的，有女性友人一起的，也有夫妻一起的。目前客人一般停留两天一晚，但是停留三天两晚的客人数量也在增加
人才队伍	负责保健农园运营的职员有 14 人，其中正式职员 8 人，临时工 6 人。此外，保健农园拥有 14 位具有专业资质认证的森林疗养师、瑜伽师、心理咨询师，并达成了长期合作协议，除了主管和大厨之外，所有职员都来自当地
园区消费	酒店一昼夜人均消费约 2 万日元（适合日本中等偏上收入人群）。保健农园年收入约 9600 万日元
特色	依托先进的管理理念和当地丰富的自然资源，设置一系列森林疗养课程，山梨保健农园已经成为日本知名的健康管理机构。拥有人性化的住宿体验：FuFu 山梨保健农园设置两天一晚、三天两晚和长住 3 种类型的住宿计划以及一日游的停留计划，按照个人时间安排，游客可以享受任何计划

（2）日本赤泽自然休养林。赤泽自然休养林位于日本本州岛松本市上松町的西南部，距离松本市中心约 60km，距离上松町中心约 9km。树龄超过 300 年的木曾柏（木曾为地名）自然森林绵延不断，夏天的新绿、秋天溪流沿岸的枫叶令人大饱眼福。自古作为森林浴胜地而闻名，是日本三大美林之一，2001 年被定为“环境省（部）植物香气风景 100 处之一”（表 1–3）。

表 1–3　赤泽自然休养林基本信息

项目	描述
地理位置	日本本州岛松本市上松町西南部
健康管理设施	完善的活动步道体系，拥有 8 条不同景观类型、不同长度的步道，还设有为专业人员开设的学术研究径以供科研之用，其他步道主要供体验者进行步行浴之用；提供赤泽森林交流中心、烧烤屋、森林资料馆、森林铁路纪念馆、民宿等活动场所
开放时间	开放期从 4 月底的黄金周至 11 月初，通常安排在 4 月 29 日开放，11 月 7 日关闭
游客特征	年平均游客量为 10 万人次
人才队伍	有专门的步道导游，提供森林治疗经验指导和专业知识的指导
园区消费	两天一晚的森林治疗活动收费 11000 日元（包括诊断费、导游费。不包括往返森林和医院的接送费。住宿费用另行收取）。导游指引散步 2 小时 500 日元 / 人
特色	森林浴的发源地，被誉为日本三大美林之一，2001 年被定为“环境省（部）植物香气风景 100 处之一”，林分以木曾扁柏林为主要特色，森林铁路纪念馆是这里的打卡景点之一。这里最早开始进行森林医学实证研究，被当地政府定为“森林疗法基地”，与县立基索医院合作，提供将健康检查和森林浴相结合的疗养菜单，每周四在赤泽自然休养林森林交流中心，医生和公共卫生护士都会来开设免费健康咨询中心，为适合日常生活习惯和身体状况的步行路线提供建议

1.3.2　德　国

1.3.2.1　德国森林康养的发展

德国是森林康养产业的鼻祖，最早开始关注预防疾病、保持身体和心理健康的研究。19 世纪初，德国开始使用森林漫步来治疗吸毒成瘾者和抑郁症患者，然后创立了世界上第一个森林浴基地——巴登·威利斯赫思小镇，提出森林浴医疗法、森林地形疗法和自然健康疗法等森林康养模式。1840 年，德国人创造了气候疗法来治疗“都市病”；1855 年，利用水和森林开展“自然健康疗法”。1962 年，德国科学家 K. Franke 发现人体在自然环境中会自觉调整平衡神经，恢复身体韵律，认为清新的空气以及树体、树干散发出来的挥发性物质，对支气管哮喘、肺部炎症、食道炎症、肺结核等疾病疗效显著（图 1–2）。

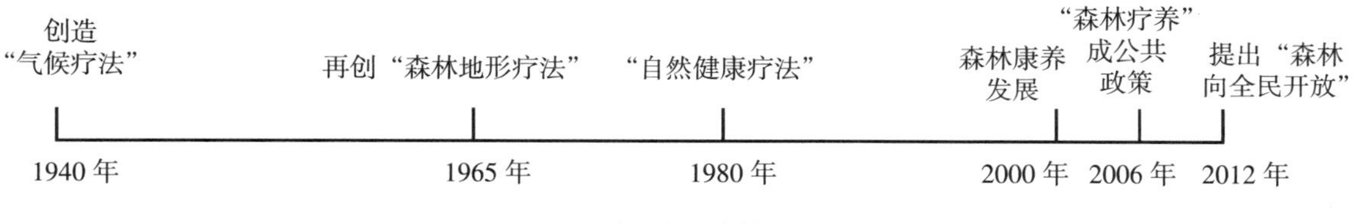

图 1–2　德国森林康养发展历程

德国每年参加森林游憩活动的游客近10亿人次，占德国旅游收入的67%以上，每人平均停留时间约为3周。德国自然疗法疗养地有61处，约占全部疗养地的16%。

1.3.2.2 德国森林康养特点

森林康养成为一项国策，德国公务员被强制性的进行森林医疗，结果显示德国公费医疗费用下降30%，给发展康复医疗行业带来了巨大的综合效益。德国提出“森林向全民开放”，规定所有国有林、集体林和私有林都向民众开放。到2016年，德国已经有约350处获得批准的森林疗养基地。在德国，森林康养产业的发展，不仅带动了住宿、餐饮、交通等的发展，还催生了康养导游、康养师、医生、康养护理师等职业，促进地方经济的发展 。

1.3.2.3 案例分析

（1）黑森林（black forest）。黑森林位于德国西南部的巴登－符腾堡州，占地面积约为114万hm^2，因山上林区森林密布，加之，这里是德国最大的山脉，从远处望去显得黑压压的一片，因此，有了“黑森林”的称号。黑森林根据树林的浓密程度分为北部黑森林、中部黑森林和南部黑森林（表1–4）。

表1–4 德国各部分黑森林特点

类别	范围	特点
北部黑森林	从巴登—巴登到弗罗伊登施塔特	由大量松树和杉树组成，蒙梅尔湖和威尔德湖位于其中
中部黑森林	从弗洛伊登施塔特到弗莱堡	分布大量德国南部传统风格的木制农舍
南部黑森林	从弗莱堡到德国和瑞士的边境	山间草地为主，开辟大量树间草地牧场

黑森林向南通往莱茵河，向北有丰富的浓密森林，因其独特的地理优势和丰富的自然景观，这里被开发为德国著名的旅游景区。根据地形特色，进行多样化的规划，不仅设有让游客一览广阔全景的休闲村庄，带有疗养功能的康养森林，多功能的水疗中心、抗衰老中心，让人流连忘返的莱茵河美景，还将德国精致的地道美食、别致的葡萄酒庄园和独特的手工艺品，进行很好的产业融合（表1–5）。

表1–5 德国黑森林基本信息

特征	描述
国际多样化的休闲村庄	黑森林是一个130多年历史的旅游胜地，为世界上40多个国家提供舒适完美的度假场所。游客们可以根据自己的喜好或旅行目的，选择适合的住宿方式，无论是乡村民宿酒店、别具一格的公寓，还是林间小屋和极具地方特色的私家农舍。这里有传统特色的德国村庄，丰富的乡间体育活动，如远足、越野行走、山地骑车、骑马或打高尔夫球等
带有疗养功能的康养森林	黑森林大部分都被松树和杉树覆盖，树木茂密，显得深邃而神秘松树所散发出的芬多精，能杀菌、抗霉、驱虫，对身体的循环系统、内分泌系统，有一定的协助作用

（续）

特征	描述
多功能水疗中心	黑森林是多瑙河与内卡河的发源地，沿途的金齐希峡谷不仅有深山湖泊的美景，也有一流的疗养设施，这里被称为德国最大的休养中心。另外，坐落在黑森林旁边的温泉小镇：巴登·巴登，是一座历史悠久的浴场城市。这里有 19 个温泉泉眼，每天喷涌出大约 100 万 L 温泉水，“欧洲最热”浴场——弗里特里温泉浴场，就坐落在此地。巴登·巴登浴场内部，不仅有常规的暖、泡、蒸、洗、冲、冷等程序，还有可以冥想、小憩的休息室和阅读室，让游客的身心得到充分放松
让人流连忘返的湖畔美景	作为《格林童话》灵感源泉，黑森林，除了茂盛的参天大树之外，湖光景色同样优美，尤其是黑森林地区最大的天然湖泊滴滴湖（titisee）
精致的地道美食和别致的葡萄酒产区	黑森林的地道美食，除了世界著名甜点——黑森林蛋糕之外，这里也有各式各样的餐厅
独特的手工艺品	在钟表业刚刚兴起的 19 世纪初，黑森林地区辛勤的农民们就根据当地独特的松树资源，设计出大家喜闻乐见的报时工具——布谷鸟钟。黑森林地区布谷鸟钟有着深厚的历史积淀，从 1880 年，第一个手工作坊到现在，经过 130 多年的世代相传，布谷鸟钟已然成为黑森林地区特色产物之一。逼真的模仿、根据不同乐曲转换不同身姿、独特完美的设计工艺、精湛细腻的制作方式，都让黑森林地区的布谷鸟钟逐渐走向世界

（2）巴德克罗钦根疗养小镇。德国疗养小镇——巴德克罗钦根位于弗莱堡以南 15km 的巴德克罗钦根市，占地面积 3566hm^2。其中，绿地约 18hm^2，生境地 2.6hm^2。共有 6 个公园，包括 1 个总面积约为 40hm^2 的疗养公园。巴德克罗钦根是德国西南部黑森林地区的疗养胜地，是典型的以健康产业为主的特色小镇。1911 年，温泉的意外发现为巴德克罗钦根发展成为现代温泉疗养地奠定了基石。在经历过最初的小规模发展后，巴德克罗钦根的温泉产业在 20 世纪 20 年代首次获得迅猛发展，并于 1933 年获得“巴德”称号（表 1–6）。

表 1–6　巴德克罗钦根疗养小镇基本信息

特征	描述
健全的医疗旅游服务体系	巴德克罗钦根疗养地拥有诸多温泉疗养专业医生、全科医生、专科医院（如黑森林老年专科医院、黑森林神经专科医院、黑森林骨科专科医院、贝克博士外科医院）、理疗诊所、康复医院（共 8 家，如布莱斯部骨科与风湿康复医院、拉扎里特豪夫糖尿病专科与康复医院、巴登风湿专科与康复医院等）、睡眠中心（如布莱斯部睡眠中心）、护理院（如黑森林护理院）以及其他相关健康服务机构，可以为客人提供全面的康养服务
德式疗养地—疗养公园	巴德克罗钦根疗养公园占地约 40hm^2。公园内绿树成荫、鲜花盛开，设有迷你高尔夫球场、健身步道、射箭场等休闲设施。自 2014 年起，公园北部又增添了人工湖，湖边设有咖啡吧、儿童游乐场以及高尔夫练习场地等。疗养公园内建有活动中心，客人既可以在此享受下午茶、烛光晚餐，也可以举办节庆宴席、家庭聚会、企业活动等。公园中不定期举办的露天音乐会、演唱会、灯光节等活动不仅为前来疗养的客人提供休闲娱乐，也让当地人获得文化体验

1.3.3 韩 国

1.3.3.1 韩国森林康养发展

韩国于1982年提出建设自然修养林。1995年启动森林利用与人体健康效应的研究，并将森林解说引进到自然休养林。到20世纪初，韩国不断扩充休养设施，丰富林业文化，重视森林的休闲和文化功能，以提高人民群众生活质量和居住环境。韩国政府相继出台了《森林福祉促进法》《森林文化和森林休养发》《山地管理法》等法律法规，成立了国立自然休养林管理所。2005年制订了《森林文化・修养法》，并成立了国立自然休养林管理所。2007年启动“人类健康的森林工程”。2008年韩国林务局启动自然休养林的认定工作。2016年，韩国成立森林福祉振兴院，提供森林文化和休养、森林教育和森林治愈服务，管理5个森林福祉机构。2017年培养山林治愈指导者（图1–3）。

当前，韩国已营建167处自然修养林，建设幼儿森林体验园60个、山林教育中心5处、187处森林浴场、树木园51个，建立完善的森林康养基地标准体系，培养森林解说家6800多名、幼儿森林指导师900多名、林间步道指导师760名，修建4处森林疗养基地和1148km的林道，建立完善的森林康养服务人员资格认证和培训体系，每年游客规模达到1.5亿人。

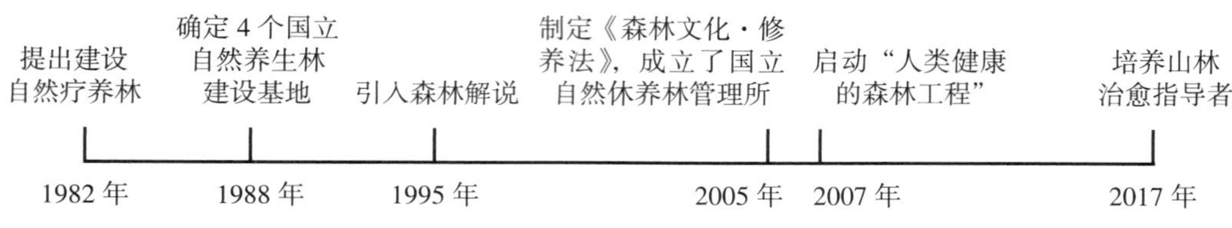

图1–3 韩国森林康养发展历程

1.3.3.2 韩国森林康养特点

（1）专门为森林疗养立法，成立了专门管理机构，森林疗养基地建设和运营管理均由国家出资，政策和机构保障实施得好。

（2）森林疗养偏重于保健功效，建立了服务胎儿、幼儿、中小学生、成年人和老年人等各年龄段的森林讲解体系。

（3）预约制入园，公众参与热情高，通常一票难求，经营管理工作做得非常好。

1.3.3.3 案例分析

（1）山阴自然休养林。山阴休养林地如其名，是一座位于山峰之间深谷中的休养林地，拥有韩国山林厅经营的“治愈之林（健康促进中心）”。治愈之林是供游客在树林中散步、冥想、做体操，达到治愈目的的项目，由树林治愈师负责主持。京畿道第三高的龙门山（海拔1156m）近在咫尺，千年古刹龙门寺也位于附近（表1–7）。

表1–7 山阴休养林基本信息

项目	描述
地理位置	京畿道杨平郡的国立山阴自然休养林内
健康管理设施	主要设施路有登山路和散步路，而住宿设施有森林之家、山林文化休养馆、野营场等
经营方式	预约制经营

（续）

项目	描述
游客特征	各年龄段游客均有
人才队伍	有专职的森林疗养师提供心理咨询、漫步疗养等服务
特色	山阴疗养林拥有面积广阔、物种丰富的森林资源及充沛的水资源和河流，自然景观秀美，其中山阴疗养林运营管理面积是 56hm^2。林中绿树成荫，溪谷清澈。山阴疗养林针对不同年龄和需求的人群进行市场细分，采用“全年龄疗养模式”，让每一个年龄段的人都可以享受到专属的森林疗养项目

（2）乌栖山自然休养林。乌栖山自然休养林，位于保宁与洪城交界处的乌栖山南侧。休养林与乌栖山南侧流淌下来的明垈溪谷相贯通，可以欣赏到美丽的自然景观，并且，这里秋天的紫芒尤为出名，来此观赏的游客逐年增加。林内有水游戏场、赤脚体验场、自然观察路、散步路等休闲娱乐设施，以及森林之家、休养馆、低层住宅等住宿设施。

1.3.4 美　国

1.3.4.1 美国森林康养发展

1919 年，美国制定了国有林系统的第一份游憩计划。1960 年，联邦会议通过了《森林多种利用与可持续生产法案》，将游憩功能作为国有林经营的第一大目标，陆续颁布了《荒野法案》《荒野和风景河流法案》《国家小径系统法案》《国家环境政策法案》《联邦土地游憩促进法案》等多部法律法规。20 世纪 90 年代，美国发展了替代医疗的概念，包括著名的园艺疗法，还发起了“和医生一起运动”和“锻炼就是药品”等多项活动。美国森林康养既提出了户外旅游的理念，也十分注重城市森林在提升国民生态福利的作用，为了满足各地区居民平等享有接触自然的权利，美国在绿色空间游憩规划中采用了“游憩机会序列”的理念。2007 年，美国林务局发出“让更多的孩子走出大森林”的号召。2013 年，在美国森林局国家公园支持下，美国国家游憩与公园协会和美国金门大桥公园研究所联合发起“公园处方签计划”（简称 Rx 计划），邀请若干美国医生利用公园开展健康服务水平运动（图 1–4）。

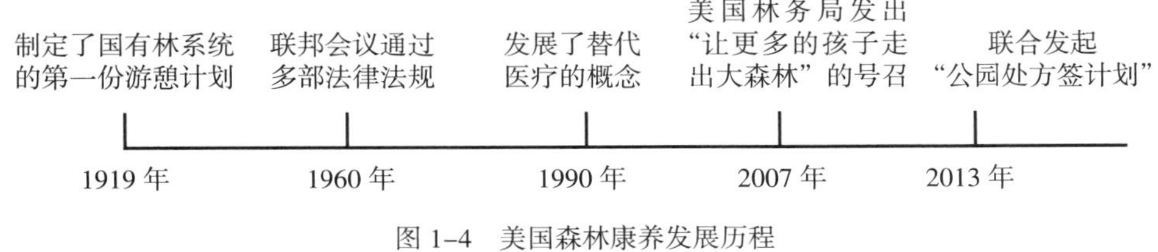

图 1–4　美国森林康养发展历程

1.3.4.2 美国森林康养特点

美国是一个森林资源极为丰富的国家，也是世界上最早开始发展养生旅游的国家之一。美国的林地面积占到该国国土总面积的 30% 以上，约有 2.981 亿 hm^2。美国目前人均收入的 1/8 用于森林康养，年接待游客达到约 20 亿人次。美国的森林康养场所通过提供富有创新和变化的配套服务，以及深度的运动养生体验来吸引游客，并能够实现集旅游、运动、养生于一体的综合养生度假功能。

1.3.4.3 案例分析

（1）黄石国家公园。黄石国家公园占地面积约为 898317hm^2，主要位于美国怀俄明州，部分位于蒙大拿州和爱达荷州。公园分 5 个区：西北的猛犸象温泉区以石灰石台阶为主，故也称热台阶区；东北为罗斯福区，仍保留着老西部景观；中间为峡谷区，可观赏黄石大峡谷和瀑布；东南为黄石湖区，主要是湖光山色；西及西南为间歇喷泉区，遍布间歇泉、温泉、蒸气池、热水潭、泥地和喷气孔。园内交通方便，环山公路长达 500 多 km，将各景区的主要景点连在一起，徒步路径达 1500 多 km。设有历史古迹博物馆，公园被美国人自豪地称为“地球上最独一无二的神奇乐园”。

（2）美国图森峡谷牧场度假村。图森峡谷牧场度假村位于美国西南部亚利桑那州图森市，总占地面积 83hm^2，其中度假村 34hm^2，别墅 49hm^2。东部是峡谷风貌景观，周边是荒漠地带，而这里郁郁葱葱，是“荒漠中的绿地”。广泛服务于亚健康群体，少量项目针对慢性病人群提供一系列度假养生服务，包括温泉水疗、传统和新型医疗、行为治疗、精神疗法、健身、营养以及美容等（表 1-8）。

表 1-8 美国图森峡谷牧场度假村基本信息

项目	描述
地理位置	美国西南部亚利桑那州图森市
健康管理设施	峡谷牧场度假村通过整合各国传统养生疗法和西方健康科学技术，外加持续的产品研发，形成了一套极具竞争力的养生技术，如 SPA 养生服务等，整合各国传统养生疗法（中医、日本疗法、印度疗法）、西方健康科学技术，开展持续的产品研发
经营方式	经营主要采用行程套餐 + 养生套餐的模式，别墅业主购买物业即成为峡谷农场尊贵会员
游客特征	大多是中高端旅游消费者
人才队伍	拥有专业的健康管理团队，与高校开展研究合作
特色	图森峡谷牧场被誉为“美国第一养生基地”，是一个以健康管理功能中心 + 度假养生别墅为特色的健康管理小镇。它不仅是世界上受尊重的健康度假品牌之一，同时以“改善人们的健康”为宗旨，以健康管理功能中心为核心，开创了“健康的新生活方式”。良好的口碑背后，离不开的是完善科学的健康管理体系，这其中包含了对世界各国养生技术的整合、养生产品的研发、专业的健康管理团队、持续不断地与高校开展研究合作。有了对产品的钻研，养生理念和方法不断得到提升，由此持续获得客户的好评

1.4 国内发展概况

1.4.1 浙　江

据初步统计，目前浙江省共有 60 多个县（市、区）500 多个乡镇 2000 多个行政村 34 万人直接从事森林康养经营活动，带动社会就业人数 136 万人。全省森林康养每年接待游客 4.1 亿人次。浙江省森林康养产业从原来的“炒土菜、烧野味、卖山货”向“卖生态、卖体验、卖文化”的更高层次迈进。自 2006 年来，浙江省已连续在温州、天台、磐安、开化等地举办省级以上“森林旅游节”20 余届（次）；温州市、丽水市、衢州市和淳安县、安吉县、磐安县、桐庐县分别被国家林业和草原局授予“全国森林旅游示范市、示范县”称号，数量为全国最多。浙江省共有国家森林旅游示范市（县）7 个，全国森林养生和森林体验重点建设基地 5 个，省级森林康养试点县 7 个，命名森林特色小镇 14 个、森林人家 269 个，修复森林古道近百条，总长度超过1000km。浙江省林业局、省民政厅、省卫生健康委员会、省中医药管理局联合发布的《浙江省森林康养产业发展规划（2019—2025年）》，提出，构建“一心五区多群”的森林康养产业总体布局和森林康养疗养、养老、食药、文化、体育、教育六大产业体系，规划创建省级森林休闲养生城市15个、省级森林康养小镇100个、国家级和省级森林康养基地200个，完成主要森林古道修复3000km。

1.4.1.1　草鱼塘森林康养基地

草鱼塘森林康养基地面积772hm^2，森林覆盖率97.3%，海拔800～1500m，位于浙江省景宁畲族自治县南麓，距离县城20km，北接佛文化胜地惠明寺，南连国家重点文物保护单位云中大漈时思寺，有着浓郁的畲族风情和深厚的人文底蕴。基地森林茂密，溪水清澈，气候适宜。园内有海内外名柏园、黄山松林区、珍贵树种园以及草鱼塘、蒲洋湖、上天殿、汤夫人石龛、石乳洞、摩崖石刻等自然和人文景观，是会议、休闲、避暑的好去处。2018年年初，中国林学会森林康养分会和丽水市人民政府将草鱼塘列入第一批森林康养基地建设试点单位；2019年，景宁草鱼塘森林康养基地被国家林业和草原局列入国家重点建设基地（图1–5、表1–9）。

图1–5　草鱼塘森林康养基地

表1–9　草鱼塘森林康养基地基本信息

项目	描述
地理位置	浙江省景宁城郊敕木山南麓
健康管理设施	建成康养步道4.1km，沿着步道建有2个林下休息活动平台，两座洗手间。步道上铺设由杉、柏组成的木屑，既体现康养的特色，也兼顾路面的实用性。建设草鱼塘康养接待中心；投资1380万元，建设面积2705m^2，投入使用后可以同时接待100人的住宿和餐饮；还建有茶叶采摘园、毛竹管护体验园、豆腐柴采摘制作体验园等活动场所
景点项目	公园规划有蒲洋湖景区、汤夫人庙景区、千亩柏林景区、草鱼塘景区、桃树埔生态保护区等5个景区，有敕峦霁雪、草塘曲柳、敕峰日出、汤夫人庙等40多个景点。开设有森林浴游、宗教文化游、科普教育游、观光摄影游、度假休闲游、民俗风情游、丛林探险游、康体健身游等项目
特色	堪称“世外桃源”“清凉世界”“绿色明珠”，是高山树种引种研究的基地。现有高山柏木林100hm^2。其中，日本冷杉、日本扁柏等高山柏树种，面积居浙江省第一，是国际森林疗养示范基地，具有一定的科研基础，已完成一次森林康养医学实证研究，森林康养理念深入人心

1.4.1.2 莫干山国际旅游（康养）度假区

莫干山，因春秋时期莫邪干将在此铸剑而得名，是中国四大避暑胜地之一。莫干山国际旅游度假区位于浙江省湖州市德清县西部的莫干山地区，由庾村集镇以及劳岭村、五四村等10个行政村组成，区域面积5877hm^2。度假区历史文化底蕴深厚，自然生态资源优越，南北朝文学家沈约、庾信等历史文化名人都与莫干山有不解之缘。莫干山早在民国时期就是蜚声中外的度假胜地，现留存有200多幢近现代建筑，被誉为“万国建筑博物馆”，是全国重点文物保护单位。度假区深入践行绿水青山就是金山银山理念，推动生态度假旅游全域发展，培育形成了以“洋家乐”为代表的高端度假产业，是全国民宿发展的标杆地，是集民宿餐饮、森林康养、农业观光、文化创意等于一体的山地生态型度假区，曾被《纽约时报》评为全球最值得去的45个地方之一，是国际乡村度假森林康养旅游目的地（表1–10、图1–6、图1–7）。

表1–10 莫干山国际旅游度假区基本信息

项目	描述
地理位置	浙江省湖州市德清县西部的莫干山地区
健康管理设施	培育形成了以“洋家乐”为代表的高端度假产业，是全国民宿发展的标杆地。住宿精选主题有品牌洋家乐、山居生活、美学生活、文化艺术、亲子度假、美食美物、户外休闲、农家风俗等。建有各种类型的健身步道供游人赏景和进行体育活动
景点项目	包括莫干山风景名胜区、庾村景区、劳岭村景区、五四村景区、后坞村景区、仙潭村景区。网红打卡点有萤火虫森林生态园、魔方乐园、忘忧花园、香水岭步道、玉兰花大道、海棠花道、水杉长廊、蔷薇花墙、童话小屋、彩虹跑道、庾村广场等
特色	高端度假民宿是莫干山的代名词，此外，景区打造完善的康养步道、骑行道体系，有莫干山竹林绿道骑行路线（22km）、东沈村桃源步道（1.6km）、何村村步道（0.5km）、庙前村香水岭休闲步道（6.1km）、仙潭村龙潭步道（1.5km）、勤劳村黄回山古道、莫干山古道

图1–6 浙江莫干山度假古建筑

图 1-7　浙江莫干山特色民宿

1.4.2　北　京

自 2012 年起，北京率先引入森林康养的概念，组织翻译出版了专著《森林医学》，开始探索建设森林疗养示范区，后来湖南、四川、贵州、陕西等省份相继开始关注森林康养这一新业态，推动森林康养迈出了产业化发展的新步伐。北京市园林绿化局在松山、西山和八达岭设计建设多条森林疗养步道，形成了北京地区森林疗养基地建设技术标准。2016 年，北京市园林绿化局累计培训 3 批次近 200 多名森林讲解员和森林疗养师。此外，森林疗养课程实证研究、森林疗养基地认证等工作也在积极推进。而且北京与日韩、欧美国家的对外交流合作开始较早，对推进森林康养的国际化和创新发展起到了引导作用。

1.4.2.1　北京八达岭森林公园

北京八达岭森林公园总面积 2940hm^2，2005 年由国家林业局批准成立国家级森林公园，2006 年正式对外接待游客，2016 年八达岭林场成为北京市森林疗养联盟单位，是北京市开展森林疗养实践与研究活动的重要场所之一。从 2016 年开始积极探索开展具有八达岭特色的森林疗养实践活动，旨在大力宣传与推广森林疗养的理念，为疗养产业可持续发展探路子，引导市民更好地享受森林福祉、提高身心健康水平，同时开展生态文明宣传，维护森林资源生态系统安全。

1.4.2.2　北京市松山森林公园

北京市松山森林公园始建于 1985 年，位于北京市西北部延庆区海坨山南麓，地处燕山山脉的军都山中。松山森林公园内群山叠翠，古松千姿百态，山涧溪水淙淙，谷中山石嶙峋，生物多样性丰富。区内保存有华北地区唯一的大片珍贵天然油松林，以及保存良好的核桃楸、椴树、白蜡、榆树、桦树等树种构成的华北地区典型的天然次生阔叶林。试验证明，保护区内的松柏类森林含有大量具有杀菌作用的芬多精。靠近水系的森林负氧离子浓度更高，对人的康复、治疗效果更显著。为了开展森林疗养，松山自然保护区设立了北京首个森林疗养基地，在过去两年内对景区基础设施进行了改造，林间增设了木制平台，方便做冥想、瑜伽练习。临水的地方增加了松针步道，游客可以赤脚走在松针上，和森林亲密接触。借鉴韩国、日本等国家的森林疗养经验，松山森林疗养基地编制了森林疗养课程，包括阳光浴、林间冥想、冷泉足浴、腹式呼吸、林间瑜伽等，主要面向亚健康、更年期、需要恢复体力的三大类人群。

1.4.3 四　川

《中共四川省委关于国民经济和社会发展第十个五年规划的建议》和《四川省养老健康服务业发展规划（2015—2020）》将森林康养产业以新兴产业态归入发布的文件中。2015 年 7 月，四川省首届森林康养年会召开，启动了森林康养试验示范疗基地建设试点工作。2016 年，四川省林业厅发布《关于大力推进森林康养产业发展的意见》和《四川省森林康养基地建设标准》，推进四川森林康养旅游发展规范化。2017 年，四川省委一号文件提出“支持发展森林康养产业，加快建设全国森林康养目的地和森林康养产业大省”的一系列政策支持，确定了 63 处森林康养基地。四川省林业厅还于 2017 年 6 月发起“森林康养 360 行动”，倡导市民乐享森林康养。四川省积极探索“互联网 + 森林康养旅游”，建成了首个森林康养电商平台，推出康养宝 APP，提供森林康养咨询、康养基地吃住行的预订等服务。同时，相关企业发起成立了全省森林康养产业联盟，以协调各地合作，助力品牌打造。2017 年 12 月，我国（四川）第三届森林康养（冬季）年会发布了“森林康养指数”，康养指数包含温度、湿度、高度、人气度、舒适度、通畅度，用数据诠释“吃、住、行、游、养、娱”的动态信息，推动了森林康养消费大数据建设。

2018 年，四川省出台首个《洪雅县森林康养产业发展规划（2018—2025 年）》，把分散的森林康养基地、有机食药材基地、生态工业基地串联成链。洪雅县成功创建“国家生态文明建设示范县”“全国森林旅游示范县”“全国森林康养基地试点县”，被誉为“绿海明珠”“天府花园”。2019 年 10 月，全国森林康养与乡村振兴战略论坛在洪雅举办。

1.4.3.1 洪雅七里坪森林康养度假区

七里坪森林康养基地的海拔在 1300m 左右，总规划面积为 1200hm^2，位于峨眉山风景区和瓦屋山国家森林公园 30000hm^2 原始森林核心地带，森林覆盖率达 90% 以上。绝佳的原始森林环境让这里成为了世界瞩目的康养胜地。区内有十大景点、八大主题酒店、三大商业购物区，以及华西康养中心、太阳季度假项目等较完善的康养配套设施。其独有的半山健康生活方式，是四川省“三百”工程之一，是全国最具投资价值文旅项目之一，并已成功创建为“中国首个国际抗衰老健康产业试验区、全国森林康养建设示范基地、四川省首批省级旅游度假区、四川首个省级文化艺术示范区和有机农产品消费安全监管示范区”。四川金杯半山集团喜获“全国森林康养贡献奖”；七里坪森林康养基地被评为“全国森林康养基地标准化建设单位”（表 1-11、图 1-8）。

表 1-11　七里坪森林康养基地基本信息

	描述
地理位置	四川省洪雅县七里坪镇峨眉山风景区和瓦屋山交界处
健康管理设施	开发了天然温泉、薄荷空气、天然优质矿泉水、无污染腐殖土等优质康养资源，建有七里坪梦幻森林禅道、七里坪景观大道、溪谷栈道、汽车营地、温泉度假酒店、童话主题酒店、禅茶酒店、七里坪华西康养中心、七里坪太阳季度假项目等大型康养旅游配套；独具峨眉民居特色并兼具医疗康养功能的半山康养小镇、健康管理中心、易筋经生命养生馆等医疗康养配套；七里坪美术馆、国际文化交流中心等文化项目；雅女湖有机农产品体验示范园区、黑林生态有机农庄等有机农业配套
人才队伍	峨眉半山健康管理有限公司专门负责景区内健康事业运营，金杯集团全权拥有投入上亿超过欧盟标准建立的一流生物细胞实验室，汇集国际一流专家技术，打造人体“5S”店，致力于为高端人士提供“专业、安全、高效、尊贵”的健康服务
景点项目	七里坪梦幻森林禅道、半山康养小镇（中医文化广场）、七里坪美术馆、雅女湖有机农产品体验示范园区
游客量	年接待游客超过 100 万人次
特色	大型度假区项目，是以“医、养、游、居、文、农、林”七位于一体的综合型康养旅游度假项目。规划占地面积 1200hm^2，计划总投资 160 亿元，金杯集团目前全权拥有投入上亿超过欧盟标准建立的一流生物细胞实验室，独立运营峨眉半山 1 万 m^2 康养小镇，控股乐山市妇幼保健院、峨眉半山雅女湖生态农业基地。项目地区坐拥峨眉山和瓦屋山的地缘优势，且拥有丰富的原生态景观和水系，森林覆盖率达 90% 以上，负氧离子高达 20000 ～ 40000 个 /cm^3，含量比成都等周边城市高 200 ～ 400 倍。以珍贵柳杉林为主要林相，富有德国黑森林风情。围绕全力打造“中国阿尔卑斯山世界抗衰老养生目的地”战略目标，着力构建抗衰老健康全产业链，“神奇七里坪，养生在半山”，已成为耳熟能详的品牌

图 1-8　洪雅七里坪森林康养度假区

1.4.3.2　玉屏山森林康养基地

玉屏山，因其山形似屏风而得名。玉屏山林海蓊郁葱茏，一望无边，尤其是 2000hm^2 人工柳杉笔直挺拔，绿浪接天，森林覆盖率高达 98% 以上。2015 年 7 月，中国（四川）首届森林康养年会在洪雅县玉屏山举行。洪雅玉屏山被四川省林业厅授予“四川森林康养试点示范基地”称号。2016年，玉屏山获得“全国森林康养基地试点建设单位”“全国森林体验基地试点建设单位”称号，成为全省唯一获此殊荣的第一批单位。2017年，四川省林业厅再次授予玉屏山“森林康养国际合作示范基地”。2018年10月，玉屏山景区被正式授牌为全国第一批“国家森林康养基地标准化建设示范单位”，先后还获得“全国最美森林露营地”“四川最美森林康养基地”“最佳森林康养目的地”“青少年森林自然教育实践基地”“森林健康养生50佳”和“四川省航空运动协会滑翔伞训练基地”等多项殊荣（表1-12、图1-9）。

表1-12 玉屏山森林康养基地基本信息

项目	描述
地理位置	四川省洪雅县玉屏山
健康管理设施	建有玉屏山居、玉屏山森林康养度假酒店等康养住宿设施，森林体验基地、森林学校、森林博物馆、彩虹滑道、滑翔山基地、森林露营地等体验设施
人才队伍	负责酒店健康管理及运营的员工约有50名，有专职步道引导师、研学教育指导师
游客量	年接待游客约40万人次
特色	拥有纬度神奇、温度适中、高度适宜、绿化度高、洁静度好、富氧度高、精气度足、优产度强的天然“八度优势”，拥有2000hm^{2}人工柳杉林相，基地是以森林体育运动为核心的康养基地，举办过多届长板速降大赛，是著名的滑翔山基地；此外，最具特色的是其步道系统，建有玻璃栈道、天然材料铺设的中老年康养步道、神鹰绕梁观景步道、蝉品玉屏体验步道、亲水戏水感悟步道等

图1-9 玉屏山森林康养基地

1.4.4 贵　州

贵州充分利用“生态文明贵阳国际论坛”“贵州省大健康医养产业招商对接会”“北京世界园艺博览会森林康养项目专场招商推介会”“第二届海峡两岸森林康养学术研讨会”“第三届中国森林康养与乡村振兴大会”“川黔两省首次合作在四川宜宾举办森林康养产业协同发展论坛”等平台，结合大扶贫、大数据、大生态建设，在森林康养行业技术和管理标准体系方面进行了探索，先后出台了《贵州省森林康养基地规划技术规范》(DB52/T 1197—2017)和《贵州省森林康养基地建设规范》(DB52/T 1198—2017)两个地方标准以及《贵州省省级森林康养基地评定办法》和《贵州省省级森林康养基地管理办法》两个办法，在标准建设上走在了全国前列。实际上，贵州的“爽爽贵阳”本身就是一年四季都适合养生的天然宝地。2019年，贵州省旅游发展领导小组和省卫生健康委分别将森林康养作为新业态写入了《贵州省加快生态旅游发展实施方案》和《关于加快推进医疗健康服务和养老服务融合发展的实施方案》文件中。目前，贵州省拥有5个国家级森林康养基地、62个省级森林康养试点基地、25个中产联森林康养试点基地，基地建设位居全国前列。贵州省铜仁市推荐上报的江口梵净山和思南白鹭湖2处被确定为“第一批全国森林康养基地试点”。

1.4.4.1 江口梵净山

梵净山位于铜仁地区中部，在贵州铜仁市印江县、江口县、松桃县(西南部)3县交界处，靠近印江县城、江口县东南部、松桃县西南部。系云雾山系东延之武陵山主峰，其山体形成于10亿～14亿年之间。主要景点：棉絮岭、赐敕碑、红云金顶、黔山第一石、万米睡佛、蘑菇石、观音瀑布、老鹰岩等。梵净山是第一批全国森林康养基地试点。

1.4.4.2 思南白鹭湖

贵州思南白鹭湖坐落于贵州省铜仁市思南县县城南部18km乌江河段上，地处武陵山腹地，乌江流域的中心地带，东邻国家级自然保护区梵净山，西倚历史文化名城遵义，南靠泉都石阡，北顺乌江达重庆涪陵入长江。规划总面积4264.8hm^2。以在乌江中游上人工筑坝形成的白鹭湖为主体，以白鹭湖泊沼泽湿地生态系统为核心，以构建乌江上的生态廊道、完善长江上游生态屏障功能为目的而建立。白鹭湖湿地公园的自然资源丰富，历史、人文景观独特。

1.4.5 福 建

森林康养目标：依托森林生态景观资源，建设设施齐备、产品丰富、管理有序、服务优良的森林康养基地，培养一批森林康养骨干人才队伍。到2022年，创建省级森林养生城市10个，命名省级森林康养小镇20个，认定省级以上森林康养基地50个，四星级以上森林人家达到30个；到2025年，争取创建省级森林养生城市20个，命名省级森林康养小镇50个，认定省级以上森林康养基地100个，四星级以上森林人家达到50个。三明市林业局与三明市总工会联合发文，“凡与市林业局签订合作协议的旅行社，组织三明市域外的客源到三明市级以上森林康养基地消费的予以奖励，即以年度为结算时间，累计组织1000人以上，且连续住宿2晚(含)及以上的，市林业局给予每人次10元的奖励，每家旅行社每年封顶奖励为10万元。”为了对接浙江、江苏、安徽和上海职工疗休养需求，三明市文化和旅游局与三明市总工会联合发文，“入住三明市职工疗休养基地的团体，连续入住同一家基地3晚以上的，凭相关县总工会认定所出具的证明材料，由各承接的职工疗休养基地负责免门票接待。对部分景区，由接待的职工疗休养基地与景区按门票2.5折进行结算。”大田县桃源睡眠小镇是三明市重点打造的森林康养基地，小镇设置了睡眠专科门诊，三明市医疗保障局还将临床诊断为“焦虑伴睡眠障碍”疾病纳入基本医疗保险门诊特殊病种管理。计划设立专科门诊医生干预睡眠“森林疗法”处方，由森林疗养师来执行的工作机制。市参保人员在专科门诊就诊的，起付线200元，统筹基金保险比例为80%，年度最高支付限额4000元(图1-10)。

图 1-10 福建龙栖山国家级自然保护区康养基地

1.4.6 广　东

为贯彻落实国家林业和草原局、民政部、国家卫生健康委员会、国家中医药管理局《关于促进森林康养产业发展的意见》（林改发〔2019〕20 号）精神，大力发展森林康养新业态，提高林业生态产品供给能力和服务水平，2018—2020 年广东省林业局认定了 10 个“广东省森林康养基地（试点）”单位。2020 年 3 月，广东省林业局发布《广东省森林康养基地建设指引》，对森林康养基地建设条件基础设施、服务设施、康养设施、基地运营管理等方面提出了相应的标准和建设要求。2020 年 10 月，广东省林业局、广东省民政厅、广东省卫生健康委员会、广东省中医药局联合印发《关于加快推进森林康养产业发展的意见》，提出在依法依规的前提下，争取将森林康养基地建设用地纳入优先审批。争取将符合条件的以康复医疗为主的森林康养服务纳入医保范畴，费用按医保支付报销。鼓励有相关资质的森林疗养师、医生及专业人员在森林康养基地规范开展疾病预防、运动康复、中医调理养生、养老护理等健康服务。2020 年，广东省共有省级森林康养基地 30 家，国家级森林康养基地 5 家（其中，3 家为森林康养示范县）。

1.4.6.1 广东省安墩水美森林康养基地

安墩地处惠东东北部山区，是中国人民解放军粤赣湘边纵队成立地，是广东省重要的革命老区之一。据介绍，安墩全镇林地面积 4.2 万 hm^2，环境优美，山体四季常青，森林覆盖率达 88% 以上，水美基地负离子含量每立方厘米高达 5000 个以上。基地所在地热汤村的温泉最为有名，河水冰凉，但温泉泉眼遍布周边 300m 范围，只要扒开表层泥土，就有热水渗出，水温近 90℃。泉水常年喷涌不断，水量稳定，不受季节和天气变化影响，富含硫、氟等几十种天然矿物质和对人体有益的微量元素。旅游资源方面，安墩水美森林康养基地住宿、餐饮、康养等设施齐全，年接待游客 10 万人次。特色农产品有三黄鸡、乌龙茶、红肉蜜柚等，蜜柚、春甜橘等特色农产品在珠三角区域享有盛名，红色旅游产业方兴未艾（图 1-11）。

图 1-11 广东省安墩水美森林温泉康养基地

1.4.6.2　河源市野趣沟森林康养基地

河源野趣沟旅游区素有“广东小九寨沟”之美誉。旅游区总面积 1300hm^2，有 15km 长的森林康养步道，2km 长的漂流竞技赛道，已初步形成住、食、玩、娱、购等一体功能配套齐全的康养基地。多年来，河源野趣沟旅游区被评为广东省青少年科技教育基地、广东省森林生态示范区、广东省环境教育基地，被广大网友评为河源市最美风景和最佳生态景观（图 1–12）。

图 1–12　河源市野趣沟森林康养基地

1.5　森林康养规划设计研究目的和意义

目前，随着我国国民生活水平的逐步提高，“亚健康”状态在都市中日渐普遍，人们对生活质量和身心健康的关注越来越多，养生开始成为时代的热点和潮流，有着广阔的市场空间。2020 年预计全国 60 岁及以上人口超过 2.5 亿，老年人的健康保健问题越来越严重。森林康养是将医院、疗养院搬到森林里，在森林里开展健康疗养等一系列活动。人们对森林生态功能、保健功能、文化功能的需求越来越旺盛，越来越迫切，以走进森林、回归自然为特征的森林康养正逐步成为社会消费的热点，自然环境优良的森林康养基地理所当然成为了众多都市人逃离城市喧嚣、追求野趣自然的首选地。森林康养基地的建设发展会有广阔的市场前景和良好的社会经济效益，预计未来几年将成为国家大健康产业发展的风口，享受中国经济继续高效发展的机会红利。

目前全国关于森林康养理论研究不足，对基地的规划设计也没有系统的研究，基地的建设没有成熟经验。全国森林康养基地的建设也刚刚起步，多数企业处在探索、体验、规划阶段。因此，开展森林康养基地规划设计研究，对加快促进我国森林康养基地的建设发展，开展森林康养体验活动，推进健康中国战略、乡村振兴战略具有重要的意义，为全国森林康养基地规划设计和建设提供了理论和实践的重要参考。

1.5.1　森林疗养设施建设的重要性

近年来，各国开展了森林环境对人类健康影响的科学研究，日本、韩国以及我国获得了大量的医学效果证明，如抑郁症病人，多数人选择就医，但经过长时间治疗仍不见效的患者，容易发生意外。所以医生建议患者，在药物治疗的同时，选择躲避喧嚣嘈杂的都市，松弛紧张的神经，呼吸清新的空气，享受宁静的生活，更多地走进森林康养基地，拥抱大自然，在森林康养基地内治疗抑郁症，以期尽快恢复健康。按照总体规划要求，将医院、疗养院等设施搬到森林中，成为森林康养基地建设的重要一环。

1.5.2 功能分区的必要性

森林康养就是让人们挣脱城市的喧闹和压力，远离拥挤的钢筋混凝土空间，走进森林，尽量多滞留一些时间，呼吸清新的自然空气，沐浴阳光，放松精神，同时通过适当的体验活动，诸如林中步行、森林瑜伽、森林音乐、打太极拳、森林静思、深呼吸、放声歌唱等，充分感受森林的气息和氛围，接受“森林沐浴”的洗礼，从源头上消除亚健康状态的诱因，以达到健身治病目的。亚健康人群更能感知到森林自然景观资源、森林生态环境资源、森林保健设施对身体健康恢复的正面影响。要落实功能分区原则，建设各种不同的康养服务中心、森林医院、度假屋、康养步道、体验平台、疗愈花园等设施。

1.5.3 康养产品和课程的作用

森林康养是以丰富多彩的森林景观、沁人心脾的空气环境、健康安全的森林食品、内涵浓郁的生态文化等为主要资源和依托，配备相应的养生休闲及医疗、康体服务设施，开展以修身养心、调适机能、延缓衰老为目的的森林游憩、度假、疗养、保健、养老等活动。康养课程和产品针对不同体质、病情人群，制定相应的课程，通过一段时间的对症治疗，使用合适的康养产品，使患病人群得到身心治疗，达到养身、养心、养性、养智、养德“五养”功效，恢复健康身心，享受快乐人生。

参考文献

邓三龙，2016. 森林康养的理论研究与实践 [J]. 世界林业研究，29(06): 1–6.

曹佩佩，2020. 基于近自然理念的森林康养基地设计策略研究 [D]. 北京：北京林业大学.

杨欢，陈志权，范金虎，2019. 森林医学发展历程和前景及其对疾病的预防作用 [J]. 世界林业研究，32(04): 29–33.

房红，张旭辉，2020. 康养产业：概念界定与理论构建 [J]. 四川轻化工大学学报（社会科学版），35(04): 1–20.

郑鸣顺，2019. 山东邹平醴泉村康养特色田园综合体规划设计研究 [D]. 杨凌：西北农林科技大学.

王燕琴，陈洁，顾亚丽，2018. 浅析日本森林康养政策及运行机制 [J]. 林业经济，40(04): 108–112.

第二章　基地建设标准及要求

2.1　国家级森林康养基地建设标准

2.2　中产联森林康养基地建设标准

2.3　北京森林康养基地建设标准

2.4　广东省森林康养基地建设标准

2.5　其他省份森林康养基地建设标准

2.6　基础资料收集方法

2.1 国家级森林康养基地建设标准

近年来，国内有关部门出台了很多森林康养、森林疗养的规划设计、基地建设标准，对我国森林康养基地规划设计和建设具有很好的指导意义。

根据《森林康养基地质量评定》（LY/T 2934—2018）标准规定（表 2–1），国家级森林康养基地建设条件及申报须符合以下要求（表 2–2）。

表 2–1 国家级（四部委）森林康养基地建设条件

建设条件	①基地区域内森林总面积不少于 500hm^2，森林覆盖率大于 50%，景观资源丰富，气候条件适宜。区域内自然水系水质在二级及其以上，大气等环境指标优良 ②基础设施完善。基地内部道路体系完善，对外交通便利，距离中心城区不超过 50km。康养步道、疗养设施等布局合理，导引系统完备，无障碍设施完善。水、电、通信、接待、住宿、餐饮、垃圾处理等基础设施齐全，符合行业标准并能有效发挥功能 ③森林康养产品丰富。根据康养不同类型（保健型、康复型、养老型、综合型等）开展森林康养活动，自营或与医疗、养老等机构合作开展康复疗养、健康养老等服务，开发森林康养文学、音乐、美术等文化产品，森林康养文化体验与教育多样 ④管理机构和制度健全。运营管理机构健全，具有相应的管理人员和康养专业人员。森林康养餐饮、康养活动、住宿服务等管理流程、技术规范或服务标准健全。以县为单位的国家森林康养基地地方党委政府高度重视，具有两个以上康养基地或康养产业集群，出台并实施支持森林康养产业发展的政策措施 ⑤安全保障有力。基地选址科学安全，游憩、健身设施及场地符合安全标准。具备救护条件，应急预案可操作，消防等应急救灾设施设备完善 ⑥带动能力强。基地对外开放营业 3 年以上，有一定的接待规模，经济社会效益明显，社会反响好。带动当地就业和增收效益明显。以县为单位的国家森林康养基地，森林康养产业在国民经济发展中占据重要地位，已成为当地有重要影响力的产业 ⑦信誉良好。土地权属清晰，无违规违法占用林地、农地、沙地、水域、滩涂等行为，基础设施建设合法合规，经营主体为依法登记注册的合法经营主体，3 年内无重大负面影响

表 2-2　国家级（四部委）森林康养基地推荐和申报要求

申报主体	①具有法人资格的国有、集体、民营或混合制经营权的森林公园、湿地公园、林场、生态公园、自然保护区、生态产业园区、风景名胜区及其管理运营实体；温泉度假村、养生、休闲、营地、拓展、户外体育、森林教育、中医药旅游基地及相关产业投资、管理、运营企业等。 ②市、县（市）、区、乡镇人民政府。 ③经工商或民政部门登记注册的生态农庄、特色民宿、农民专业合作社等。 ④其他具有法人资格的森林康养产业相关经营实体等
推荐程序	以经营主体申报的，县、市林业和草原主管部门征求民政、卫生、中医药主管部门意见后，报送省级林业和草原主管部门。以县为单位申报的，市级林业和草原主管部门征求民政、卫生、中医药主管部门意见后报省级林业和草原主管部门。省级林业和草原主管部门会同民政、卫生、中医药等主管部门审核后，将符合条件的森林康养基地联合行文报送国家林业和草原局、民政部、国家卫生健康委员会和国家中医药管理局，并汇总填报国家森林康养基地推荐表
推荐数量	在考虑各地森林康养产业基础、发展潜力、现状规模等因素基础上，确定了首批分省（自治区、直辖市）推荐申报控制数表，计划单列市计入本省控制数
推荐材料	①国家森林康养基地申报书。 ②国家森林康养基地基础数据表。 ③国家森林康养基地建设方案或规划。 ④有关基础数据证明材料。 ⑤反映基地情况的照片（格式要求：JPG 格式，单张照片不小于 1MB，原始文件不小于 500 万像素，不少于 5 张）或视频（格式要求：VCD 或 DVD 格式，高清摄像，时长不超过 5min）
公布程序	①专家评审。国家林业和草原局会同民政部、国家卫生健康委员会、国家中医药管理局选择熟悉森林资源利用、养老、医疗、中医药等方面的专家组成专家组，按照推荐条件，结合申报材料，围绕国家森林康养基地的内涵与建设要求，采用定量与定性相结合的方法对申报材料进行评审。 ②评审公示。为确保评审结果公开、公平、公正，根据专家评审意见，提出国家森林康养基地建议名单。在国家林业和草原局、民政部、卫生健康委员会、中医药管理局等网站进行公示，公示期为 7 个工作日。 ③联合发布。公示无异议后，国家林业和草原局、民政部、国家卫生健康委员会和国家中医药管理局联合发文予以发布
优先条件	已获得国家林业和草原局、民政部、国家卫生健康委员会、国家中医药管理局或国家文化和旅游部等部门认证认可的项目和基地优先入选

2.2　中产联森林康养基地建设标准

中产联森林康养基地建设标准见表 2-3 至表 2-4。

表2-3 中国林业产业联合会“全国森林康养基地试点建设单位”建设条件

自然资源	①具备一定规模的森林资源，并符合《森林康养基地质量评定》(LY/T 2934—2018)标准规定；基地面积不小于 $50hm^2$ 的集中区域，基地及其毗邻区域的森林总面积不少于 $1000hm^2$，基地内森林覆盖率大于50%。 ②具有独特的自然景观、地理和气候资源，或名胜古迹（包括古树名木、古屋、古桥、古道、古街（巷）、历史渊源、民族特色以及丰富的林下经济产品和中药材资源。 ③经营区域内森林资源与生物多样性的保护措施完善，3年内未发生过严重破坏森林资源案件或森林灾害事故发生。 ④林区天然环境健康优越，负氧离子含量高，周边无大气污染、水体污染、土壤污染、农药污染、辐射污染、热污染、噪（音）声污染等污染源
基础设施条件	①具备良好的交通条件，外部连接公路至少为三级标准，距离最近的机场、火车站、客运站、或码头等交通枢纽距离不超过2h车程，可达性较好，基地内部道路体系完善。 ②康养步道、康养酒店、康养中心、康养配套设施等布局合理，导引系统完备，无障碍设施完善。 ③水、电、通讯、接待、住宿、餐饮、垃圾处理等基础设施齐全，符合行业标准并能有效发挥功能。 ④申报基地应具备或正在建设或已经规划建设：中医药康养设施（如中医药养生场馆、禅修冥想，温泉药浴、药膳食疗、康复理疗场所等）；自然教育体验设施（如科普馆、自然体验径、森林学校等）；运动体验设施（如运动健身、登山、森林马拉松、攀岩、滑索、跳伞、蹦极、漂流、滑雪、冰雪运动等）；休闲度假体验设施（如自驾车宿营地、房车营地、度假民宿木屋等）
森林康养产品	①具备森林康养特色的森林食品、饮品、保健品及其他相关产品的种植、研发、加工和销售等产业。 ②具有一定的特色森林康养项目，如食疗、音疗、芳疗、香疗、药浴、禅修、冥想、太极、八段锦等。 ③具备森林康养为主题的文学、摄影、美术、诗歌、自然教育、持杖行走、森林马拉松、太极、瑜伽等文化体育产品，森林康养文化体验与教育多样。 ④研发围绕“养身、养心、养性、养智、养德”五养的森林康养服务套餐，且形成了不同时长（如3天2晚、4天3晚、7天6晚等）不同主题（排毒养颜、减压舒压、自然教育、亚健康调理等）的服务产品体系
管理机构和制度	①有一定数量经过森林康养专业培训专业服务人才队伍（如森林康养指导师、运动森林康养师、森林康养疗法师等）和运营管理人才队伍。高度重视专业人才的培训和引进，积极参与森林康养相关专业培训和行业交流。 ②森林康养餐饮、康养活动、住宿服务等管理流程、技术规范或服务标准健全。 ③具有合格资质的安全保障专业服务队伍和较为完善的安全保障服务体系
社会效益	具备一定的接待规模，经济社会效益明显，社会反响好。带动当地就业和增收效益明显，有效推动乡村振兴

表 2-4　中国林业产业联合会“全国森林康养基地试点建设单位”申报条件

项目	条件
申报主体	①县（市）、乡（镇）人民政府。 ②具有法人资格的国有、集体、民营或混合制经营权的各类企事业单位（包括森林公园、湿地公园、林场、风景名胜区、自然保护区、生态公园、生态产业园区及其管理运营实体；户外体育、森林教育、温泉度假村、养生、养老、休闲、拓展、中医药旅游基地及相关产业投资、管理、运营企业等）。 ③经工商或民政部门登记注册的生态农庄、特色民宿、专业合作社、专业大户、家庭林场等。 ④其他具有法人资格的森林康养产业相关经营实体等
土地权属	土地权属清晰，无违规违法占用林地、农地、沙地、水域、滩涂等行为，基础设施建设合法合规，经营主体为依法登记注册的合法经营主体，3 年内无重大负面影响
报送申报材料	①填报相对应的“全国森林康养基地试点建设单位申报表”，有特色的部分可以在申报表以外增加相应内容说明。申报表要求电子版一份，纸质版三份（A4 纸装订）。 ②森林康养专项规划文本（方案），要求电子版一份。 ③ 8min 以内时长的高清（1920P × 1080P）影像资料片。资料片内容以介绍申报地的资源与文化条件、交通条件、接待能力、管理服务能力等为主，并配 1600 字以内的解说词，资料片要求光盘（或 U 盘）一份、电子版一份。 ④工商或民政部门登记注册证书复印件和其他必要附件材料
申报程序	①各申报单位将完整的申报资料报经当地林业主管部门盖章推荐，由县林业主管部门报省级林业主管部门或行业协会。 ②省林业主管部门或行业协会进行初审，符合条件的列入推荐名单，以正式文件或便函发至中国林业产业联合会。 ③省级主管部门不明确或没有行业协会的，申报单位可将申报材料直接报中国林业产业联合会森林康养分会审理

2.3　北京森林康养基地建设标准

根据北京市《森林疗养基地建设技术导则》（DB11/T 1567—2018）相关要求，北京市森林康养基地建设条件及申报须符合以下条件（表 2-5）。

表 2-5　北京市森林康养基地建设条件

项目	条件
选址	①森林面积不宜低于 $100hm^2$。 ②应远离自然疫源地。 ③与矿山、机场、工业区等区域应相距 5km 以上。 ④基地边缘应距离交通主干道和城市生活喧嚣区 1km 以上。 ⑤乘坐公共交通工具能够到达，或基地可提供接驳服务
林分质量	①以天然起源或经过近自然化改造的人工林为宜。 ②森林第一观感良好。 ③林分类型多样，能够提供多种感官刺激。 ④森林群落生物量不应小于 $50t/hm^2$。 ⑤森林有害生物等级在轻度危害以下，评估标准按照《林业有害生物发生及成灾标准》（LY/T 1681—2006）执行。 ⑥森林郁闭度可控制在 0.6 ± 0.1

（续）

森林环境	①夏季晴天正午，林中 1.5m 高度负氧离子平均浓度不应低于 1000 个 /cm^3。 ②基地空气细菌含量平均值应小于 300 个 /m^3。 ③空气中 $PM_{2.5}$、臭氧及其他空气污染物浓度应符合《环境空气质量标准》（GB 3095—2012）规定的一级浓度限值要求。 ④地表水环境质量应达到《地表水环境质量标准》（GB 3838—2002）规定的 II 类以上要求。 ⑤电磁辐射与天然本底辐射的年有效剂量不应超过 1mSv。 ⑥土壤无化学污染，质量应达到 GB 15618 规定的一级标准。 ⑦噪声夜间不应大于 30dB（A）。 ⑧人体舒适度指数为 60 ～ 76（3 ～ 5 级）的天数宜大于等于 170 天。 ⑨疗养季节昼夜温差不宜大于 15℃
容量与规模	①森林疗养基地应以界桩、界碑等界定范围，边界清晰。 ②根据森林疗养基地所处地理位置、疗养资源吸引力和市场需求，预测访客规模。 ③森林疗养基地的极限容量应符合《风景名胜区管理通用标准》（GB/T 34335—2017）的规定，瞬时极限容量不宜大于 12 人 /hm^2，平均步道面积不宜低于 10m^2/ 人。 ④森林疗养基地年间访客容量不宜大于 1000 人 /hm^2
基地组成	①森林疗养基地应具有疗养步道、疗养活动场地、疗养专类园及其他配套设施。 ②配套设施应满足森林疗养对健康管理、营养餐、住宿等多种需求。 ③宜设立管理区，统一安排建设用地，建设配套设施、管理用房和停车场等。 ④基地内部交通应以森林疗养步道为主，除步道外，可根据实际情况灵活设置车行道、骑行道和停车场

2.4 广东省森林康养基地建设标准

根据《广东省森林康养基地建设指引》（粤林函〔2020〕87 号）相关要求，广东省森林康养基地建设条件及申报须符合以下条件（表 2-6 至表 2-7）。

表 2-6 广东省森林康养基地建设条件

基地范围	基地区域内森林总面积不低于 50hm^2，集中连片森林经营面积在 300hm^2 以上，林地林权清晰，四至界限分明，能提供合法有效的林地权属证明
区域交通	与矿山、工业区等相距 5km 以上，外部交通便捷，公路等级达到与《公路工程技术标准》（JTG B01—2014）规定的三级及以上的公路相贯通
森林资源	森林覆盖率 60% 以上，风景资源品质较高，生物多样性丰富
生态环境	周边无大气污染、水体污染、土壤污染、噪（音）声污染、农药污染、辐射污染、热污染等污染源。地表水环境质量和地下水环境质量达到《地表水环境质量标准》（GB 3838—2002）规定的 II 类，污水排放达到《污水综合排放标准》（GB 8978—1996）规定的要求。声环境质量达到《声环境质量标准》（GB 3096—2008）的 II 类标准。大气环境质量达到《环境空气质量标准》（GB 3095—2012）国家二级标准

（续）

设施与服务	基地内具有一定数量的、不同档次、不同类型、地理位置合理的设施；提供不少于 2 条的森林康养步道，每条步道不少于 1km，近自然铺设；通讯畅通，在可活动区域内能发出紧急求援信号；因地制宜规划建设标识标牌、步道服务站、休憩设施、卫生设施、应急救护设施和停车场等。具有相应的管理人员和康养专业人员，森林康养餐饮、康养活动、住宿服务等管理流程、技术规范或服务标准健全
其他	在森林公园等自然保护地基础上申报森林康养基地的，其位置、功能分区和森林康养活动等符合相关规划要求，建设项目务必遵守自然保护地相关法律法规

表 2-7 广东省森林康养基地申报要求

组织机构	从事森林康养产业的企事业单位、专业合作组织等经营主体（含市、区，下同），运营管理机构健全，经营主体为依法登记注册的合法经营主体，3 年内无重大负面影响
申报材料	①广东省森林康养基地申报书（纸质六份和电子版）。 ②相关证明材料（一份）。包括申报单位营业执照或组织机构代码证（复印件）；基地区位及四界范围图、森林资源分布图（比例 1：10000）；第三方出具的生态环境质量现场抽样检测报告（原件），涵盖空气负离子含量、地表水和地下水环境质量、污水排放标准、噪声环境质量、大气环境质量检测报告。 ③基地权属证明材料。 ④其他证明材料
申报程序	①申报单位将有关材料向县（市、区）林业主管部门申报，由县（市、区）林业主管部门审查并签署意见后报上级林业主管部门复审，逐级申报至省林业局。各地级以上市限推荐 1 ～ 2 个单位参加评选认定，省林业局直属单位直接申报。 ②省林业局将组织相关专家，对各地推荐的材料进行审核和实地抽查，经综合平衡、专家评审和广东林业网公示无异议后，由省林业局授予“广东省森林康养基地（试点）”称号
其他要求	获授予“广东省森林康养基地（试点）”称号的单位，须按照《广东省森林康养基地建设指引》要求，在半年内组织编制森林康养基地专项规划报省林业局备案，并按照规划开展实施。业局将于 2 年后对认定的广东省森林康养基地进行复核，对于达到建设标准和要求的单位授予“广东省森林康养基地”称号。省林业局也将组织定期监测，对于认定后经营不善或有违法违规行为的，基础条件达不到最低标准的，撤销“广东省森林康养基地（试点）”称号

2.5 其他省份森林康养基地建设标准

其他省份森林康养基地建设标准见表 2-8 至表 2-12。

表 2-8 湖南省森林康养基地建设标准

选址	①四至界线清楚、权属清晰且无争议，能够长时间作为森林康养基地使用。 ②交通便利，基地边缘距离交通主干道或城镇规划区 1km 以上，距离矿山、机场、工业区 5km 以上，距离对人体有害的植物检疫有害生物发生区、放射性污染源直线 10km 以上。 ③附近有急救资格的医疗机构和从业人员，并与其形成联动模式，能及时到达现场提供医疗急救服务

（续）

场地与环境条件	①集中连片森林面积≥ 200hm²，森林覆盖率≥ 70%，集中连片区域内高含量植物精气树种的森林面积≥ 20hm²。 ②森林风景资源质量等级达到 GB/T 18005 规定的二级标准。 ③基地及其周边的森林生态系统健康，林分类型多为混交林，郁闭度≥ 0.6，树龄以中龄林、近熟林和成熟林为主，平均树高≥ 6m，森林康养林的林木等级达到 GB/T 15781 中规定的 II 级林木标准。 ④以中、低山地貌为主，有 4hm² 以上的平地或坡度 15 度以下的缓坡地可作为建设用地，森林康养主体功能区海拔高度在 100 ～ 1500m。 ⑤主要地段空气负离子≥ 1500 个 /cm³。 ⑥森林康养主体功能区应有 4 种以上的、能释放有益于人身体健康的植物精气的乔灌木树种或植物群落，集中连片面积有 1hm² 以上在平地和缓坡地，可开发利用程度高。 ⑦有良好的绿色视觉环境，绿视率≥ 70%
其他条件	①具有舒适的独特森林小气候，森林康养舒适期≥ 150 天，舒适期的平均气温 16 ～ 28℃，空气相对湿度 40% ～ 85%。 ②地表水、地下水质量达到 GB 3838 规定的 II 类标准。 ③环境空气质量达到 GB 3095 规定的二级标准，其中 24h 空气 $PM_{2.5}$ 平均浓度≤ 35μg/m²；空气细菌含量 <600 个 /m³。 ④声环境质量达到 GB 3096 规定的 I 类标准。 ⑤土壤质量达到 GB 15618 规定的一级标准。 ⑥森林康养主体功能区的光照充足，光线适中，日照时间大于舒适期

注：引自森林康养基地建设规范（DB43/T 1857—2020）。

表 2-9　贵州省森林康养基地建设标准

选址	①基地面积≥ 100hm²。 ②基地距离交通枢纽和干线≤ 2h 车程。 ③权属清晰，能够作为森林康养基地长期使用
森林资源质量	①森林覆盖率应≥ 65% 以上。 ②康养基地森林郁闭度应介于 0.5 ～ 0.7
风景资源质量	应至少包括地文、水文、生物、天象、人文五类森林风景资源中的三类资源
生态环境质量	①地表水环境质量达到 GB 3838 规定的 II 类，污水排放按照标准 GB 18918 中一级标准的 B 标准规定执行。 ②空气负离子含量平均值＞ 1200 个 /cm³。 ③空气细菌含量平均值 <500 个 /m³。 ④ $PM_{2.5}$ 浓度达到 GB 3095 环境空气污染浓度限值二级标准。 ⑤噪音：声环境质量达到 GB 3096 规定的 I 类标准。 ⑥人体舒适度指数：一年中基地人体舒适度指数为 0 级（舒适）的天数≥ 150 天。 ⑦土壤质量达到 GB 15618 规定的二级指标。

（续）

生态环境质量	⑧远离天然辐射高本底地区，无通过工业技术发展变更的天然辐射，无有害人体健康的人工辐射，符合标准 GB 18871。 ⑨其他环境空气污染物：按照 GB 3095 环境空气质量标准规定的二类区执行。 ⑩森林健康环境参照 DB 11/T 725 执行

注：引自贵州省森林康养基地建设规范（DB52—T1198—2017）。

表 2-10　浙江省森林康养基地建设标准

区域整体环境	①森林风景资源丰富。行政区域范围内森林覆盖率不低于 65%，森林风景资源类型多样，生态环境良好。 ②森林空气洁净清新。根据《环境空气质量标准》（GB 3095—2012），申报地上一年度环境空气质量优良率为 90% 以上，空气负氧离子年平均值达到 1000 个 /cm^3，其中森林康养核心场所达到 2000 个 /cm^3 以上。 ③声环境安静舒适。根据《声环境质量标准》（GB 3096—2008），森林康养场所声环境质量达到 I 类标准。 ④森林水质清洁卫生。根据地表水环境质量标准（GB 3838—2002），行政区域内地表水交界断面水质达到 Ⅲ 类以上，森林康养场所地表水质达到 II 类以上，生活饮用水符合《生活饮用水卫生标准》（GB 5749—2006）要求
康养接待设施	①森林古道穿线成网。区域内主要森林古道基本修复，设有较完善的古道驿站、标识系统和配套基础设施，形成以森林古道为网络的区域性森林康养慢行系统。 ②接待能力符合需求。根据康养人群规模和需求，有一定数量的星级宾馆、酒店、农家乐和民宿等接待设施。森林休闲养生城市年接待游客和康养人员人数需达到 200 万人次以上，森林康养小镇需达到 20 万人次以上。 ③基础设施配套完备。统筹路网、电网、水网、通讯等综合基础设施建设，主要森林康养场所距离交通枢纽和干线不超过 1h 车程。区域内车行道路符合安全行车基本要求，有专用停车场所和指示标志，饮水、通讯、供电、给排水、网络、消防、污水垃圾处理、无障碍设施、公厕等基础要素配置合理
康养服务水平	①导览一张图。编印行政区域内森林康养场所、旅游景点、交通路线等各类设施的导览图，在区域内主要景点免费获取，方便快捷传播康养场所的游览和文化等信息。 ②服务一张网。建立森林康养服务综合性网络平台，以游客需求为导向，充分利用互联网打造便捷开放的应用平台，制作移动 APP 或公众号，为森林旅游、休闲、养生的游客提供综合信息，满足游客在康养旅游过程中的远程订制需求。 ③体验一张卡。鼓励开展一卡通服务，整合森林康养和旅游资源，促进区域森林休闲养生产业一体化发展，实现森林康养场所和森林旅游景区紧密结合，吸引社会大众参与森林康养活动。 ④管理一体化。加强行业协会管理，通过部门管理、协会自律、成员合作的方式，提升森林康养行业公共服务能力。各类森林康养场所设立专门运营管理团队，建立管理体系和职能职责，明确专业服务人员和数量，满足森林康养项目开展需求。积极与医院、高校合作，培养森林康养服务人员，提供人才队伍保障

（续）

社会经济功能	①有效宣传发掘森林康养文化。深入挖掘森林康养文化对民众的民俗文化、习俗、伦理、哲学、美学等方面的影响，大力宣传具有地区特色的森林休闲养生人文资源和文化元素，每个森林康养场所建设不少于 1 处的宣传展示中心。 ②积极开展形式多样森林教育。举办尊重自然、保护森林、低碳出行、节能减排等宣传教育活动，开展走进校园走上课堂青少年森林康养主题教育，推动森林休闲养生文化与老年大学、老年体育文化活动中心及国家政策支持的养老项目相互融合。 ③有力促进农民增收致富。通过发展森林康养产业，带动农村特色产业发展，创造农民就业机会，拓宽收入渠道，大幅提高当地农户收入水平。森林休闲养生城市的森林休闲养生产值在 30 亿以上，森林康养小镇要达到 5 亿元以上。 ④显著提升农村民风村貌。通过森林康养建设，积极为农户送知识、送政策、送技能，大力培育高素质农民。通过建设森林康养场所，推进村庄绿化、住宅外观美化、公共设施翻修等村貌改造工作，建成一批环境整洁、设施配套、各具特色的美丽乡村。 ⑤开发利用森林康养商品。鼓励发展林业特色产业，积极开展林下种植养殖、林产品采集加工，为森林康养提供具有地方特色的绿色健康森林食品。加强森林康养产品的研发，开发一批具有地方特色的森林康养商品

注：引自《浙江省森林康养产业发展规划（2019—2025）年》。

表 2-11　江西省森林康养基地建设标准

森林资源	基地及周边连片森林总面积不少于 100hm^2，森林覆盖率不低于 60%，郁闭度不低于 0.5，植被类型多样，生物多样性丰富，景观资源丰富，能够提供多种五感体验，基地范围内无明显林业有害生物危害
区位交通	对外交通便利，距离最近的机场、火车站、客运站等交通枢纽和干线距离不超过 2h 车程。非自驾康养对象乘坐公共交通工具能够到达，或森林康养场所可提供接驳服务。基地内部道路体系完善，连接基地的外部公路等级应符合安全行车基本要求
基础设施	康养设施等布局合理，导引等标识系统完备，无障碍设施完善，配备智慧森林康养系统（或健康管理 APP）和必要的森林康养资源监测设备。水、电、通信、接待、住宿、餐饮、垃圾处理等基础设施齐全、符合行业标准并能有效发挥功能，具备不少于 50 人的接待住宿餐饮等康养体验能力。康养步道不少于 2km，可适应不同人群体验
康养环境优良	区域内自然水系水质、大气等环境指标优良。气候条件适宜，人居环境舒适等级为 3 级的天数 ≥ 60 天；周边 5km 内无大气污染、水体污染、土壤污染、噪音污染、农药污染、辐射污染和疫源疾病等污染源；空气负离子含量平均值不低于 1500 个 /cm³，局部区域达到 3000 个 /cm³ 以上；地表水和地下水环境质量应达到 GB 3838 和 GB/T 14848 规定的 II 类以上要求；噪声环境质量达到 GB 3096 规定的 II 类标准；大气环境质量达到 GB 3095 环境空气功能区一类区的质量要求
森林康养产品	根据康养不同类型（保健型、康复型、养老型、综合型等）开展森林康养活动，自营或与医疗、养老等机构合作开展康复疗养、健康养老等服务。能提供 1 种以上森林康养产品和服务（森林疗养、森林养生、森林康复、森林休闲、森林体验等产品和服务），有康养菜单，并能提供一定的森林康养食谱，配备具有特定养生效果的食材
理机构和配套服务	运营管理机构健全，具有相应的管理人员和康养专业人员。森林康养餐饮、康养活动、住宿服务等管理流程、技术规范或服务标准健全。建有医疗服务场所（健康体验、理疗护理、休闲健身等设施），配备相关健康检测设备

（续）

安全保障	基地选址科学安全，游憩、健身设施及场地符合安全标准。无明显地质灾害、洪水等安全隐患。具备救护条件，应急预案与机制健全，消防等应急救灾设施设备完善
运营能力	基地对外开放营业 1 年以上，有一定的接待能力，而且实际年接待康养人数不少于 1 万人（次）以上，经济效益明显，社会反响良好，带动当地农民增收和就业能力强
土地权属	土地权属清晰，无违规违法行为，基础设施建设合法合规，经营主体为依法登记注册的合法经营主体，有工商部门登记注册的营业执照，3 年内无不良诚信记录，无重大负面影响。位于森林公园、湿地公园、自然保护区、风景名胜区、地质公园等自然保护地范围内的康养基地，其位置、功能分区和森林康养活动等符合相关规划要求，基础设施建设必须符合自然保护地相关法律法规，无违规违建等行为
发展思路	有明晰的近中期建设规划，目标定位和发展路径策略明确，重点突出，特色明显，内涵丰富，有具体的建设实施计划。 对重点贫困地区申报的具有创新性、创意性森林康养基地，可适当放宽申报条件。已命名为省级以上森林体验基地和森林养生基地的经营主体原则上不在此次申报范围

表 2-12　四川省森林康养基地建设标准

资源条件	①面积≥ 50hm^2。 ②四至边界清晰，无权属争议。 ③森林康养主体功能区海拔不超过 2800m。 ④基地内森林覆盖率不低于 60%。植被季相变化明显，有彩叶、芳香、观花、观果等类植物。无明显林业有害生物危害。 ⑤能提供 3 种以上本地森林蔬菜或森林食品
交通条件	连接基地的外部公路等级应达到林 Ⅲ 级道路标准以上，符合安全行车基本要求
环境条件	①无明显地质灾害、洪水等安全隐患。 ②无疫源疫病风险记录。 ③ $PM_{2.5}$ 年均浓度不超过 15μg/m^3，24h 平均浓度不超过 35μg/m^3；空气细菌含量少于 200 个 /m^3；空气负离子浓度达到 1000 个 /cm^3 以上。 ④提供符合国家饮用水卫生标准的饮用水。 ⑤基地外延 5km 范围内无污染源
建设规划	建设内容符合《四川省森林康养基地建设基础设施》（DBS1/T 2261—2016）的相关规定
申报条件	①森林康养步道里程不少于 2km。 ②能提供明确的森林康养产品、康养菜单与服务。 ③住宿、餐饮接待能力与基地建设规划和发展阶段基本适应，按 20% ～ 40% 住宿率配备床位，按 60% ～ 80% 餐饮率配备餐位。 ④评定为四川省森林康养基地一年后，达到《四川省森林康养基地建设基础设施》（DBS1/T 2261—2016）规定要求。 ⑤对重点贫困地区申报的森林康养基地，或其他地区申报的具有创新性、创意性发展的森林康养基地，可适当放宽申报条件

2.6 基础资料收集方法

基础资料是开展规划设计和基地建设的重要依据。建设单位应根据规划编制的实际需要，根据资料清单，向有关单位获取准确、可靠并反映现状的基础资料和数据。

对欠缺的基础数据和资料，建设单位应组织专业人员开展补充调查，以满足规划设计和建设需要。

2.6.1 收集自然资源数据

2.6.1.1 土壤地质

土壤地质数据资料的收集应包括地貌、土层、建设地段承载力；地质灾害情况；地下水现状；土壤组成、类型和分布等。可以到地质科研部门查阅或收集。

2.6.1.2 水文

水文资料数据的收集应包括所在地区域水文资料；森林康养基地水文资料等。

（1）实测资料。

（2）水文调查资料。可以到水文站查阅。水文调查资料包括历史洪、枯水调查（洪水痕迹、石刻、文献资料等）、暴雨洪水现场调查和其他专项水文调查的资料。

2.6.1.3 气候

到气象部门查询。某一地区的气候数据资料的收集应包括温度、降水、湿度、日照、风力、蒸发量与降水量、特殊气候现象等，而详细的气候数据目前不能无偿共享，需要到气象部门查询。中国气象网国家气象信息数据中心有历年气象数据提供。

2.6.1.4 植物

（1）收集方法。植物区系可采用专家咨询和资料检索相结合的方法。植被类型可采用群落优势种直接观测和资料检索相结合的方法。

（2）收集范围及指标。植物资源的数据收集范围包括被子植物、裸子植物、蕨类、苔藓等高等植物以及地衣、大型真菌、藻类等低等植物，以主要保护对象、珍稀濒危及国家重点保护植物为收集重点。指标主要包括植被类型、植物地理区系、种类组成、分布位置、种群数量、群落优势种、群落建群种、盖度、频度、生活力、物候期等（表 2–13）。

表 2–13 植物数据收集方法

调查内容	调查指标	调查方法
植物	植物地理区系	专家咨询和资料检索法
	植被类型	优势种直接观测和资料检索法
	种类组成	样地和取样方法
	盖度	样地和取样方法
	密度	样地和取样方法
	频度	样地和取样方法
	优势种 / 建群种	样地和取样方法
	其他指标	

2.6.1.5　动物

（1）收集方法。动物调查采用实地调查与资料检索相结合的方法（表 2–14）。

（2）收集范围及指标。动物资源的数据收集范围包括兽类、鸟类、爬行类、两栖类、鱼类等脊椎动物以及昆虫、软体动物、环节动物、甲壳动物等低等无脊椎动物，以主要保护对象、珍稀濒危及国家重点保护动物为收集重点。指标主要包括动物地理区系、种类组成、分布位置、种群数量、种群结构、生境状况、生态位、重要物种的生态习性等（表 2–14）。

表 2–14　动物数据收集方法

调查内容	调查指标	调查方法
动物	动物地理区系	专家咨询和资料检索法
	大型兽类和鸟类种类组成	线路调查法
	啮齿类等小型兽类、两栖爬行类种类组成	食物诱捕或直接捕捉法
	鱼类种类组成	渔获物法
	昆虫、软体、环节等低等无脊椎动物种类组成	直接捕捉法
	分布位置	资源密度法
	种群数量	资源密度法和模型估算法
	其他指标	

2.6.2　自然与社会经济条件数据

2.6.2.1　自然条件

（1）收集范围及指标。自然保护区自然地理环境专项调查范围包括地质、地貌、气候、水文、土地利用、土壤、地质遗迹、自然景观等。自然遗迹类自然保护区必须对区域地质背景、自然遗迹的形成条件和形成过程、自然遗迹类型和分布范围、自然遗迹的价值意义等内容进行重点调查。海洋自然保护区调查范围包括岸滩、海域与海岛自然地理条件、海域环境质量等。调查指标主要包括气候（年平均气温、最低月平均气温、积温）、降水（多年平均降水量、全年各月或旬降水量、降水季节、降水强度）、地形地貌（地貌类型、海拔、坡度、坡向、水资源（地表水、地下水、水利设施、水旱灾害状况）、植被（自然植被、人工植被、特种土宜植被）、土壤（土壤质地、理化性质、土壤侵蚀、障碍因素）。

（2）收集方法。自然地理环境专项调查采用野外调查和资料检索相结合的方法。气候、水文等资料可以从附近的气象站、水文站和生态监测站等收集，但应注明资料年份和该站的地理位置（表 2–15）。

表 2-15　自然地理环境数据收集方法

调查内容	调查指标	调查方法
地质地貌	地质构造	专家咨询和资料检索法
	岩石种类	野外观测和资料检索法
	地貌类型	野外观测和资料检索法
	地质遗迹	野外观测和资料检索法
	海拔	直接测量法
土壤	土壤类型	实地调查和资料检索法
	成土母质种类	实地调查和资料检索法
	泥炭层厚度	直接测量法
气候	降水量和蒸发量	实际测量和气象站资料收集法
	气温	实际测量和气象站资料收集法
	无霜期	实际测量和气象站资料收集法
	积温和日照时数	实际测量和气象站资料收集法
水文	河流名称	资料收集法
	径流量	三角形量水堰测流法和水文站资料收集法
	地表水位	实际测量和水文站资料收集法
自然景观	景观类型	野外观测和专家咨询法
其他指标		

2.6.2.2　社会经济条件

（1）收集范围及指标。自然保护区社会经济状况专项调查范围包括自然保护区及周边社区的经济、人口、土地利用等。调查指标主要包括当地经济现状资料、交通状况及区位、人口和劳动力、基础设施、公共设施（如能源、供水、供电、电讯等）；区域和规划与森林康养基地有关的人文、历史、民俗等非物质遗产资料；总人口、农业总产值、工业总产值、土地利用类型、交通状况、水域利用类型及面积、水域权属等。除常规指标外，也可选取年人均收入、保护区内土地权属与国有、集体土地各占面积数、河流与湖泊受污染情况、污染源、区内与周边工厂、矿山分布情况。海洋自然保护区可包括海域使用类型与面积、海域使用权属等。

（2）收集方法。社会经济状况专项调查以资料调研和走访调查相结合。通过查阅相关主管部门的有关统计资料，以行政村为基本单位，记录自然保护区周边地区和本地社区内的乡镇、行政村名称及其社会经济发展状况，包括土地面积、耕地等土地利用类型及范围、土地权属、人口、工业总产值、农业总产值、第三产业产值。社会经济状况应注明统计资料年代（表 2-16）。

表2-16 社会经济状况数据收集方法

调查内容	调查指标	调查方法
人口	城镇及行政村范围面积	实地调查和资料收集法
	人口数量及分布	实地调查和资料收集法
	少数民族情况	专家咨询和资料检索法
土地	土地利用类型及面积	实地调查和资料检索法
	土地权属情况	实地调查和资料检索法
社会经济	保护区及周边地区的 GDP	资料收集法
	第一产业总产值	资料收集法
	第二产业总产值	资料收集法
	第三产业总产值	资料收集法
社会经济	与保护区相关的主要产业	实地调查和资料收集法
文化教育	学校分布及数量	实地调查和资料检索法
交通	道路分布及数量	实地调查和资料检索法
通信和电力	输电线路分布及数量	实地调查和资料检索法
	通讯线路分布及数量	实地调查和资料检索法
其他指标		

2.6.3 现状分析、现状图收集

2.6.3.1 现状分析

分析评价必须客观、公正、准确、符合实际。

（1）规划区地理位置、地质地貌、水温、气候、土壤、森林资源、草原资源、野生动物资源的现状、分析与评价。重点陈述各种自然资源的类型、数量、分布、多样性，分析其特点和保护价值等。分析评价生态系统的完整性、典型性，以及生态区位的重要性、生态旅游资源现状，开展生态旅游的现状分析与评价。

（2）分析评价规划区内历史人文情况、土地资源现状、土地权属和土地利用情况、各种生物资源和水资源的利用现状和趋势。

（3）分析评价规划区居民数量和分布情况，以及当地居民对建设森林康养基地的意见、各种基础设施建设情况。

（4）分析现有管理机构、人员和经费情况，当地人民政府对建立森林康养基地的支持程度和政策措施。

（5）规划区所在地社会经济现状分析，包括所在地区的整体经济和社会发展水平、人口、面积、行政管理、周边旅游资源等。

（6）存在问题和建议。

2.6.3.2 现状图

相关现状图与成果图应根据调查成果，利用计算机和 GIS 软件制作。相关成果图的底图应得到行业主管部门认可，带有准确的经纬度网格，标注保护区及其周边城镇村庄、交通线路、河流和山峰等地理特征，图面投影应符合国家规定，专题图比例尺一般应大于 1∶25 万。

专题成果图包括：①基地位置图；②基地地质分布图；③基地水文水系图；④基地地形图；⑤基地森林资源图；⑥基地重点保护对象（动植物）分布图；⑦基地功能区划图；⑧基地土地利用现状图；⑨基地基础设施分布图。

参考文献

国家林业局，2018. 国家湿地公园总体规划导则（湿林综字［2018］1 号）[R].

才金亮，谷会彬，崔学伟，2008. 水文资料及其获取途径 [J]. 黑龙江水利科技 (05):164.

国家环保部，2010. 自然保护区综合科学考察规程（环涵［2020］139 号）[R].

第三章 规划设计原理与布局

3.1 康养相关概念及学科

3.2 基地规划设计理论

3.3 土地利用规划设计

3.4 规划设计策划与定位

3.5 功能区划与总体布局

3.6 规划设计依据与原则

3.1 康养相关概念及学科

环境美学是20世纪60年代开始兴起的美学新学科，这门新兴学科得到了来自美学、哲学、环境学、建筑学、景观学、人文地理学、心理学等多种学科的关注和研究。环境美学的兴起有其双重背景：首先是经济的高速增长带来环境的严重破坏。20世纪以来，随着各国工业化的加速发展，环境质量不断恶化，生态危机愈演愈烈，已经直接影响到人的生存和生活质量，人们开始认识到环境问题的严峻性。在全世界范围内以欧美为中心，人们掀起了日益高涨的环境保护运动。在环境问题凸显之后，环境则成为与艺术相抗衡的另一个重要研究领域，自然、建筑则被认定为环境中重要构成因子而具有重要美学价值。这样美学的疆域则大为拓展，环境美学与艺术美学处于平等地位。环境美学从欣赏的角度，它追求的美有自然美、生活美和艺术美之分。自然美是人类面对自然与自然现象如天象、地貌、风景、山岳、河川、植物、动物等所产生的审美意识；生活美是人类面对自身的活动或社会现象如生老病死、喜怒哀乐、家庭、事业、社会关系、命运、经济状况、贡献、成就所产生的审美意识；艺术美是人类面对人类自身所创作作品如绘画、雕塑、建筑艺术、园林、音乐、歌曲、诗歌、小说、戏剧、电影等所产生的审美意识。

环境美学审美鉴赏关注的是环境，其研究的主题范围不断扩展。“环境美学关注的对象，从荒野延伸到乡村景观，延伸到郊区，延伸到城市景观、周边地带、交易场所、购物中心等。因而，环境美学的系谱中有很多不同的种类，比如自然美学、景观美学、城市景观美学和城市设计，也许还包括建筑美学，甚至艺术美学本身”（滕守尧，2006）。森林康养基地是基于环境美学审美鉴赏的对象，属于森林美学研究的范围。同时，森林美学也属于城市景观美学和城市设计暨环境美学的研究范围（周艳鲜，2019）。

20世纪90年代初期，著名科学家钱学森提出建设“山水城市”的倡议，并且在全国引起广泛的讨论；也引起国际学术界的高度重视与评价。1995年世界公园大会宣言中，再次强调建设山水城市的观点，表明“山水城市”模式对于提高城乡环境建设质量，保证良性生态循环、可持续发展有着不可小觑的重要意义。同时，广泛邀请城市规划、建筑、园林、生态、美学、哲学方面多学科的专家，共同探索“山水城市”环境美的构建。近几十年来，大批森林公园的建设，已成为构建“森林城市”“低碳城市”的主要内容，森林景观环境美的追求已成为我国工业化、城市化后广大专家、官员、市民，特别是从事这方面的学者关注的焦点。人们关注森林环境美学主要体现以下方面：①人们有更多的森林景观环境的生态功能的需求，渴望新鲜的空气，更多的蓝天、白云和阳光……自然美的景观等；②今天的城市环境，人们希望有更多的城市森林空间、林荫小道，更多的户外活动空间；③地球是一个生物多样性的世界，充满着多样生命。快速的城市化进程使人们已听不到小鸟的叫声，看不到动物的可爱动作，人们需要一个能与生物和谐相处的多样化环境；④城市人们需要森林、大山、河流、田野，需要有森林环境的音乐、摄影、绘画、运动，以满足人们的精神文化需求。

3.2 基地规划设计理论

3.2.1 可持续发展理论

1987年，联合国环境与发展委员会（WCED）正式提出可持续发展（sustainable development）是“既满足当代人的需求又不危及后代人满足其需求的发展”（World Conference on Sustainable Tourism，1995）。可持续发展理论是为实现可持续发展这一目标的一系列理论体系（表3-1）。可持续发展理论在内涵上主要包含了人地关系和谐、世代伦理和生态文明三方面思想。

表3-1　与森林相关的国际可持续公约

序号	年份	地点	名称
1	1947	华盛顿	《世界气象组织公约》
2	1971	拉姆萨尔	《关于特别是作为水禽栖息地的国际重要湿地公约》
3	1972	巴黎	《保护世界文化和自然遗产保护公约》
4	1973	华盛顿	《濒危野生动植物种国际贸易公约》
5	1981	北京	《中华人民共和国政府和日本国政府保护候鸟及其栖息地环境的协定》
6	1986	北京	《中华人民共和国政府和澳大利亚政府保护候鸟及其栖息地环境的协定》
7	1992	里约热内卢	《联合国气候变化框架公约》
8	1992	里约热内卢	《生物多样性公约》
9	1992	里约热内卢	《联合国关于在发生严重干旱和/或荒漠化的国家特别是在非洲防治荒漠化的公约》
10	1992	里约热内卢	《21世纪议程》
11	1992	里约热内卢	《关于森林问题的原则声明》
12	1983 1994	日内瓦	《国际热带木材协定》
13	1997	京都	《联合国气候变化框架公约京都议定书》

3.2.1.1 可持续发展的价值观

传统的价值观将人与自然对立起来，片面强调人类征服自然、改造自然的主观能动性，无视由于过度开采使用而造成的资源枯竭和生态环境恶化的局面。20世纪末，人类不得不改变以往的价值观，选择可持续发展的道路，尊重人与自然的和谐关系这一人类活动的共同价值和目标归宿，提倡人类对自然的索取程度应建立在保持自然生态系统循环自如的基础上，着重研究人类社会发展活动与自然之间的相互关系，调整人类的思想、观念，继而调控人类的社会行为，寻求人类与自然的协调发展。

3.2.1.2 可持续发展的资源观

自然资源的开发利用是人类生存和经济发展

的基本条件，资源总量总是与一定的社会经济和科技发展水平相联系。在走向可持续发展的历史转折中，人们对于资源也有了新的认识。人类追求经济增长的方式多半是以消耗大量的自然资源尤其是不可再生资源为代价的，使人类陷入经济发展与资源短缺两难的窘境。面对这种双重的困难和压力，我们必须在摆脱资源危机、寻求可持续发展的努力中，树立全新的资源观，走资源节约型的经济发展道路，坚持资源的合理开发与可持续利用（古璇，2018）。

3.2.2 环境心理与行为学

环境心理学是应用社会心理学研究环境与人的心理和行为之间的关系。它也被称为人类生态学或生态心理学。虽然这里所说的环境也包括社会环境，但主要是指物理环境，包括噪音、拥挤、空气质量、温度、建筑设计、个人空间等。噪声的可控性是影响噪声的一个因素。人们习惯于噪音的工作条件，并不意味着噪音对他们不起作用。适应噪音的儿童可能会丧失辨别声音的能力，导致阅读能力受损。适应嘈杂的环境也会使人们的注意力越来越狭窄，对他人的需求也不敏感。在消除噪音很长一段时间，它仍然对认知功能产生不良影响，尤其是不可控制的噪声。从心理的角度来看，拥挤和密度既有联系又有区别。拥挤是主观体验，而密度指的是一定空间中的人的数量。密度并不总是令人不快的，但拥挤总是令人不快的。社会心理学家对拥挤现象提出了多种解释。感觉超负荷理论认为，人的经验感觉过载下的过度刺激，并有在感官超负荷量的个体差异。密度强化理论认为，高密度可强化社会行为。失控理论认为，高密度导致人们失去对行为的控制并导致拥挤（吕晓峰，2013）。

环境行为理论是康复治疗的关键途径，人的行为具有自我控制、自我修正，以及与环境符号互动的特点。动机是行为的推动力量，而动机的产生源于需求。理论为康复花园的植物景观空间设计提供了依据，着力营造 5 种距离：一是密切距离，可供相爱或拥抱，约 30cm；二是个人距离，可供与好友交谈，但是无法感觉对方的体温，35 ～ 120cm；三是社交距离，通常是相隔一张桌子的距离，如接待客人或与熟悉的人聊天，120 ～ 300cm；四是公共距离，如与陌生人交谈，为 300 ～ 500cm。不同空间距离的营造，使人产生各异的环境体验，如病人需要密切距离，以获得心灵的安慰；需要个人距离，以增强相互交流；需要社交距离，以保障个人隐私；需要公共距离，以参与集体活动。

3.2.3 生态学理论

生物的生存、活动、繁殖需要一定的空间、物质与能量。各种生物所需要的物质、能量以及它们所适应的理化条件是不同的，这种特性称为物种的生态特性。生态学是研究有机体及其周围环境相互关系的科学。随着人类活动范围的扩大与多样化，人类与环境的关系问题越来越突出。因此近代生态学研究的范围，除生物个体、种群和生物群落外，已扩大到包括人类社会在内的多种类型生态系统的复合系统。人类面临的人口、资源、环境等几大问题都是生态学的研究内容。

正是由于研究视野的广泛性，按照不同依据，生态学可以分为很多细分支，与森林康养基地有关的主要有森林生态学、景观生态学、城市生态学等。

3.2.3.1 森林生态学

森林生态学作为一门独立的学科，主要从树木与环境相互关系的规律出发，在调节、控制树木与环境之间的关系中更好地发挥作用；既要充分发挥树木的生态适应性，根据环境条件的特点，实行科学的经营管理，使其能最大限度地利用环境，不断扩大森林资源和提高森林生产力；

又要有意识地利用森林对环境的改造作用，调节人类与环境之间物质和能量的交换，充分发挥森林的多种有益功能，以利于维持自然界的动态平衡。

3.2.3.2　景观生态学

景观生态学以整个景观为对象，通过物质流、能量流、信息流与价值流在地球表层的传输和交换，通过生物与非生物以及人类之间的相互作用与转化，运用生态系统原理和系统方法研究景观结构和功能、景观动态变化以及相互作用机理、景观的美化格局、优化结构、合理利用和保护（钦佩，2019）。

3.2.3.3　城市生态学

城市生态学是研究城市人类活动与周围环境之间关系的一门学科，城市生态学将城市视为一个以人为中心的人工生态系统，在理论上着重研究其发生和发展的动因、组合和分布规律、结构和功能的关系；在运用上指运用生态学原理规划、建设和管理城市，提高资源利用效率，改善系统关系，增加城市活力。

3.2.4　康复景观学理论

康复景观作为促进康复的景观类型，其对健康的关注超越其他方面功能的考虑，这也使得康复景观相对于其他类型景观具有特殊性。一般的景观可能具备生态、健康、审美、公共活动等多种功能，而康复景观始终坚持健康优先的原则，当其他功能与其存在冲突时，以促进健康为首选。康复景观优先满足身心具有障碍的人的需要，而其他类型的景观则要考虑数量占多数的正常人的需要（王晓博，2012）。康复花园是以植物景观为主，开展各类康复治疗活动的场所。多年来，康复花园景观设计领域形成了较为系统的理论体系，主要涉及植物治疗理论、环境行为理论（邹雨岑，2014）。

3.2.5　植物治疗理论

我国传统医学一直以来就有“闻香治病，闻味治病”的说法。植物治疗理论涉及芳香治疗、色彩治疗、触摸治疗。芳香治疗是利用植物的挥发物，调节人体循环系统，实现疾病的疗愈。实验证明，植物花果散发的芳香气体，能够增强人体呼吸系统、循环系统、消化系统的生理机能，增强新陈代谢作用。精油疗法具有生理和心理的双重作用。在生理方面，精油通过皮肤毛孔的渗入，能够调节体液微循环；在心理方面，精油与按摩结合，能够舒缓人的紧张或疲劳感。植物的根、茎、叶、花、果具有多种质地，并能形成季相变化，能够丰富人们的触觉体验。利用植物精油进行触觉刺激的同时，能够使人感受到自然的色彩和香味，具有多重体验效果。

3.2.6　森林经理学理论

森林经理学就是为维护与提高森林生态系统服务能力而对社会、经济、森林复合生态系统进行全局性谋划、组织、控制和调整的科学、技术与艺术（陈世清，2006）。

在森林康养基地开展生态旅游活动，其主体是旅游者，对象是森林生态系统，是森林生态系统文化产出的重要组成部分。森林经理学理论与方法对实现森林旅游资源的可持续经营具有重要的指导意义。

3.2.7　生态旅游学理论

生态旅游学是研究生态旅游活动规律及生态旅游环境伦理的一门学科。它以生态学为指导，研究生态旅游产生和发展的规律，生态旅游产品的构成、特征、类型、功能及其运行机制，生态旅游资源的评价、开发、规划和管理，生态旅游在可持续发展总战略中的地位、作用及运作模式，生态旅游的市场范围、目标和促销工程等（杜昌建，2014）。

3.2.8 康养基地规划原则

3.2.8.1 以人为本的理念

以人为本就是尽最大的努力满足游人的各类需求，包括生理上和心理上的需求。事实上，人的需要是全面的。因此，我们不能把人的某一需要作为一个“基础”，而应该把人的全面需要作为“基础”。森林康养的规划和建设过程中，要调查不同地区、不同层次和不同人群的需求，根据人们的需求来进行设计，达到以人为本的要求。

3.2.8.2 以森林资源为基础

森林康养以森林中的各类资源为基础，包括健康安全的森林食品、清新的森林空气环境、丰富多彩的森林景观、丰富的生态文化等资源。根据现有的各类森林资源，规划设计相应的健康体育服务设施和康乐保健设施，以利于游人开展各种森林活动，包括疗养、度假、休息和保健等，达到调节功能、心理健康、自我修养和延缓衰老的目的。

3.2.8.3 以颐养为要务

森林康养不同于普通的森林旅游，它以现代医学和传统医学为手段，检测人们进行森林游憩活动前后的身体状况，为人们寻求恢复和促进健康的科学行为。森林医疗保健注重人与自然的融合，倡导回归自然的保健方式，包括对身体的保养、眼部保养、心脏保养、面部保养和疾病保养等。从情感、私欲、远房、节食、运动等方面总结了养生的要点。

3.2.8.4 以健康为归宿

森林康养和保健并没有争抢医院治疗和救助病人的业务，而是主要关注患者和亚健康人群治疗后的康复治疗。研究表明，森林康养和保健对三类人群具有明显的康复效果：第一，呼吸道疾病患者。森林的空气和灰尘浓度比城市低得多，这有利于这些人的康复。二是心血管疾病人群。森林环境可以调节中枢神经系统，降低血压和脉搏率，减少心血管负担。三是患有抑郁症和失眠人群。森林活动可以显著降低人体应激激素，如肾上腺素和去甲肾上腺素的水平，缓解紧张和抑郁，并改善睡眠质量。

3.3 土地利用规划设计

森林康养基地土地利用规划设计是对基地土地利用的构想和设计，是根据森林康养基地的发展规划，结合法律法规，运用土地利用的专业知识，指导土地管理，合理规划和利用森林康养基地内的土地资源，促进基地的良性建设及后续发展。

3.3.1 土地利用原则

3.3.1.1 依法依规、保护优先

严格按照《中华人民共和国土地管理法》《中华人民共和国森林法》等法律法规的要求利用土地，以保障土地生态安全为前提，保护森林生态功能为目的，维护森林基本生态功能的前提下拓展绿色发展空间，进行森林康养基地建设。

3.3.1.2 适度开发、节约集约用地

在保护土地生态安全的基础上，优化土地利用结构布局，适度开发。倡导节约集约、科学高效利用土地，提升土地资源承载能力，合理控制森林康养基地的建设用地规模。

3.3.1.3 统筹协调、持续利用

在《广东省国土空间规划（2020—2035 年）》《广东省林地保护利用总规划（2021—2030 年）》等规划框架内，根据土地实际情况，综合分析森林康养基地建设对土地的需求，实事求是，因地制宜，调整用地结构，坚持土地开发、利用与整治、保护相结合，使土地资源得到优化配置和持续利用。

3.3.2 土地利用管控

国土空间规划是对国土空间的保护、开发、利用、修复作出的总体部署与统筹安排，是国家空间发展的指南、可持续发展的空间蓝图，是各

类开发保护建设活动的基本依据。土地利用规划要坚持国土空间规划在国土空间治理和可持续发展中的基础性、战略性引领作用。森林康养基地的建设与林地、森林密不可分，基地用地基本都是林地，而林地、森林作为自然资源和生态空间的重要组成部分，也纳入自然资源统一调查，纳入国土空间规划和国土用途管制。

3.3.2.1 功能分区管控

根据《广东省国土空间规划（2020—2035年）》，广东省国土空间划分为4个主体功能区域，分别是优化开发区域、重点开发区域、生态发展区域和禁止开发区域（表3–2）。

表3–2 广东省主体功能区分类

功能分区类		范围
优化开发区域Ⅰ	珠三角核心区Ⅰ	广州市：荔湾区、越秀区、海珠区、天河区、南沙区、萝岗区、白云区、黄埔区、番禺区、花都区、增城市、从化市；深圳市：罗湖区、福田区、南山区、盐田区、宝安区、龙岗区；珠海市：香洲区、金湾区、斗门区；东莞市；中山市；佛山市：禅城区、南海区、顺德区；江门市：蓬江区、江海区、新会区；惠州市：惠城区
重点开发区域Ⅱ	珠三角外围片区Ⅱ–1	佛山市：三水区、高明区；江门市：鹤山市、台山市、开平市、恩平市；惠州市：惠阳区、博罗县、龙门县、惠东县；肇庆市：端州区、鼎湖区、高要市、四会市、德庆县
	粤东沿海片区Ⅱ–2	汕头市：龙湖区、金平区、濠江区、澄海区、潮阳区、潮南区；潮州市：湘桥区、潮安县、饶平县；揭阳市：榕城区、揭东县、惠来县、普宁市；汕尾市：汕尾城区、海丰县、陆丰市
	粤西沿海片区Ⅱ–3	湛江市：赤坎区、霞山区、坡头区、麻章区、遂溪县、徐闻县廉江市、雷州市、吴川市；茂名市：茂南区、茂港区、电白县、高州市、化州市；阳江市：江城区、阳西县、阳东县、阳春市
重点开发区域Ⅱ	山区点状片区Ⅱ–4	韶关市：浈江区、武江区、曲江区；清远市：英德市、清城区、清新县、佛冈县；河源市：源城区；梅州市：梅江区、丰顺县、梅县；云浮市：云城区、新兴县、云安县、罗定市
生态发展区域Ⅲ	北江上游片区Ⅲ–1	韶关市：乐昌市、南雄市、仁化县、始兴县、翁源县、乳源县；清远市：连山县、连南县、连州市、阳山县；肇庆市：广宁县、怀集县
	东江上游片区Ⅲ–2	韶关市：新丰县；河源市：东源县、和平县、龙川县、连平县、紫金县
	韩江上游片区Ⅲ–3	梅州市：五华县、兴宁市、蕉岭县、大埔县、平远县；揭阳市：揭西县；汕尾市：陆河县
	鉴江上游片区Ⅲ–4	茂名市：信宜市
	西江上游片区Ⅲ–5	肇庆市：封开县；云浮市：郁南县
	海岛型区域Ⅲ–6	汕头市：南澳县
禁止开发区域Ⅳ		包括广东省依法设立的国家级和省级自然保护区、风景名胜区、森林公园、地质公园和世界文化遗产地等

《广东省林地保护利用规划》中明确广东省的林地管理实施与国土空间规划定位相适应的差别化管理措施，按照分区施策、差别管理、统筹调控的原则，采取不同的林地保护利用策略和管控措施。

3.3.2.2 优化开发区域用地管控

优化开发区域是践行环境优先战略，把恢复生态及保护环境作为约束性目标，严格保护现有林地、湿地等自然资源。

优化开发区域严格控制工矿企业使用林地；限制占地多、消耗高的加工业、劳动密集型产业和各类开发区使用林地；支持战略性新兴产业、现代化基础设施、国际性综合交通枢纽建设、自主创新产业和有利于产业结构优化升级的项目使用林地。

3.3.2.3 重点开发区域用地管控

重点开发区域践行发展中保护战略，积极保护生态环境，持续推进生态修复，维护连绵山体水源涵养能力和水土保持能力，支持重点区域发展与生态建设同步推进。

重点开发区域对用地时序进行合理安排，保障公益性民生工程和城市基础设施建设用地需求，支持战略性新兴产业及配套建设、循环经济产业使用林地，尽力保障中心城市建设对林地的需求；限制高能耗、高污染产业使用林地。

3.3.2.4 生态发展区域用地管控

生态发展区域同样践行保护中发展战略，以修复生态、保护环境、提供生态产品、生态服务为首要任务，允许区域内地级市城区、县城以及各类省级以上区域重大发展平台点状集聚开发，发展与生态功能相适应的生态型产业，在确保生态安全前提下实现绿色发展，积极支持建设自然保护教育基地，打造高质量森林旅游、森林康养等绿色生态服务产品。

生态发展区域严格控制用地开发强度，适度支持国家和广东省重大交通、能源、水利其他等基础设施建设项目使用林地；限制可能威胁生态系统稳定、生态功能正常发挥、生物多样性保护的各类项目及资源开发建设项目使用林地；重点保障区域生态用地需求。

3.3.2.5 禁止开发区域用地管控

禁止开发区域践行生态环境强制保护战略，整合优化自然保护地，建立以国家公园为主体、以自然保护区为基础、各类自然公园为补充的自然保护地体系，强制性保护区域林地资源和土地资源，防止生态环境破坏和生态功能退化。

禁止开发区域严格控制人为因素对该区域自然生态的干扰，禁止人为进入自然保护地的核心保护区进行非教学科研活动，严禁任何有悖于生态保护目的的各项林地利用活动，禁止各类项目使用区域内的Ⅰ级（林地保护等级）保护林地。

3.3.3 林地分级管控

广东省林地按照全面保护与突出重点相结合的原则，对林地进行系统评价，确定保护等级，根据林地保护等级，制定了相应的分级管控措施，对省域所有林地实施分级管理。使用林地除了要落实国土空间开发保护要求，遵循功能分区管控外，还要遵循林地分级管控。

广东省林地保护等级共划分为Ⅰ、Ⅱ、Ⅲ、Ⅳ级 4 个等级（表 3-3）。

表 3-3　林地保护等级分级标准

Ⅰ级	Ⅱ级	Ⅲ级	Ⅳ级
流程 1000km 以上江河干流源头汇水区	军事禁区	省、市级公益林地	其他林地
流程 1000km 以上江河干流一级支流的源头汇水区	自然保护地的一般控制区	短轮伐期工业原料林基地	
自然保护地的核心保护区	国家Ⅱ级公益林地	速生丰产林基地	
国家Ⅰ级公益林地	红树林湿地	竹林基地	
世界自然遗产地	未纳入Ⅰ级保护的天然林	特色经济林基地	
Ⅰ级保护天然林	沙化土地封禁保护区	油茶林基地	
重要水源涵养地	沿海防护基干林带	其他重点商品林	
森林分布上限与高山植被上限之间的林地			

3.3.3.1　Ⅰ级保护林地

Ⅰ级保护林地是重要生态功能区内予以特殊保护和严格控制生产活动的区域，以保护生物多样性、特有自然景观为主要目的。包括流程 1000km 以上江河干流及其一级支流的源头汇水区、自然保护地的核心保护区、世界自然遗产地、国家Ⅰ级公益林地、Ⅰ级保护天然林、重要水源涵养地、森林分布上限与高山植被上限之间的林地。Ⅰ级保护林地实行全面封禁管护，尽量使其保持自然状态，遵循自然演替规律，禁止各种生产性经营活动，禁止改变林地用途。

3.3.3.2　Ⅱ级保护林地

Ⅱ级保护林地是重要生态调节功能区内予以保护和限制经营利用的区域，以生态修复、生态治理、构建生态屏障为主要目的。包括除自然保护地的一般控制区、军事禁区、国家Ⅱ级公益林地、未纳入Ⅰ级保护的天然林、沙化土地封禁保护区和沿海防护基干林带内的林地。

Ⅱ级保护林地实施局部封禁管护，鼓励和引导抚育性管理，以改善林分质量和森林健康状况，禁止商业性采伐。除国务院批准的建设项目；国务院有关部门、省级人民政府、县（市、区）和设区的市、自治州人民政府及其有关部门批准的基础设施、公共事业、民生建设项目；战略性新兴产业项目、符合相关旅游规划项目、符合自然保护地等规划的项目建设使用林地外，不得以其他任何方式改变林地用途。

3.3.3.3　Ⅲ级保护林地

Ⅲ级保护林地是维护区域生态平衡和保障主要林产品生产基地建设的重要区域。包括除Ⅰ、Ⅱ级保护林地以外的地方公益林地，以及国家、地方规划建设的丰产优质用材林、木本粮油林、生物质能源林培育基地。Ⅲ级保护林地严格控制使用森林。适度保障能源、交通、水利等基础设施和城乡建设用地，从严控制商业性经营设施建设用地，限制勘查、开采矿藏和其他项目用地。

3.3.3.4　Ⅳ级保护林地

Ⅳ级保护林地是需予以保护并引导合理、适度利用的区域，包括未纳入上述Ⅰ、Ⅱ、Ⅲ级保护范围的各类林地。Ⅳ级保护林地严格控制林地非法转用和逆转，限制采石取土等用地。推行集约经营、农林复合经营，在法律允许的范围内合理安排各类生产活动，最大限度地挖掘林地生产潜力。

综上所述，从功能分区管控来划分，优化开发区域积极保护林地并扩展绿色生态空间；重点开发区域支持经济发展与生态建设同步推进，防止破坏；生态发展区域合理保障生态用地需求，积极扩大和保护森林、林地，探索绿色生态经济发展路线；禁止开发区域中的大部分林地严禁各项林地转用为建设用地。而从林地分级管控来划分，Ⅰ级保护林地实行绝对性保护，禁止各种生产性经营活动，禁止改变林地用途；Ⅱ级保护林地实行局部封禁保护，严格限制各种非政策、规划所支持的项目使用林地；Ⅲ级保护林地实行不破坏生态功能的前提下，依法合理利用林地资源，严格控制高耗能高污染项目使用林地；Ⅳ级保护林地实行需要予以保护并引导合理、适度利用的区域，在法律允许的范围内合理安排各类生产活动使用林地。

结合功能分区管控和林地分级管控方面来说，禁止开发区域里涉及的林地保护等级多为Ⅰ级和Ⅱ级，其余三个区域里涉及的林地保护等级则多为Ⅲ级和Ⅳ级。森林康养基地建设可适宜在优化开发区域、重点开发区域和生态发展区域进行建设，而三个区域则首推生态发展区域，因该区实行保护中发展战略，以修复生态、保护环境、提供生态产品、生态服务为首要任务，对可能威胁生态系统稳定、生态功能正常发挥、生物多样性保护的各类项目和资源开发建设项目使用林地进行严格控制，尽可能保障区域绿色生态服务用地的需求。不建议在禁止开发区域进行建设，尤其禁止开发区且林地保护等级为Ⅰ级的林地是禁止使用的。若基地是依托国有林场、森林公园、风景名胜区等重点生态区域建设的，严禁在该区域的核心保护区里使用林地，只允许在一般控制区里用地，而且要根据资源状况和环境容量对森林康养规模进行有效控制，不得对景物、水体、植被及其他野生动植物资源等造成损害。其余林地则根据林地保护等级管控进行使用，原则上来说在依法依规的前提下林地保护等级为Ⅱ级、Ⅲ级和Ⅳ级的林地均可以使用。

3.3.4 土地利用方法

国家编制土地利用总体规划，规定土地用途，将土地类型分为农用地、建设用地和未利用地。为实施现代种养业、农产品加工流通业、乡村休闲旅游业、乡土特色产业、乡村信息产业及乡村新型服务业等乡村产业项目及其配套的基础设施和公共服务设施建设，确需在城镇开发边界外使用零星、分散建设用地，且单个项目建设用地总面积不超过30亩的，可实施点状供地。选址位于相关规划确定的禁止建设区、建设用地涉及占用永久基本农田或突破生态保护红线的项目，不符合国家和省的法律法规以及相关产业政策规定的项目，商品住宅和别墅类房地产开发项目，均不适用点状供地。森林康养基地在建设过程中，不可避免地需要对土地进行开发利用，改变土地类型属性。由于森林康养基地多为依托农用地（包括林地）进行建设，土地类型需由农用地转为建设用地，因此就会涉及农用地转用程序。

森林康养建设用地适用点状供地。具体程序：按实际用地分类管理，按批次用地分类报批。除按《广东省自然资源厅关于实施点状供地助力乡村产业振兴的通知》（粤自然资规字〔2019〕7号）办理点状供地手续，还要按照以下文件办理：《广东省自然资源厅关于贯彻落实自然资源部规划用地改革要求有关问题的通知》（粤自然函〔2019〕1997号）、《广东省人民政府办公厅关于印发广东省建设用地审查报批办法的通知》（粤府办〔2019〕11号）、《广东省人民政府关于加快推进全省国土空间规划工作的通知》（粤府函〔2019〕353号）、《广东省国土资源厅关于进一步规范建设用地报批地类问题的通知》（粤国土资利用电〔2011〕409号)、《广东省占用征收林地定额管理办法》。

3.3.4.1　林地报批

根据《中华人民共和国森林法实施条例》,林地包括郁闭度0.2以上的乔木林地、红树林地以及竹林地、灌木林地、疏林地、无立木林地、苗圃地、辅助用地和县级以上人民政府规划的宜林地。建设项目使用林地，是指在林地上建造永久性、临时性的建筑物、构筑物，以及其他改变林地用途的建设行为。主要包括：各项建设工程永久占用林地、建设项目临时占用林地和森林经营单位在所经营的林地范围内修筑直接为林业生产服务的工程设施占用林地。建设项目应当不占或者少占林地，必须使用林地的，应当符合林地保护利用规划和使用林地条件，实行总量控制和定额管理，合理和节约集约利用林地。各项建设工程永久占用和临时占用林地需遵守林地分级(林地保护利用规划中的林地保护等级)管理的规定。

1)永久占用征用林地(不含国有林场林地)

用地单位因项目建设需要永久占用或者征用林地的，需按以下程序办理手续：

(1)用地单位向县级以上人民政府林业主管部门提出用地申请。跨县级行政区域的，分别向林地所在地的县级人民政府林业主管部门提出用地申请。其中，占用或者征用防护林林地或者特种用途林林地面积10hm^{2}以上(含10hm^2，下同)的，用材林、经济林、薪炭林林地及其采伐迹地面积35hm^{2}以上的，其他林地面积70hm^{2}以上的，由国务院林业主管部门(国家林业和草原局)审核审批；占用或者征用林地面积低于上述规定数量的，由地级以上市人民政府林业主管部门审核审批。具体见表3-4。

表3-4　永久占用征用林地审核审批权限表

审核审批机关	使用林地类型	审核审批权限
国务院林业主管部门(国家林业和草原局)	防护林林地、特种用途林林地	10hm^2 以上
	用材林林地、经济林林地、薪炭林林地及其采伐迹地	35hm^2 以上
	其他林地	70hm^2 以上
地级以上市人民政府林业主管部门	防护林林地、特种用途林林地	10hm^2 以下
	用材林林地、经济林林地、薪炭林林地及其采伐迹地	35hm^2 以下
	其他林地	70hm^2 以下

用地单位在提出用地申请时，需提供以下材料：①使用林地申请表。②建设项目有关批准文件；审批制、核准制的建设项目，提供项目可行性研究报告批复、核准批复等。备案制的建设项目，提供备案确认文件等。③用地单位资质证明或者个人的身份证明：用地单位机构代码证或营业执照、法人代表身份证等。要与项目批准文件中被批准单位(个人)名称一致。④与被占用或者被征用林地的单位签订的林地、林木补偿和安置补助费协议。⑤《使用林地可行性报告》或使用林地现状调查表：建设项目使用林地面积在2hm^{2}以上的，或者涉及使用自然保护区、森林公园、湿地公园、风景名胜区等重点生态区域范围内林地的，编制建设项目《使用林地可行性报告》。建设项目使用林地面积在2hm^{2}以下的，编制建设项目使用林地现状调查表。⑥使用林地林

木采伐作业设计书：若建设项目使用林地涉及林木采伐，用地单位需要采伐已经批准使用林地上的林木时，需要向林地所在地的县级以上地方人民政府林业主管部门或者国务院林业主管部门申请林木采伐许可证。

（2）经林业主管部门审核同意后，用地单位按照规定的费用标准向省财政部门交纳森林植被恢复费，向被占用或征用林地单位支付林地补偿费、林木及地上附着物补偿费和安置补助费，具体补偿标准和补偿办法依据广东省规定执行。

（3）用地单位领取准予行政许可决定书（使用林地审核同意书）。经审核同意使用林地的建设项目，准予行政许可决定书的有效期为两年。建设项目在有效期内未取得建设用地批准文件的，用地单位需在有效期届满前3个月向原审核机关提出延期申请，原审核同意机关在准予行政许可决定书有效期届满前作出是否准予延期的决定。建设项目在有效期内未取得建设用地批准文件也未申请延期的，准予行政许可决定书失效。

（4）用地单位凭使用林地审核同意书依照国家土地管理的有关法律、行政法规向土地行政主管部门办理建设用地审批手续。占用或者征用林地未经林业主管部门审核同意的，土地行政主管部门不能直接受理建设用地申请，用地单位亦不能直接向土地行政主管部门申请用地。

2）永久占用国有林场林地

用地单位因项目建设需要永久占用国有林场林地的，办理使用林地的程序基本与上述永久占用征用林地的程序类同，但有区别的是在办理使用林地手续前必需先经广东省人民政府审批同意。报省政府的具体申请、审批程序如下：

（1）用地单位向国有林场提出用地申请。用地单位在提出用地申请时，需提供以下材料：①占用林地申请文件；②建设项目有关批准文件；③《建设项目选址唯一性论证报告》；④《建设项目使用林地生态影响分析报告》。

（2）国有林场行文申请，按照隶属关系逐级审核上报。占用县属国有林场林地的，由县属国有林场提出申请，经县（市、区）、地级以上市、广东省林业局逐级审核后，报广东省人民政府审批。占用市属国有林场林地的，由市属国有林场提出申请，经地级以上市、广东省林业局逐级审核后，报广东省人民政府审批。占用省属国有林场林地的，由省属国有林场提出申请，经广东省林业局审核后，报广东省人民政府审批。

（3）省人民政府审批同意后行文批复。

（4）用地单位办理使用林地手续。

3）临时占用林地

由于建设工程（如施工便道、物料堆料场等）的需要，可能会出现临时占用林地的情况。临时占用林地的期限不得超过两年，并不得在临时占用的林地上修筑永久性建筑物、构筑物和其他设施。占用期满后，用地单位必须在一年内恢复林业生产条件，保持林地用途不变。

用地单位临时占用林地需按以下程序办理手续：

（1）用地单位向县级以上人民政府林业主管部门提出用地申请。跨县级行政区域的，分别向林地所在地的县级人民政府林业主管部门提出用地申请。其中，临时占用防护林林地、特种用途林林地或其他林地面积 $2hm^2$ 以上的，由地级以上市人民政府林业主管部门审核审批；临时占用除防护林林地、特种用途林林地以外的其他林地面积 $2hm^2$ 以下的，由县级人民政府林业主管部门审核审批。具体见表3-5。

表 3-5 临时占用林地审核审批权限表

审核审批机关	使用林地类型	审核审批权限
地级以上市人民政府林业主管部门	防护林林地、特种用途林林地	不限面积
	其他林地	$2hm^2$ 以上
县级人民政府林业主管部门	其他林地	$2hm^2$ 以下

用地单位在提出临时用地申请时，还需提供以下材料：①使用林地申请表；②建设项目有关批准文件或临时占用依据文件；③用地单位资质证明或者个人的身份证明；④《临时占用林地可行性报告》或临时占用林地现状调查表；⑤《临时占用林地林木采伐作业设计书》；⑥《原地恢复林业生产条件方案》(《临时占用林地复绿方案》)。

（2）经林业主管部门审核同意后，用地单位与林业主管部门签订临时用地协议书，并按规定交纳森林植被恢复费，向被临时占用林地单位支付林地补偿费、林木及地上附着物补偿费。

（3）用地单位领取准予行政许可决定书（临时占用林地审批同意书）。临时占用林地的期限为两年，若建设工期超过 2 年的项目在批准期限届满后仍需继续临时占用林地的，用地单位需在期限届满前 3 个月向原审核机关提出延续临时占用申请。临时占用林地累计延续使用时间不得超过项目建设工期。

（4）用地单位无需向土地行政主管部门办理建设用地审批手续。

3.3.4.2 建设用地报批

建设用地是指建造建筑物、构筑物的土地，包括城乡住宅和公共设施用地、工矿用地、交通水利设施用地、旅游用地、军事设施用地等。森林康养基地建设使用土地，必须依法办理建设用地报批，需按以下程序办理手续：

（1）用地单位向县（市）自然资源局、城乡规划局等行政主管部门咨询是否符合农用地的各项规划。

农用地转用必须符合土地利用总体规划、城市建设总体规划和土地利用年度计划中确定的农用地转用指标。

（2）确认农用地可以用于建设，再根据城乡规划行政主管部门的要求，编制《建设项目可行性研究报告》，提交用地申请，城乡规划行政主管部门审查符合的，颁发建设项目的《选址意见书》，用地单位按规定缴纳选址规费。

（3）用地单位持《选址意见书》向同级自然资源局提出用地预审申请，由该自然资源局核发《建设项目用地预审报告书》。建设项目用地预审文件有效期为 2 年，自批准之日起计算。已经预审的项目，如需对土地用途、建设项目选址等进行重大调整的，需重新申请预审。

用地单位在提出用地预审申请时，需提供以下材料：①建设项目用地预审申请表；②《建设项目用地预审申请报告》；③《建设项目可行性研究报告》。

（4）用地单位凭《建设项目用地预审报告书》向林业（若涉及占用林地）、环保、规划等主管部门办理各项行政许可手续，并缴纳各项审批费用。

（5）用地单位再持以上审批文件，向原预审的自然资源局提出项目用地的正式申请。

用地单位应根据建设项目的总体设计一次申请办理建设用地，分期建设的项目则可以根据《建设项目可行性研究报告》确定的方案分期申请建设用地。

用地单位在提出用地正式申请时，需提供以下材料：①建设用地申请表；②项目可行性研究报告批复(或核准、备案文件)、初步设计批复(或有关部门审查确认意见);③《建设项目用地预审报告书》;④《地质灾害危险性评估报告》(若建设项目位于地质灾害易发区);⑤有资质的单位出具拟征(占)用土地的勘测定界技术报告书和勘测定界图;⑥林业(若涉及占用林地)、环保、规划等有关部门审核同意的文件材料;⑦《补充耕地方案》(若建设项目占用耕地);⑧土地复垦方案评审批复备案文件;⑨其他有权限的主管部门审核同意的文件材料(若涉及国有林场、森林公园、自然保护区等)。

(6)自然资源局根据土地利用总体规划、城市建设总体规划和土地利用年度计划,拟定农用地转用方案、补充耕地方案等,分不同类型,经各级人民政府审批。占用土地的审批权限:占用基本农田、基本农田以外的耕地超过 $35hm^2$ 或其他土地超过 $70hm^2$ 由国务院批准,其余由省级人民政府批准。除此之外的单独选址建设项目,涉及农用地转用的,报省级人民政府批准,占用土地面积超过省级批准权限的,报国务院批准。

(7)由自然资源局具体负责对农用地的所有权人和使用权人进行征用,签订补偿安置协议,按征地程序办理征地手续。征地补偿包括土地补偿费、安置补助费、青苗补偿费和地上附着物补偿费。征用土地的各项补偿,需在征地补偿安置方案批准之日起3个月内,由用地单位全额支付。用地单位未按期全额支付到位的,不发放《建设用地批准书》,农村集体经济组织和农民有权拒绝用地单位动工用地。

(8)自然资源局根据批准的供地方案,在征地的补偿、安置补助完成后,向用地单位核发批准用地文件和《建设用地批准书》。若是使用国有土地,用地单位需与自然资源局按照相关规定签订《国有土地有偿使用合同》,按约定缴纳土地有偿使用费。

3.4 规划设计策划与定位

3.4.1 发展目标

发展目标结合当地社会、生态、经济、文化等方面的发展现状和目标,并依据地理位置、社会需求等,兼顾所在区域的发展规划。发展目标应具有可行性和前瞻性,并注意区分总体目标和阶段目标。

3.4.2 主题定位

主题定位应根据基地的资源基础、典型特征、区位关系、发展对策等因素综合确定,要突出基地核心特色和主要功能。根据森林康养的内涵,一般可分为森林疗养、森林养生、森林康复和森林休闲等。

3.4.3 康养项目策划

森林康养项目主要是因地制宜,从“森林疗养、森林养老、森林体验、森林科普教育”等四个方面考虑森林康养项目。

3.4.3.1 森林疗养

养生是指根据人类生命发展的规律,通过各种调整与维护,增强自身体质,从而达到养生和健康的目的的科学理论和方法。其本质在于“以自然的方式提升自然之根”。科学研究表明,森林植被状况越好,健康的人就会活得越久。这恰恰说明了森林是人类生存的最佳环境,也是人类最好的“保健医生”。

3.4.3.2 森林养老

目前森林康养作为生态养老的重要内容,正在林区悄然兴起。许多森林公园内的宾馆、民宿每年都要接待大批中老年游客。他们通常生活1～3个月,白天在树林里散步、爬山和观光,晚上在宁静凉爽的森林环境中安静地睡觉。随着中国人口老龄化的加剧,老年医疗费用、护理费用加速增长。应充分利用中国广阔的森林环境,为老人营造森林养老的良好场所。

3.4.3.3 森林体验

森林体验在于依托基地及周边森林资源和森林景观景点，去认识、亲近、了解和保护森林，促进参与群体身心健康和自觉保护自然生态环境的行为。包括观光体验、认知体验、康养教育体验和休闲体验（森林娱乐体验、森林体育体验和森林探险体验）。

（1）森林观光体验。根据基地地形及立地效果，通过景点及康养步道系统建设，开展登山康养健身、览森林季相景观、听林中瀑布飞溅悦耳之声、穿越等森林观光型体验活动，满足不同群体身临其中、享乐其境的需求。

（2）森林认知体验。在规划建设的科普宣教场所馆藏、展示图文资料、对现有的植物物种进行挂牌，开展以大中小学师生为主体进行标本采集，举办摄影绘画竞赛，或进行野外科考等主题形式的森林资源及森林环境的认知型体验活动，以实现森林体验的认知教学，科普教育功能最大化。

（3）森林探险体验。进行森林野外探险、森林远足露营，或进行森林的树梢探险活动、真人CS、瑜伽、太极等。满足不同参与群体特别是中青年户外爱好者的需求。

（4）自然教育体验。自然教育是培养环保意识的重要途径，可拓宽视野，拓展学生的思维，培养和提高学生的实践能力和合作能力。主要包括绿色发展、生态环境保护、森林康养、森林湿地等知识的展厅，森林康养学术报告厅，可以放映科普宣传的3D电影以及以康养为主题的VR体验厅、森林康养阅览室等。

3.4.4 设计元素

规划设计元素应围绕森林康养产品进行。森林健康产品主要有五大类：森林疗养产品，包括森林温泉浴、森林浴等；森林养生产品，包括森林禅修、森林冥想、中药浴、食疗、茶疗等；森林康复产品，包括森林养老养生、森林美容美体、心理疏导、自然疗法等；森林休闲产品，包括森林马拉松、森林自行车、森林游乐、森林太极等；森林体验产品，包括森林课堂、阅读、自然教育等。

3.4.5 相关案例

3.4.5.1 广东省安墩水美森林康养基地

（1）规划目标。充分利用基地及其周边良好的森林生态环境和丰富的人文资源为依托，以森林养生、温泉养生、中药养生、膳食养生、文化养生、运动养生为特色，集温泉康复疗养、登山览胜、休闲游乐、科普教育、回归自然于一体的多功能森林康养基地。

（2）性质定位。根据自身条件及其在城市中所处的地位与作用，将性质定位为以良好的森林生态环境和丰富的人文资源为依托，以森林养生、温泉养生、中药养生、膳食养生、文化养生、运动养生为特色，集温泉康复疗养、登山览胜、休闲游乐、科普教育、回归自然于一体的多功能森林康养基地。

（3）主题定位。规划主题为“森林温泉，康养水美”，充分利用原有的地形地貌及其自然资源，在保存、恢复、创造生物多样性与景观多样性的自然生态环境的基础上，建设成为安墩生态安全格局的重要组成部分；惠东及周边城镇居民森林休闲旅游新热点，森林康养、温泉养生、中医养生、膳食养生、运动养生、文化养生、森林体验新空间；粤东地区乃至珠江三角洲地区森林温泉养生、休闲度假新热点。

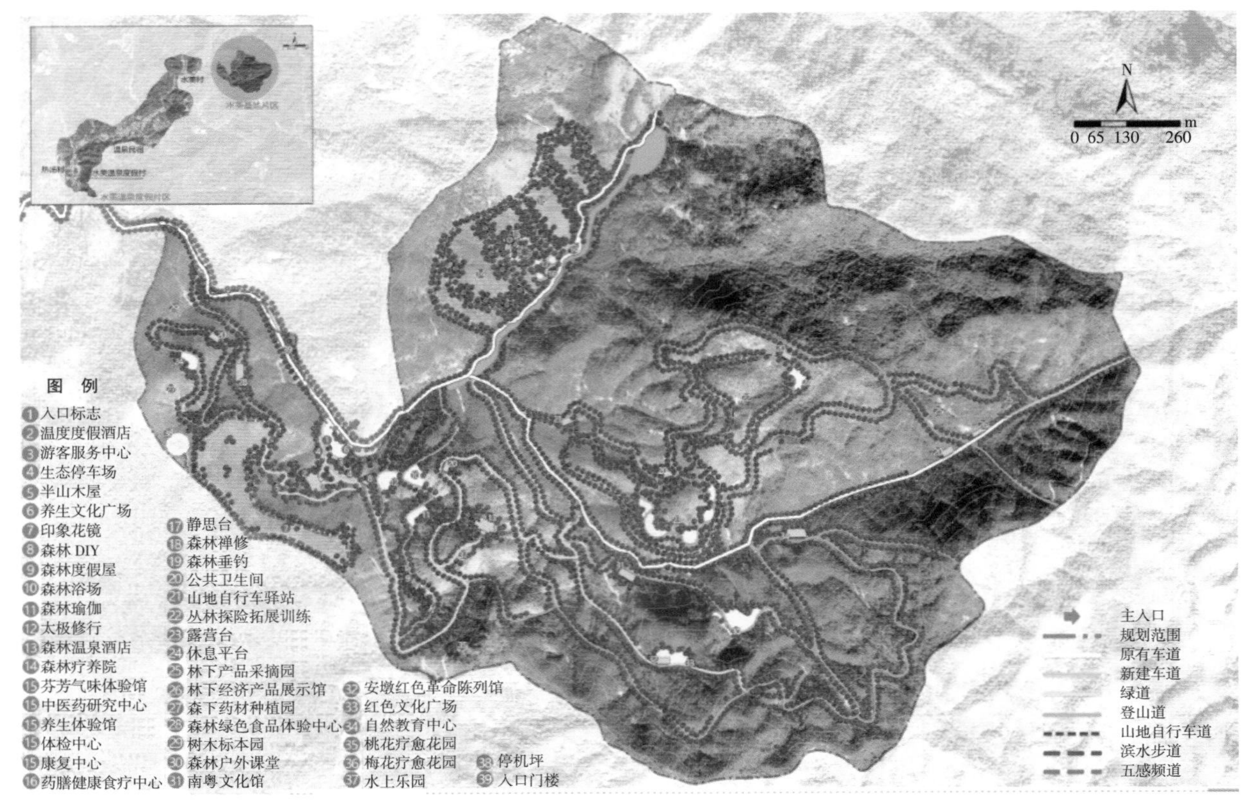

图 3-1 安墩水美森林康养基地平面图

3.4.5.2 广宁县森林康养基地

（1）发展定位。以“竹海国家森林公园”为主体，结合“森林康养 + 绥江两岸 + 竹海大观”三大主题。融合绿色健康和康养内涵，将广宁县建设成集竹海康养、中药养生、休闲娱乐、修行体验等功能为一体的森林康养基地。总体定位为森林康养（包含森林浴场、森林疗养、森林药膳、森林瑜伽）、竹海康养（包含竹林文化、竹类食疗、森林民宿）、科普教育（包含竹编艺术、亲子教育、森林科普）、林下经济（包含南药种植、林下养殖、高山茶园）。

（2）总体目标。将广宁县打造成为国家森林康养示范基地、广东竹海森林康养基地；开创广东首个竹文化体验森林康养基地；采用“森林康养 + 竹海 + 养生度假”模式进行运营。

（3）设计主题。“绥江两岸 云山竹海”“打造粤港澳大湾区的莫干山，建设岭南竹海的康养基地”。

3.4.5.3 佛山市三水大南山森林公园

（1）主题定位。围绕“山水绿叶，岭南风采”为主题，把大南山森林公园整体规划得像一片绿叶，呈现勃勃生机；景区规划像野牡丹花朵，红花绿叶互相映衬。打造以野牡丹为主题的特色植物大地景观。

（2）总体目标。打造成为珠三角地区较有影响力的森林康养、生态旅游胜地。为实现三水区打造广佛创智之城、岭南水韵胜地的战略目标服务，为构建城市生态安全屏障和景观格局发挥应有的作用（图 3-2、图 3-3）。

图 3-2 佛山市三水大南山森林公园效果

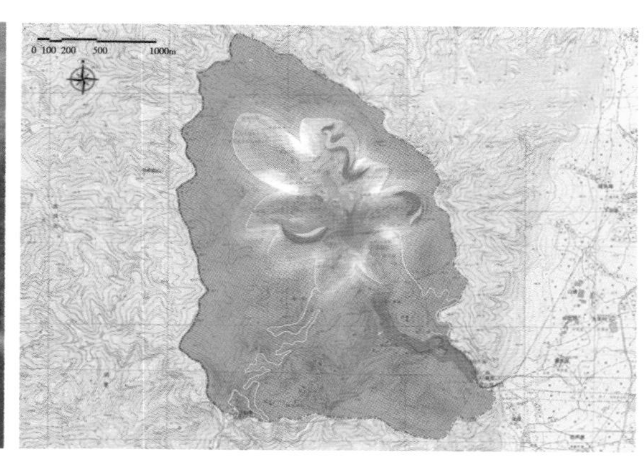

图 3-3 佛山市三水大南山森林公园平面图

3.4.5.4 粤西林果教学实训基地

（1）总体目标。实训基地主要是以开展实验教学、康养实训为目的的区域，以满足教学要求为主要规划目标，同时结合森林康养体验设施。主要规划良种苗圃区、种质资源区、机械化生产示范区、标准化种植产业区、珍贵果树区、黄金水道湿地景观区、望海岭森林康养体验区等。

（2）主题定位。以情深谊长“五彩云霞空中飘，天上飞来金丝鸟”为主题定位，后山望海岭规划的五条植物彩带，似五彩云霞般鲜亮且富有流动性，漂在康养体验区半山上，整体构图似金丝鸟般飞翔，寓意着自然与祥瑞。

3.4.5.5 高州市森林生态综合示范园

（1）发展目标。依托高州市植物园的生态本底资源和高州市林业科学研究所的科研力量，结合高州市人民对于森林游憩的需求分析，高州市森林生态综合示范园功能定位应着重突出多彩植物种苗培育、种质资源库、森林游憩、康养体验等。结合茂名市创建国家森林城市的契机，打造为培育、观赏、体验彩色植物为主的林业科技示范为特色的森林生态综合示范园（图 3-4）。

（2）主题定位。示范园依托高州市林业科学研究所的技术基础优势，发展成为苗木培育、种质资源培育、森林游憩以及康养体验等多功能的综合类森林生态示范园，结合高州市的生态、历史和文化特征，设计主题为“多彩植物，多彩高州”。将近 1000m 的三色植物彩带，像半空中漂浮的云彩，彰显植物的婀娜多姿。

图 3-4 高州市森林生态综合示范园鸟瞰

3.4.5.6 广东茂名江南静好生态谷

总体目标与定位。以森林景观、花卉景观、水体景观为背景，以岭南民俗文化、现代林业为内涵，以“森林康养”为核心理念，定位“文化 + 运动 + 养生”模式，创新开发康体养生、休闲娱乐、运动健身、科普教育等相关生态旅游项目，建设游览型、参与型、体验型森林养生旅游基地。主题定位：粤西乡韵，江南静好（图 3-5）。

图 3-5　广东茂名江南静好生态谷鸟瞰

3.5　功能区划与总体布局

3.5.1　区划原则

（1）保持森林康养基地生态功能和景观资源的完整性、稳定性，突出森林康养资源特点和生态服务功能，保护森林、湿地生态系统，兼顾森林、湿地、草原等自然资源与景观资源的保护利用。

（2）对接基础服务设施，充分利用房屋、道路等现有设施，避免重复建设和资源浪费。

（3）注重与现有村落民居的协调性，突出民俗特色，加强保障功能，促进可持续发展，实现低碳、循环、绿色发展。

分区原则主要有以下几点：

（1）整合资源，突出主题形象。在空间上最大程度地整合同类相关旅游资源，形成主题形象鲜明的旅游景区，为游客留下深刻的印象。主题形象是旅游区的灵魂，是增强资源吸引力和游客关注度的催化剂。在空间分区布局规划中必须通过各种产品与服务来突出旅游区主题形象的独特之处，通过自然景观、建筑风貌、体验参与项目等来塑造和强化旅游区的形象，给游客形成一种一目了然的视觉形象。

（2）合理布局，集中功能单元。对不同类型的设施如观光、休闲、康体、养生、住宿、餐饮等功能单元采取相对集中布局，并在其间布设快捷方便的道路系统，力求使各类旅游服务综合体在空间上形成规模集聚效应。一方面，集中布局带来的景观类型多样性可以吸引游客滞留更长时间以增加旅游区的经济收入；另一方面，它还有利于环境保护，对污染物进行集中处理和连续控制，使敏感区域得到有效的保护。

（3）有机联动，构筑服务体系。规划倡导“结构优化”，强调“整体联动”，构筑功能完整、特点突出、优势互补的旅游服务体系，开创规划区旅游发展的新空间格局。

（4）生态保护，预留发展空间。以山地生态环境作为旅游开发的环境本底和资源依托，重视生态保护是森林康养基地旅游开发的前提。

3.5.2　功能分区

3.5.2.1　森林康养区

森林康养区应充分体现基地的特色。根据森林康养基地中的不同资源禀赋，可以分为养生康复、健身运动等不同子区：一是养生康复：通过休闲、养生、养老、疗养等途径，结合检查、诊断、康复等手段，建立以预防疾病和促进大众健康为目的的森林医院、森林养老院等区域。二是健身运动：利用森林康养基地的高山、峡谷、森林等自然环境及景观资源，建立以森林康养道、生态露营地、健身拓展基地为代表的区域，满足自然健身、体验的需求。

3.5.2.2　体验教育区

依托森林康养基地现有的生物资源、水文资源、地文资源、天文资源和人文资源，通过自然教育、认知认养、科普修学等活动，满足康养身心需求的区域。

3.5.2.3　康养服务区

康养服务区是为满足森林康养基地管理和接待服务需求而划定的区域，可包括业务办公、接待中心、停车场和一定数量的住宿、餐饮、购物等接待服务设施，配套的供水、供电、供暖、通讯、环卫、污染及垃圾处理等设施区域，以及必要的职工生活区域。

3.5.3 功能空间布局策略

森林康养基地的建设要充分体现“人与自然和谐”相处，营造尊重自然、关心自然的场所，同时给人对自然的理解、认识和交流创造良好的空间和氛围，体现以人为本的设计理念，满足森林康养基地的疗养、休闲、生态游览功能。因此，工程设计前的功能布局策划主要考虑以下问题：

3.5.3.1 根据城市的生态定位，确定基地生态功能的主体区域

森林康养基地因其所处城市的特殊地理位置和环境，建康养基地前由于长期人为活动频繁，使得林地内的原生植物、野生动物保存率低，有的甚至基本丧失殆尽，现保存的大多为人工林和一些较常见的动物，珍稀的动植物更加稀少。因此，在功能布局时首先要对康养基地生态敏感区进行认真地分析，确定生态功能的主体区域。生态工程主要从保护现存的珍稀濒危动植物，恢复生物多样性入手。生物多样性包括遗传（基因）多样性、物种多样性和生态系统多样性等三个层次。保护生物多样性就是要保护生态系统和自然环境，维持和恢复各物种在自然环境中有生命力的群体，保护各种遗传资源。

城市生态系统是一个结构复杂、功能多样、巨大而开放的自然、经济与社会复合人工生态系统，其本身具有的非独立性和对其他生态系统的依赖性使城市生态系统显得特别脆弱，自我调节能力很弱，城市生态系统所需求的大部分物质、食物和能量，要依靠从其他生态系统（如农田、森林、草原、海洋等生态系统）人为输入。森林康养基地因地处城区或城郊，康养基地发挥生态作用的直接受益者是城市。因此，康养基地建设需完善和强化其原有的环境结构和生态系统，建立具有地域特征、本土特色的高品质的综合环境和形象，从而改善地带环境，提升区域环境质量与景观品质，建设低碳城市，实现城市可持续发展。同时，也进一步提高康养基地服务于城市的功能。

3.5.3.2 根据森林资源、物种及自然景观关系，确定生态教育的功能空间

为达到生态教育目标，森林康养基地可根据资源聚集程度划分出自然教育功能区，有利于游客及城市中小学学生等参观游览，集中传播森林、植被等相关知识，并提供相应的生态教育、安全教育的设施和服务。森林康养基地森林茂密、物种多样又有景观变化的区域可规划为生态教育功能区，让游客了解森林生态文化，熟悉不同物种等相关知识并认知大自然的生物多样性保护的重要性，此区域是森林康养基地的主要区域，可形成观光与科普教育相结合的区域，让城市居民体验典型的森林生态休闲旅游。生态教育区可设置于生态核心区边缘与游览区的交界处，植物品种较多或古树名木比较集中的区域。根据该功能区森林植物、动物、湿地、地质等资源开展科普讲座，让旅游者参观植物园、动物园，旅游者进行标本采集等休闲旅游活动。

生态教育区可结合城市悠久的历史与自然地理以及生态旅游线路配以标示牌或配合多媒体等旅游解说服务，同时也可进行叶片等采集活动。科普讲座也可紧密结合植物园与动物园等动植物资源放映相应的科普教育影片。如东莞市大岭山康养基地花灯盏——鸡公仔景区景源丰富，森林郁郁葱葱，植被良好，既有优美的自然景观，又有一定数量的人文景观，尤其是鸡公仔水库的尾部有一条沟谷和一片水翁林，是康养基地中面积最大的原生湿地景观。基于此特点，利用区内丰富的景源，开展珍稀植物园、科普长廊、小学生学习基地等生态教育项目，为游人提供一个认知森林、认知环境的区域。

3.5.3.3 根据生态功能、教育功能的空间布局，组织森林康养功能区

（1）森林康养功能空间。森林康养基地主要

为城市居民提供森林康养的场所，其功能区应体现森林康养的功能，森林康养功能则通过康养体验、康养线路和康养活动组织来实现，最终再落实到各个功能区上面。因此，在功能区划分时，应当把康养体验、康养线路和康养活动组织的要求作为工程设计策划的依据之一。

（2）景源特点功能空间。景源是功能区工程设计最基础的依托，景源特点及其空间组合特征决定了各个功能区的功能方向和主题，因此是功能区划分最基本的依据。由于森林康养基地范围比较大，不同区域之间的植被状况、景观资源、建设用地的地形地貌、交通可达性等差异较大。因此，在功能区的空间组织结构上，侧重点应有所不同。从景区的整体功能和景区与外界的相互统一出发，应当使各景区在功能上相互配合，成为完整的整体。如将景观资源较好、敏感度相对较低的区域划分为游览活动区，开展以自然野趣为特色的休闲游览活动。游览活动区内以路径系统为基础，规划适宜的游览方式和活动内容，安排适度的康养游憩设施以及游客服务设施。根据需要本区须有完善的救援系统、标识系统、防灾系统。同时，应加强游人的安全保护工作，防止意外发生；将有待保护的特殊动植物之生育、栖息地以及生态破坏较为严重待修复的区域划分为生态保育区，加强生态系统的保育和恢复工作；在生态系统敏感度相对较低、交通方便、便于建设的区域设置游客服务区，尽量减少对整体环境的干扰和破坏。服务区宜包括管理处、停车场、问讯处、售卖点、厕所及其他休息服务设施。

（3）从城市整体性考虑功能布局关系。森林康养基地基本位于城市规划区范围内或与城市规划区紧密相连，大片的森林康养基地绿地不仅改善城市所在区域的生态环境，同时将郊野绿地引入城市，也有利于城乡一体化，是大环境生态平衡的基础。康养基地功能区布局既要为将来的城市发展留足空间，又为城市的环境改善提供充分的绿化支持，才能使城市健康有序发展。所以功能区布局应从城市整体的景观格局出发，尊重已有各类相关规划的合理内容，考虑森林康养基地功能区与城市景观轴线、主要景观节点及城市基础设施之间的关系，如森林康养基地主入口景区、主要游览区及标志性景点等可考虑布置在城市景观轴线上，与城市其他景观节点相呼应，从而强化城市景观轴线；森林康养基地游客服务区应考虑布置在靠近城市的区域，利用城市完善的基础设施，如供水管道、污水管道、电缆管线、信息高速公路等，从而使康养基地建设时能节约资源。

3.5.4 相关案例

3.5.4.1 广东省安墩水美森林康养基地

（1）规划结构。规划以“一带一轴两心七区”为主要布局。一带：森林医学康复带，为贯穿康养基地的水系。一轴：森林温泉文化轴，贯穿热汤村和水美村的森林温泉文化轴。两心：以水美温泉度假中心和森林温泉康复中心为核心，以森林康养文化为依托，围绕泉养、林养为主题，独具特色森林温泉疗养胜地。七区：水美温泉度假片区、入口广场服务区、森林医学综合区、红色旅游文化区、南药林下经济种植区、森林温泉度假区和森林运动区（图 3–6）。

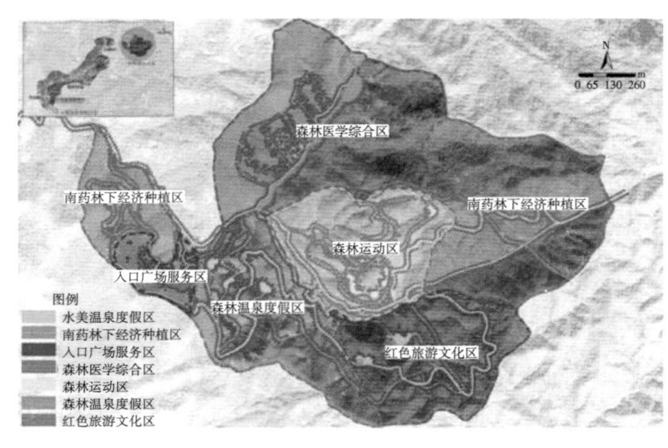

图 3–6 广东省安墩水美森林康养基地功能分区

（2）分区概述。

①水美温泉度假片区。水美温泉度假片区面积 27.51hm^2，已经建设水美温泉度假村，拥有 200 多个床位，周边接待能力 1000 多个床位，3000 多个餐位，可容纳 2000 人入住。基地内有两条康养步道，拥有森林浴、温泉药浴、露天森林康养浴池等多项康养基础设施。

②入口广场服务区。入口广场服务区规划面积 9.53hm^2，主要建设内容为温泉度假酒店、半山木屋、游客服务中心、森林 DIY 及生态停车场等设施，配套有印象花境、养生文化广场等景观设施，成为集迎宾接待、宣传教育、管理服务于一体的综合区域。

③森林温泉度假区。森林温泉度假区规划面积 43hm^2，主要建设内容有森林温泉酒店、康养度假屋、五感步道、森林浴场、森林瑜伽、太极修行、桃花疗愈花园。让客人一家大小通过游戏项目、全新的体验，既能强身健体的同时又能增强亲子关系，亲近大自然，一举多得。

④森林医学综合区。森林医学综合区规划面积 60.90hm^2，主要建设内容有康养度假屋、森林疗养院、药膳健康食疗中心、芬芳气味体验馆、中医药研究中心、养生体验馆、体检中心、康复中心、梅花疗愈花园、静思台、温泉药浴、康养步道、森林禅修、森林垂钓等。

⑤森林运动区。森林运动区规划面积 36.45hm^2，以登山览胜、康体健身为主题，兼顾休闲功能。

⑥红色旅游文化区。红色旅游文化区规划面积 40.30hm^2，为了缅怀革命先烈，告慰“边纵”先烈英魂，规划建设安墩红色革命陈列馆、红色文化广场、南粤文化馆。

⑦南药林下经济种植区。南药林下经济种植区规划面积 75.42hm^2，合理利用森林中的植物资源和种植的仿真野生药材，根据不同植物特有的药用价值，开发适宜于特定人群，具有特定保健功能的生态健康食品、饮品，推动健康食品产业链的综合发展。

⑧珍贵树种发展区。珍贵树种发展区规划面积 1751.62hm^2，其作为该基地的未来发展用地，种植 10 ～ 20 种珍贵树种，如：红苞木、香樟、木荷、铁冬青、八角等。

3.5.4.2 广宁县森林康养基地

（1）功能分区（图 3-7）。

①竹海森林康养区。包含南街镇和横山镇，为整个森林康养体验休闲的主要活动区域，推动八一农场森林康养基地（改造提升）、森林康复养老院（改造提升）、竹海大观森林康养基地（改造提升）、宝锭山森林康养基地（改造提升）、绥江竹林生态旅游（新建）等项目建设。主要有旅游接待、医疗、住宿、购物、康复健身、科普体验等活动。共筑广宁旅游发展核心，形成“一河两岸”的旅游综合产业发展集群。

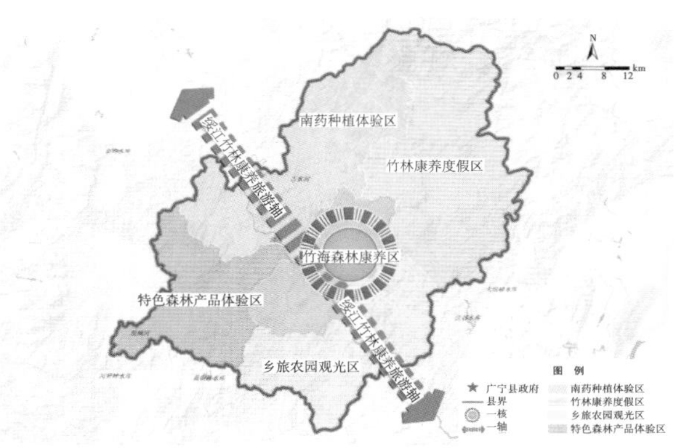

图 3-7 广宁县森林康养基地规划结构

②南药种植体验区。包含古水镇、坑口镇和赤坑镇。广宁旅游副中心城镇，是广宁旅游二级集散中心；建设景点有苎麻根中药材康养区（改造提升）、砂仁中药材康养区、马骝山云海康养区、绥江森林康养基地等。重点推进古水河全流域生态旅游建设，开发古水河竹生态绿道、生态旅游民宿、中医康养、农产品开发、林下种植、林下养殖等。

③竹林康养度假区。包含北市镇、江屯镇、

螺岗镇和谭布镇。重点打造螺壳山高山杜鹃、农业种养殖基地、山林运动体验区、新坑农场康养区等。建设内容有推动螺壳山高山杜鹃观光、竹林山体运动体验、森林徒步穿越、避暑度假休闲、高山 湖泊休闲运动和滨湖康养度假、林下养殖、森林运动、茶旅休闲、红色文化旅游。

④乡旅农园观光区。包含五和镇、排沙镇和宾亨镇（含石涧）。建设景点有五和肉桂种植区、七彩岭南生态康养区、紫隐旅居生态康养区、绥江竹林生态旅游等。景点有打造广宁乡镇优势种植产业品牌和生态农旅休闲、宗教文化旅游、林下养殖和红色乡镇旅游。

⑤特色森林产品体验区。包含洲仔镇、木格镇和石咀镇。建设景点有广绿玉文化旅游区（改造提升）、清桂茶农旅研学旅游（改造提升）、大肉山楂种植区（改造提升）、杜鹃花观赏片区（改造提升）等。建设内容有广绿玉文化研学旅游、清桂养生茶品牌、山地徒步、森林穿越、山顶露营。

3.5.4.3 高州市森林生态综合示范园

（1）功能分区（图 3-8）。

①森林文化区。森林文化区主要作用是为游客提供服务、森林生态文化展示以及科普教育。该区主要建设内容有森林文化广场、露天舞台以及培育温室。

②森林康养体验区。森林康养体验区以示范园森林生态环境为基础，以促进大众健康为目的，利用森林生态资源、景观资源、食药资源和文化资源，并与医学、养生学有机融合，开展保健养生、康复疗养的森林康养体验活动。该区主要建设内容为五感步道、康养草坪、森林康养产品体验中心等。

③彩色植物种植示范区。该区为示范园主要景观区，利用该区的地貌优势，充分展现彩色植物种植示范区的花海景观以及水塘景观。彩色植物种植示范区主要建设内容有多彩植物彩带、花海平台、景观亭、亲水平台、平湖秋月景观雕塑、荷花池和彩虹桥等。

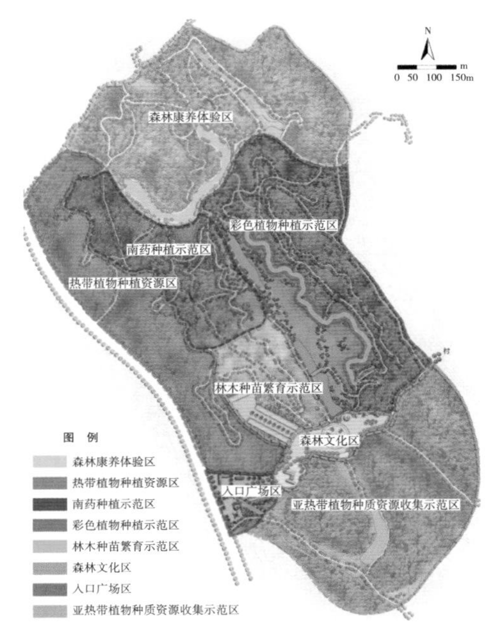

图 3-8 高州市森林生态综合示范园功能分区

④林木种苗繁育示范区。该区主要功能为苗木培育、林业科普教育、育苗体验等。重点发展培育红花桉、各种茶花等珍稀热带亚热带植物。该区主要建设内容有建设苗木生产基地、育苗大棚改造工程等。

⑤南药种植示范区。弘扬南药文化、中医药养生文化，结合五感步道的建设，种植和生态景观相结合。该区主要建设内容为打造高品质南药种植基地。示范园目前种植的南药主要有益智、砂仁、巴戟、牛大力等，药用植物的集中种植也为药用植物的生物多样性研究、资源开发与保护研究、药用植物的教学，提供良好的环境和条件。

⑥热带植物种质资源区。打造多功能种质资源收集区，收集展示区域内的木本热带植物种质资源。建设珍贵树种培育基地、大径材培育基地、树木园等。

⑦亚热带植物种质资源收集示范区。培育热带景观植物，与园区景观相结合。主要建设内容有热带园林景观植物培育种植基地。

3.5.4.4　茂名江南静好生态谷

（1）规划结构（图 3–9）。

①一心。现代林业展示中心：作为景区的核心，主要建设现代林业展示园及珍贵树木园，其中现代林业展示园包括三个展馆：高新温室、林业展览馆、林产品交易中心。

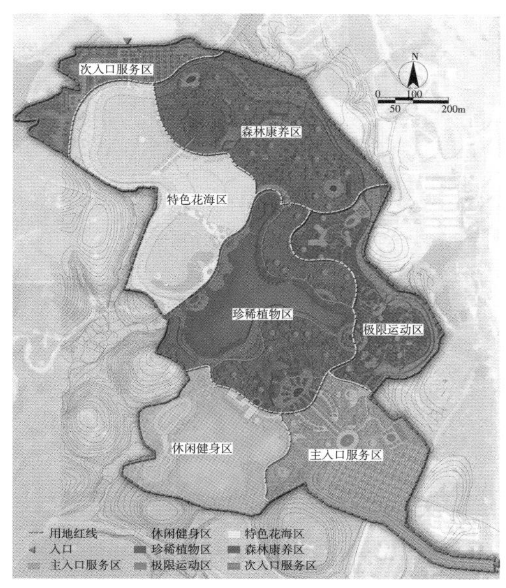

图 3–9　茂名江南静好生态谷功能分区

②一轴。森林文化轴：由景区主入口—现代林业展示园—珍贵树木园—景观水体—文化表演舞台形成景观主轴线。该轴线依托优良的生态环境本底，集中了规划区的优势资源和良好景观，是基地开发吸引市场的亮点景区，在整个规划区的地位处于最高等级，是区位中心、功能核心和开发重心。

③两带。观光休闲游览带、健身养生体验带：观光休闲游览带开发的主题是有关森林游憩活动，其内容包括环湖游览、特色花海区、婚纱摄影基地；健身养生体验带开发的主题是康体养生，内容包括休闲健身区、极限运动区、森林康养区。

④三环。科教休闲环、文体联动环、康养观光环：科教休闲环开发的主题是科普教育，其内容包括珍稀植物区、休闲健身区及主入口服务区的智力乐园；文体联动环开发的主题是文化与体育，其内容包括极限运动区、环湖步道、印象茂名表演舞台；康养观光环开发的主题是康体养生，其内容包括森林康养区、特色花海区。

⑤六区。入口服务区、珍稀植物区、极限运动区、森林康养区、特色花海区、休闲健身区。

3.6　规划设计依据与原则

3.6.1　法律法规

（1）《中华人民共和国森林法》（2019 年修订）。

（2）《中华人民共和国农业法》（2012 年 12 月修订）。

（3）《中华人民共和国环境保护法》（2014 年 4 月修订）。

（4）《中华人民共和国森林法实施条例》（2018 年 3 月修订）。

（5）《广东省森林公园管理条例》（2010 年 7 月 23 日）。

（6）《广东省林地保护管理条例》（2014 年 11 月 26 日）。

3.6.2　规章章程

（1）《城市绿地分类标准》（GJJ/T 85—2017）。

（2）《中国森林公园风景资源质量等级评定》（GB/T 18005—1999）。

（3）《旅游资源分类、调查与评价》（GB/T 18972—2003）。

（4）《森林公园建设指引》（DB44/T 1812）。

（5）《森林康养基地质量评定》（LY/T 2934—2018）。

（6）《森林体验基地质量评定》（LY/T 2788—2017）。

（7）《森林养生基地质量评定》（LY/T 2789—2017）。

（8）《森林康养基地总体规划导则》（LY/T 2935—2018）。

（9）《森林公园总体设计规范》（LY/T 5132—95—2017）。

3.6.3 政策性文件

（1）中共中央、国务院印发《“健康中国2030”规划纲要》（2016年10月25日）。

（2）《推进生态文明建设规划纲要（2013—2020）》。

（3）《关于促进旅游业改革发展的若干意见》（国发〔2014〕31号）。

（4）《关于进一步促进旅游投资和消费的若干意见》（国办发〔2015〕62号）。

（5）《中共中央国务院关于实施乡村振兴战略的意见》（2018年1月2日）。

（6）《关于加快推进生态文明建设的意见》（中发〔2015〕12号）。

（7）国家四部委《国家森林康养基地管理办法（征求意见稿）》。

（8）《关于促进森林康养产业发展的意见》（林改发〔2019〕20号）。

（9）《关于开展国家森林康养基地建设工作的通知》（办改字〔2019〕121号）。

（10）《全国森林体验基地和全国森林养生基地试点建设工作指导意见》。

（11）《关于加大脱贫攻坚力度支持革命老区开发建设的实施意见》（粤办发〔2016〕29号）。

（12）《关于推进乡村振兴战略的实施意见》（粤发〔2018〕16号）。

（13）《广东省自然资源厅关于实施点状供地助力乡村产业振兴的通知》（粤自然资规字〔2019〕7号）。

（14）《广东省自然资源厅关于贯彻落实自然资源部规划用地改革要求有关问题的通知》（粤自然函〔2019〕1997号）。

（15）《广东省人民政府办公厅关于印发广东省建设用地审查报批办法的通知》（粤府办〔2019〕11号）。

（16）《广东省人民政府关于加快推进全省国土空间规划工作的通知》（粤府函〔2019〕353号）。

（17）《广东省国土资源厅关于进一步规范建设用地报批地类问题的通知》（粤国土资利用电〔2011〕409号）。

（18）《广东省占用征收林地定额管理办法》。

（19）《广东省森林康养示范基地建设指引》（包括广东省森林康养基地发展规划5～10年编制大纲）。

（20）《广东省森林康养示范基地评定办法（试行）》。

（21）《广东省森林康养基地（试点）复核办法》。

参考文献

陈世清，2007. 广东省国有林场经营理论与实践研究[D]. 北京：北京林业大学.

杜昌建，2014. 我国生态文明教育研究[D]. 天津：天津师范大学.

古璇，2018. 生产性消费的伦理研究[D]. 南京：东南大学.

吕晓峰，2013. 环境心理学的理论审视[D]. 长春：吉林大学.

钦佩，安树青，颜京松，2019. 生态工程学[M]. 南京：南京大学出版社.

孙萍，2009. 城市旅游与城市生态建设研究[D]. 南京：南京林业大学.

周艳鲜，2019. 发生学视域下西方环境美学与中国生态美学的比较研究[D]. 南宁：广西民族大学.

邹雨岑，2014. 康复花园植物景观设计研究[D]. 重庆：重庆大学.

第四章　康养设施规划设计

4.1　森林康养设施分类

4.2　康养设施设计理念

4.3　康养设施规划设计依据

4.4　基础设施

4.5　服务设施

4.6　康养设施

4.7　康养建筑设计

4.8　标识系统设施

4.1 森林康养设施分类

根据国家有关部门的森林康养基地建设指引和管理规定，以及广东省森林康养基地建设指引，森林康养设施包括基础设施、服务设施、康养设施。

4.1.1 基础设施内容

（1）基地出入口。集散广场、大门标志、游客服务中心、休息亭、风雨廊等。

（2）道路。连接外部、内部车行道，消防通道，步行道等。

（3）停车场。出入口停车场、内部停车场等。

（4）公共厕所。游览区、服务区厕所等。

（5）给排水设施。给水设施、排水设施、污水处理、消防用水等。

（6）供电设施。连接外部高压变电、低压配电等。

（7）通信设施。移动通信网络等。

4.1.2 服务设施内容

（1）森林康养接待设施。接待中心和若干服务点。

（2）住宿设施。度假屋、森林木屋、房车营地等。

（3）餐饮设施。饭堂、饭店、农家乐、咖啡厅等。

（4）购物设施。固定购物点、移动购物点等。

4.1.3 康养设施内容

（1）森林医院。将医院、疗养院引入森林中，建立森林医院，在医生和疗养师的指导下，利用森林环境、森林医学和其他设施对慢性病人群，亚健康、疾病康复需要的人群进行治疗。配套一般体检的医疗仪器、医疗应急设备等，配备咨询台和健康咨询人员。

（2）康养步道。有疗愈功能的感观步道。

（3）康复中心。有治疗康复功能的室内外医疗设施。

（4）康养文化宣传馆。开展康养与音乐、文学、中医药文化、传统文化等结合的活动，有当地特色森林文化体验的室内外场所设置影视设备，介绍园区康养资源、康养活动、天气预报、环境指数等。

（5）康复植物园。有疗愈功能的景观植物园区、疗愈花园等。

（6）药膳中心。有中药材调理养生功能的森林膳食、药膳馆等。

4.2 康养设施设计理念

4.2.1 回归自然，五感体验

设施根据森林康养总体布局，将其纳入森林自然环境，使人的五感融入自然，多方位感受大自然的环境。五感，指人的视觉、听觉、嗅觉、味觉、触觉，是人们获取外部信息的渠道。景观环境若能使得游人的五感齐发并相互沟通，即可形成多元的立体的审美感受。森林康养基地规划设计中，积极探索利用五感（而非单纯的视觉）来综合地感知环境、体验森林景观的手法，有助于满足（或弥补）某种感觉器官受限的人群在娱乐休闲活动中的特殊需求。

根据资源禀赋、地理区位、人文历史、区域经济发展水平等条件，挖掘文化内涵，突出地域文化和地方特色，确定森林康养发展目标、重点任务和规划布局，打造品牌优势。

4.2.2　森林运动，健身疗养

开发森林自然疗养、亚健康理疗、养生养老，发展“运动 + 医疗 + 养生”模式，鼓励传统运动养生与医疗机构，提供城镇居民、亚健康人群的森林运动健康服务，促进医养体服务产业发展。支持森林康养基地与生态体育深度融合，建设森林感观登山步道等设施，开发打造森林浴、森林作业、森林修行、森林骑行、森林瑜伽、森林太极、森林户外拓展等森林运动项目品牌。

4.2.3　森林医学，康复疗愈

针对亚健康人群、慢性病人群，融合健康管理、康复理疗等技术，加快发展森林康复、理疗、抗衰老、养生、养老等森林康养新业态。加强森林康养基地与医疗单位的合作，把森林康养打造成森林旅游的精品和中高端业态。结合森林小镇和美丽乡村建设，争取引进国内优质医疗和康养资源，建设集诊、治、住、养为一体的森林康养医疗康复基地。在医生和森林疗养师的专业指导下，通过一段时间的森林康养活动，使亚健康人群、慢性病人群达到减轻疾病症状、身体康复、休闲愉悦的目的（图 4–1 至图 4–4）。

图 4–1　玉屏山森林五感体验活动

图 4–2　不同形式的森林运动

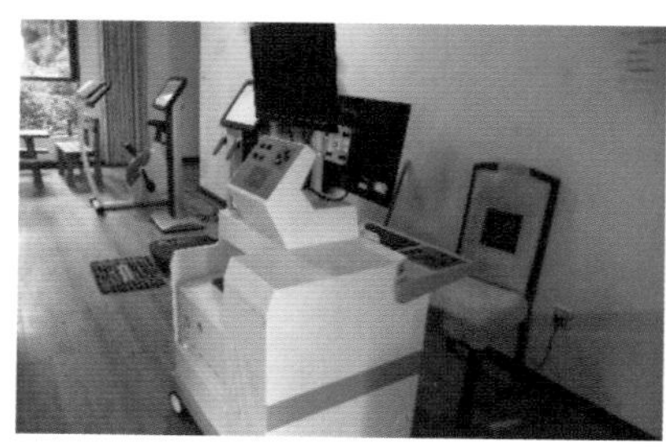

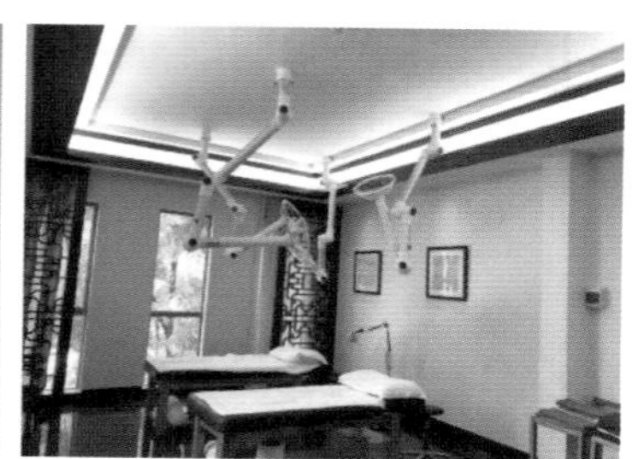

图 4-3 康养医疗检测仪器

图 4-4 森林冥想，净化身心

4.2.4 森林文化，身心静虑

将森林文化、红色文化、传统文化、文学艺术融入森林康养基地，利用森林中的特殊地形地貌建设使人回归本性，心灵静虑。传承和挖掘具有地域特征、民族特色的森林文化、历史文化，依托独有的当地文化特色，充分发挥文化资源对森林康养的提升作用，开发森林康养与文学、音乐、传统文化等结合的康养产品。注入乡土情结和地标特色元素，开展传统文化研修，强化自然教育，弘扬森林生态文化，推广森林康养理念。提高对尊重自然、回归自然生活方式的认识，倡导健康生活理念。利用竹编、木雕、根雕、插花、榨油等地方传统手工艺文化的学习课程，净化心灵，达到锻炼的目的，同时提升人们对传统手工艺文化保护和传承的意识。

4.3 康养设施规划设计依据

（1）《环境空气质量标准》（GB 3095—2012）。

（2）《声环境质量标准》（GB 3096—2008）。

（3）《地表水环境质量标准》（GB 3838—2002）。

（4）《生活饮用水卫生标准》（GB 5749—2006）。

（5）《污水综合排放标准》（GB 8978—1996）。

（6）《土壤环境质量标准》（GB 15618）。

（7）《饭馆（餐厅）卫生标准》（GB 16153）。

（8）《生活垃圾填埋场污染控制标准》（GB 16889）。

（9）《饮食业油烟排放标准》（GB 18483）。

（10）《土壤环境质量 建设用地土壤污染风险管控标准（试行）》（GB 36600—2018）。

（11）《民用建筑设计统一标准》（GB 50352—2019）。

（12）《无障碍设计规范》（GB 50763—2012）。

（13）《中国森林公园风景资源质量等级评定》（GB/T 18005—1999）。

（14）《旅游厕所质量等级的划分与评定》（GB/T 18973—2016）。

（15）《旅游景区游客中心设置与服务规范》（GB/T 31383—2015）。

（16）《森林体验基地质量评定》（LY/T 2788—2017）。

（17）《森林养生基地质量评定》（LY/T 2789—2017）。

（18）《国家森林步道建设规范》（LY/T 2790—2017）。

（19）《森林康养基地质量评定》（LY/T 2934—2018）。

（20）《森林康养基地总体规划导则》（LY/T 2935—2018）。

（21）《森林康养基地建设技术导则》（T/ CSF 001—2019）。

（22）《公路工程技术标准》（JTG B01—2014）。

（23）《国家康养旅游示范基地》（LB/T 051—2016）。

（24）《老年旅游服务规范景区》（GB/T 35560—2017）。

（25）《老年人居住建筑设计标准》（GB/T 50340—2003）。

（26）《建筑设计防火规范（2018 年版）》（GB 50016—2014）。

（27）《急救中心建筑设计规范》（GB/T 50939—2013）。

（28）《旅馆建筑设计规范》（JGJ 62—2014）。

（29）《空气负（氧）离子浓度观测技术规范》（LY/T 2586—2016）。

（30）《旅游信息咨询中心设置与服务规范》（GB/T 26354—2010）。

（31）《环境空气质量指数（AQI）技术规定（试行）》（HJ 633—2012）。

（32）《建筑结构可靠性设计统一标准》（GB 50068—2018）。

（33）《给水排水工程管道结构设计规范》（GB 50332—2002）。

（34）《供配电系统设计规范》（GB 50052—2009）。

（35）《园林绿化科普标识设置规范》（DB11/T 1615—2019）。

（36）《旅游设施与服务［合订本］》（LB/T 005—2011 LB/T 008 ～ 079—2011）。

（37）《城市旅游集散中心设施与服务》（LB/T 010—2011）。

（38）《旅游景区游客中心设置与服务规范》（LB/T 011—2011）。

（39）《旅游景区公共信息导向系统设置规范》。（LB/T 013—2011）

（40）《旅游景区讲解服务规范》（LB/T 014—2011）。

（41）《旅游餐馆设施与服务等级划分》（GB/T 26361—2010）。

（42）《旅游景区数字化应用规范》（GB/T 30225—2013）。

（43）《风景旅游道路及其游憩服务设施要求》（LB/T 025—2013）。

4.4 基础设施

根据森林康养基地建设指引，园区应根据外部交通条件、内部布局和游客规模确定主入口和次入口。主入口应设置集散广场、大门标识、游客服务中心、停车场、公共厕所等。

4.4.1 大门标识

景区大门是游客进入景区的第一展示点，也是赋予游客最直观感受的第一印象区，它不仅具有防御、标识、空间组织等使用功能，而且具有文化表征、景区美化以及反映景区主题的功能。因此，景区大门的设计，既要体现景区定位，还要紧扣景区主题，以景区最具特色和灵魂的资源为表现力，精心设计，增加景观和视觉的多样性，还要注意与景区建筑物及周围环境保持和谐、协调。园区大门标识设计应注意以下几方面要点：

4.4.1.1 凸显主题特色，呼应内涵意境

凸显主题特色是指通过提炼景区中最具特色的文化元素和文化特征，将传统与现代、外来与地域、乡土与时代进行结合，传达景区的主题意境。因此，在景区大门的设计中，应以大门衬托景区主题，起到造势的作用，通过大门风格点出该景区的主题内容，给人以与该景区“构思”相呼应的印象。除了用大门建筑本身展现主题外，还可以用大门的附属设施来反映（图 4–5 至图 4–7）。

图 4–5　大门标志与自然环境融为一体

图 4–6　大门标识作为景区形象，应具有吸引力

图 4–7　森林体验基地入口标识

4.4.1.2　展现艺术形象，创新表现形式

展现艺术形象是将形制、风格、规模、色彩同景区的性质、主题、环境相结合，使大门具备较强的观赏性且和谐统一。景区大门设计要大胆创新，采用意向方式，提取最能代表本景区特色的文化或自然物件，在形制上凸显个性化，整体风格上以“自然、传统”为特色，将现代与传统的民族、地域风格进行结合，实现与景区本身展示内容的相互融合。在色彩表现方面，除建筑本身的色彩外，还要考虑周边大环境包括花、木、山、石、水景等的元素（图 4–8 至图 4–13）。

图 4–8　表达活跃的生命体，藤绕树，相依结伴，既规则又浪漫

图 4–9　表达古树新枝、生生不息的森林演替

图 4–10　表达三水森林公园的高山和三条河流

图 4–11　表达森林中的大树巍峨挺拔，树叶花鸟等生命深藏其中，

六棵小树又似少女双手捧着花篮欢迎游客

图 4-12 运用实木建构两座立体门型结构，表达深邃幽静的森林环境

图 4-13 运用中国传统的引导空间序列设计，森林元素与岭南民居山墙形成进山路线自然阵列

4.4.1.3 构架总体布局，统观空间全貌

架构总体布局要考虑大门同周围环境之间的相互影响和作用，考虑道路变通、人流、车流、疏散等多方面因素，将大门建筑与周边环境融为一体。主要包括大门位置的选择、大门与周边景物空间结构的设计以及功能性建筑的安排（图 4-14 至图 4-15）。

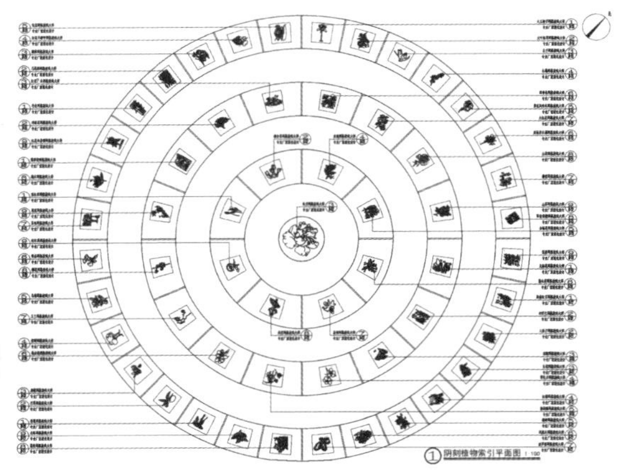

图 4-14 广场雕刻铺装设计（一）

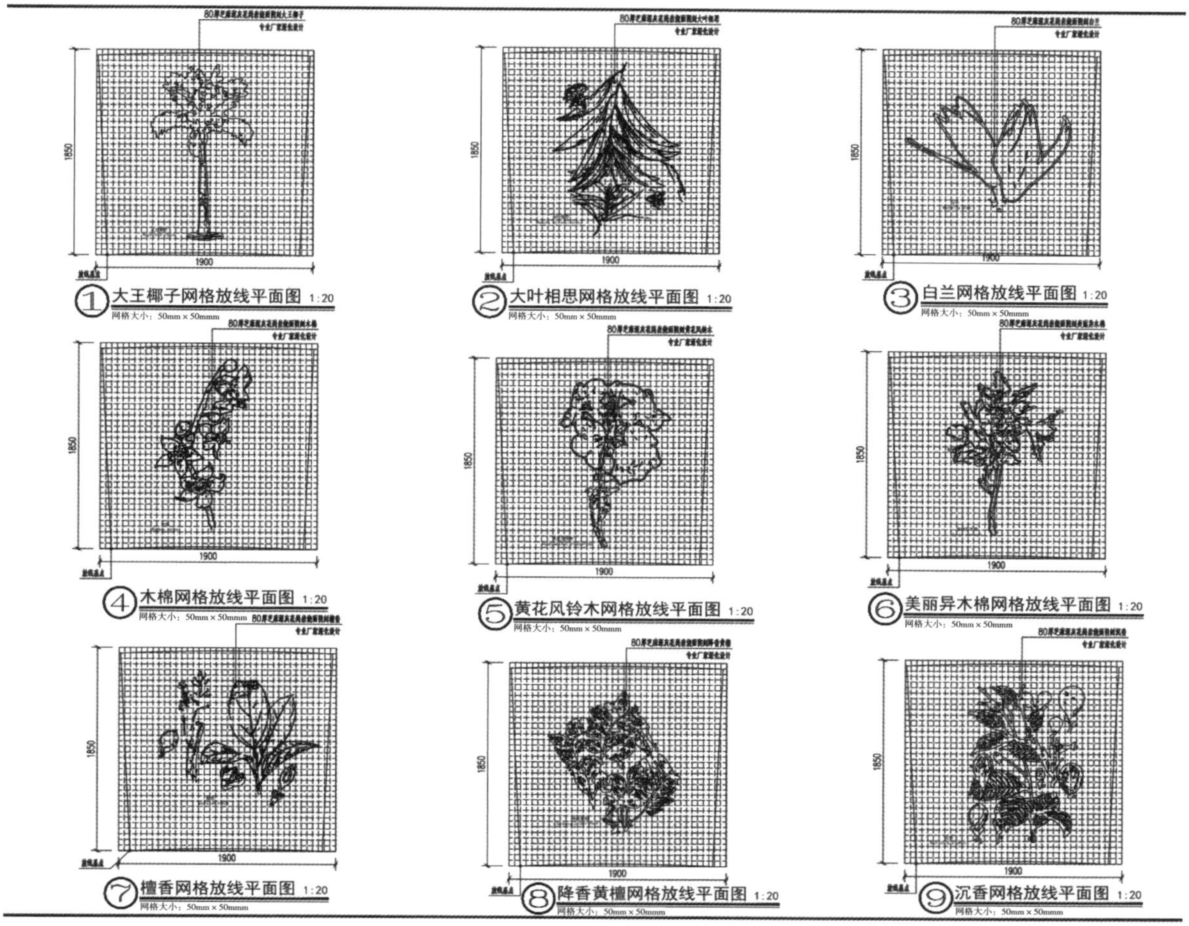
1850
1900
①大王椰子网格放线平面图 1:20
网格大小：50mm×50mmm
②大叶相思网格放线平面图 1:20
网格大小：50mm×50mmm
③白兰网格放线平面图 1:20
网格大小：50mm×50mmm
④木棉网格放线平面图 1:20
网格大小：50mm×50mmm
⑤黄花风铃木网格放线平面图 1:20
网格大小：50mm×50mmm
⑥美丽异木棉网格放线平面图 1:20
网格大小：50mm×50mmm
⑦檀香网格放线平面图 1:20
网格大小：50mm×50mmm
⑧降香黄檀网格放线平面图 1:20
网格大小：50mm×50mmm
⑨沉香网格放线平面图 1:20
网格大小：50mm×50mmm

图 4 –14　广场雕刻铺装设计（二）

注：森林文化广场圆形铺装直径 42m，等距间隔 3m，雕刻 56 种常见植物，中心 4m 图案为牡丹花，图案标注有树种中文名和学名，代表 56 个民族团结在一起。

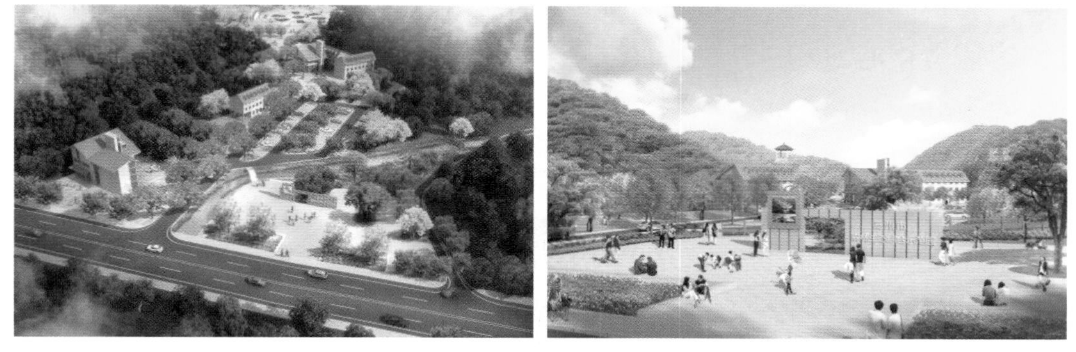

图 4–15　景区入口人车分流的处理

（1）位置的选择。大门是建筑群体空间序列的起点，其位置的选择极其重要。首先要考虑与外界交通的良好关系，考虑游客进入景区的便利性以及主要人流的方向。其次要考虑大门与周围居民点、公共设施等场所的位置关系。同时，还要从景区所处地域的总体规划布局考虑，协调统一，合理配置。

（2）空间结构布局。作为空间序列的开端，大门承启着外界空间至景区的转换，是游览导向的起点。因此在空间设计上，要根据景区规划的意图、景区的性质、规模结合基本条件，将入口空间层层展开，营造强烈空间变化感，形成合理的尺度，满足游览景区内外的合理过渡。还可以利用开放性的出入口广场、标志性建筑和景观建筑小品以及绿化植被等形成具有美化作用的空间结构。

（3）功能性建筑的安排。功能性建筑的安排主要是指大门建筑与停车场、售票厅以及游客服务中心、服务人员工作室等的协调。各种功能性建筑，不仅要考虑整体的交通、人流、疏散的便利性，还要考虑美观度（图 4–16）。

图 4–16　利用自然山丘和绿篱，将游客中心、入口大门融为一体

4.4.2　游客服务中心

基地的游客中心除向游人提供游览景区所必需的信息和相关的旅游服务外，还需承担康养接待、康养展示的功能，为游人提供住宿、餐饮、导游、娱乐等综合性服务，是集旅游接待、形象展示、会议展览推广等综合业务于一体的综合性服务区。在景区规划要注意以下几个要点：

4.4.2.1　选址

游客中心选址应与已批复的景区总体规划协调，不破坏景区景观。游客中心应设置在主入口附近，最好选择地质稳定、地势平坦、便于接入基础设施的地区。

4.4.2.2　建筑规模

大型：5A 级旅游景区中年服务游客量 60 万（含）人次以上的游客中心（$>150m^2$）。

中型：4A 级和 3A 级旅游景区中年服务游客量 30 万～60 万（含）人次的游客中心（$\geq 100m^2$）。

小型：2A 和 A 级旅游景区中年服务游客量小于 30 万（含）人次的游客中心（$\geq 60m^2$）。

4.4.2.3　规划要点

游客中心建筑可独立设置，也可与其他建筑结合而设，但应拥有独立的单元和出入口。游客中心建筑整体风格应符合景区主题，建筑外观（造型、色调、材质等）应突出地方特色，并与所在地域的自然和文化历史环境相协调（图 4–17 至图 4–20）。此外，游客中心建筑应有醒目的标识和名称，建筑物附近 200m 范围需设置游客中心的引导路标。游客中心内应包含厕所，如未包含，游客中心与厕所两处建筑之间应有明确的路标指示，距离不宜超过 200m。

图 4–17　小体量游客服务中心

图 4-18　中等体量游客服务中心

图 4-19　东莞大岭山森林公园游客中心

图 4-20　康养服务中心（左为福建龙栖山，右为洪雅玉屏山）

4.4.3　公共厕所

公共厕所是指建在森林康养基地中，服务游客的公共厕所，根据需要设置在各景区。

4.4.3.1　基地公共厕所设计原则

（1）以人为本的设计原则。游客对森林康养景区公厕的要求都比较高，通风透气无味道是基本要求。遵循以人为本的原则，提高游客对景区公厕的满意度（图 4-21）。

（2）生态环保的设计原则。舒适干净是游客对公厕最基本的要求，要大力提倡生态公厕的建设。采用水冲式公厕为宜，及时清理化粪池，不能污染环境，少水景区临时公厕可以采用无水打包系统，安装降解包装袋，储便器等，运营成本较高（图 4-22）。

图 4-21 四面通透的厕所（美国夏威夷）

图 4-22 自然式风格厕所（左为丽水草鱼塘，右为洪雅七里坪）

（3）美观与文化环境相协调的原则。基地公厕建筑设计要美观，同时融入文化艺术，给人良好的景观感受，整体设计可以因地制宜（图 4-23）。

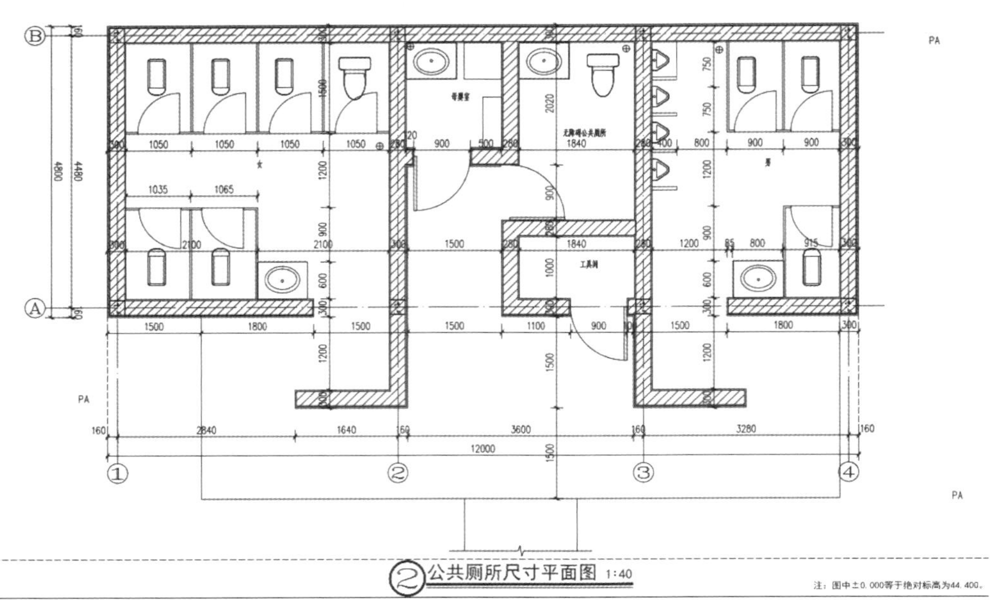

图 4-23 康养基地公共厕所（一）

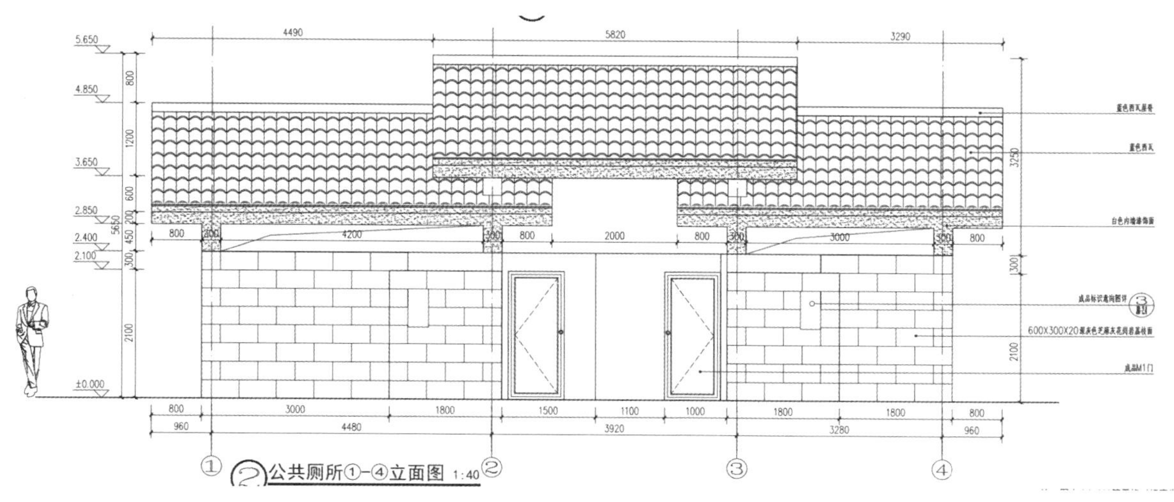

图 4–23　康养基地公共厕所（二）

4.4.3.2　基地公共厕所设计要求

（1）按照游客的需要设计。公厕位置要方便游客寻找，但不能阻碍主要风景，距离旅游道路 20m 为宜。人流量大的景区厕所间距以 200 ～ 500m 为宜，人流量小的景区公厕合理间距为 500 ～ 800m。在男女厕所比例分配上，游客男女人数在大致相同的情况下，女性厕位最好是男性的 2 ～ 3 倍（表 4–1）。此外，应设计残疾人无障碍通道和专用卫生间，卫生间内要有扶手，公厕进出口处宽度要足够大，方便游客出入（表 4–1）。

表 4–1　基地厕所设备数量估算

游客人数（男 / 女）	马桶个数（个）		小便器（个）	洗手台数量（个）
	男厕	女厕		男厕 / 女厕
100/100	1	3	2	1/1
250/250	2	4	2	2/2
500/500	3	6	3	3/3
750/750	4	8	4	4/4
1000/1000	5	10	6	5/5
2000/2000	7	14	8	6/6

（2）提倡生态环保型公共厕所。公厕的采光要好，可以设计天窗来增加自然光照，光照不足时采用节能感应灯具。此外，应做好通风设计，减少如厕异味。可以将现有的先进技术用于景区公厕的生态环保设计之中。例如，节水真空系统用于公厕可以大大减少用水量，施工也较为方便。

（3）基地公厕的外观建筑设计。基地中的厕所，其建筑应美观实用、通风透气。厕所的入口处应尽量利用其周围的景物，如花草、树木、山石、建筑等稍作掩映与遮挡，使与周围环境的融合，实现适用与美观的和谐、统一（图 4–24）。

图 4-24　现代式风格厕所

4.4.4 休息亭、风雨廊

基地的休息亭风雨廊在设计时可融入当地文化，让游客在避雨、休息、观赏风景的同时，能起到文化康养的作用（图 4-25 至图 4-28）。

图 4-25　可俯瞰整个基地的景观亭

图 4-26　传统风格景观亭

图 4–27　现代风格景观亭

图 4–28　不同形式的景观廊

4.4.5　接待设施

接待设施是森林康养基地的特色，数量与布局应与接待能力相匹配，可设置森林康养接待中心和若干服务点。根据功能分区，在游客服务、医疗康复服务、购物服务、运动服务等地方要求设置若干服务点。在外观上，要具有美感，有欣赏价值，可以根据不同的景区特色建造不同的外形。此外，接待设施周边可配置和景区相配的具有芳香疗愈功能的的花草树木，如带有芬芳气味的樟树、桂花、米仔兰等植物，凸显其康养保健功能（图 4–29）。

图 4–29　康养接待设施（左为洪雅玉屏山，右为温州猴王谷）

4.5 服务设施

4.5.1 住宿设施

基地作为旅游活动的空间载体，住宿设施是重要的内容，尽管对于不同类型、不同规模的旅游景区而言，住宿接待设施规划会有所差异，但是，从整体上看，基地的住宿接待设施是必不可少的。在规划方面，主要包括以下几个方面：

4.5.1.1 床位规划

床位预测是住宿设施规划的重要方面，直接影响着景区日后的发展。因此，必须严格限定其规模和标准，做到定性、定量、定位、定用地范围，确保预测的科学性和可操作性。床位预测一般采用如下公式进行计算：

床位数 =(平均停留天数 × 年住宿人数)/(年旅游天数 × 床位利用率)

4.5.1.2 客房数预测

标准间的数量为总床位数与 2 的商。在双人间的基础，也设一些自然单间，以满足个别旅游者的特殊需求，一般为双人间总客房的 10% ～ 15%。客房的计算方法如下：

总房间数 $M=B/2+(B/2\times 10\%)-(B/2\times 2.5\%)$

式中：B 为床位数；10% 为自然单间所占比例；2.5% 为自然单间重复数比例。

4.5.1.3 直接服务人员估算

直接服务人员的估算以床位数为基础，一般为 1∶1 左右，在我国的具体国情下，这个比例要高得多，一般为 1∶10 ～ 1∶2 不等。景区等级不同，所取比例相异；设施档次不同，所取比例也相殊，等级越高，档次越高，比例也相应较高。

4.5.1.4 档次规划

（1）星级酒店型住宿规划。森林康养基地中的度假区也可以星级酒店为建造标准。旅游者在享受舒适住宿餐饮服务时，也需要支付较高的价格（图 4–30）。

图 4–30 星级酒店型度假屋

（2）自助或小型旅馆规划。自助式或小型旅馆式接待设施是指旅游景区中在设施和环境上较星级酒店要求低的住宿和餐饮提供方。旅游者在此获得住宿的空间、设施以及部分基本服务。此外，旅游者需要通过自己的劳动来获得另外的服务，如餐饮、热水供应、做床服务、整理房间等（图 4–31、图 4–32）。

（3）特色民宿规划。特色小屋是根据基地的自然和人文环境设计出的具有当地特色的住宿系统。该类住宿接待系统在为旅游提供住宿服务的同时，让旅游者感受旅游景区内特有的自然和文化氛围。如具有我国民族特色的吊脚楼、小竹屋、小木屋等都是该类接待设施的代表。这些接待设施构成了旅游景区中风格鲜明的风景。如莫干山的民宿，按不同风格和设计内容，分为洋家乐（国外投资设计）、民宿（国内投资设计）、农家乐（当地投资设计）等。

图 4–31　度假木屋（左为洪雅玉屏山，右为温州猴王谷）

图 4–32　特色民宿（左为浙江莫干山，右为广州从化）

（4）营地规划。露营式住宿是基地中相对最为简便的住宿接待设施，即旅游景区开辟专门一块营地作为旅游者夜间露营休息的场所，旅游者可自带露营设备，如露营车、帐篷或租用景区内的露营设备实现住宿。露营式接待设施在建设条件有限的基地内，可作为较好的一种选择。但露营设施较容易受外界干扰，因此，一般只有在特定的季节或旅游旺季才对旅游者开放（图 4–33、图 4–34）。

图 4–33　露天帐篷（洪雅玉屏山）

图 4-34　房车营地

4.5.1.5　旅游住宿设施的建筑风格

住宿设施的风格要有地方性、独特性，与当地传统建筑风格协调。尽量节约原材料和能源，尽可能采用绿色材料和绿色能源，保护环境（图 4-35）。

图 4-35　建筑风格与环境相协调（左为浙江莫干山，右为温州猴王谷）

4.5.1.6　办理建设用地许可

住宿设施应符合土地使用规划，办理建设用地许可证和林地征占用手续。

4.5.2　餐饮设施

基地的食疗养生中心。食疗养生法简称“食养”，是根据不同的人群、不同的年龄、不同的体质、不同的疾病，在不同的季节选取具有一定保健作用或治疗作用的食物，通过科学合理的搭配和烹调加工，做成具有色、香、味、形、气、养的美味食品，从而达到辅助治疗、保健养生的功效。利用森林中的天然有机食品，如食用菌类、有机菜果、林下药材等，结合当地资源特色，设置中医膳食馆、森林有机食品餐厅等具有保健养生功能的特色餐饮，提供以中药材调理养生功能的森林膳食和食品，使游客在天然膳食中获得健康（图 4-36、图 4-37）。

图 4-36　自然式风格食疗养生中心（浙江莫干山）

图 4-37　现代式食疗养生中心（四川成都）

4.5.3　购物设施

4.5.3.1　购物商品的选择

对于森林康养基地的购物产品选择，可以是当地康养类土特产，如食用笋、珍稀干果、木本油料、林下药材、山地水果、食用菌、森林蔬菜等林下经济产品。同时，要加快培育一批市场竞争力强、特色鲜明的森林食品品牌，打造森林康养全产业链，增加森林生态产品附加值。强化森林食品精深加工技术和保健养生功能的基础理论研究，开发功能营养成分提取技术，加快森林康养食品、饮品、纪念品等产品开发与认证。如森林和农家土特产、温泉功能小食品（温泉鸡蛋等）、林下经济产品（铁皮石斛、灵芝、香菇、木耳、蜂蜜、红薯粉等）、森林康复医疗产品、纪念品等。在销售手段方面，可以采取线上线下相结合的方式，运用现代电子商务手段进行经营。

4.5.3.2　旅游购物设施的选址与布局

（1）景区出入口布局。主入口、次入口布置购物点。

（2）插入式布局。游客在游览过程中有时会产生情景式即时消费。这种消费机会出现突然，能给游客带来惊喜、意外的满足。

（3）插点式布局。风景线上辅助插点布局；

以古建筑、园林、民俗、表演等人文景观为主的景区应布局在前出口处；以朝圣为主的宗教类景区适合前入口处和前出口处两点布局（图 4–38、图 4–39）。

图 4–38 基地购物设施

图 4–39 景区商业街

4.6 康养设施

基地应积极发展森林康养医疗产业，针对亚健康人群、慢性病人群，融合健康管理、康复理疗、森林温泉养生等技术，加快发展森林康复、理疗、抗衰老、养生、养老等森林康养新业态。加强森林康养基地与医疗单位的合作，把森林康养打造成森林旅游的精品和中高端业态。争取引进国内优质医疗和康养资源，建设集诊、治、住、养为一体的森林康养医疗康复基地。

4.6.1 森林医院

将医院、疗养院引入森林中，建立森林医院，在医生和疗养师的指导下，利用森林环境、森林医学和其他设施对慢性病人群、亚健康、疾病康复需要的人群进行治疗。

国际上把森林对人体的保健功能称作“森林医学”。森林医院最早兴起是在德国，专门收治生活在大都市中的“文明病”患者。那些因工作压力过重而导致身心发展障碍的人，只需在林间小径和树下泉边散步休息，利用森林所散发的植物精气作为主要治疗手段，经过 3 ～ 4 周的森林驻留疗养，可彻底消除身心疲劳，也被称之为“森林疗法”。

康复疗养一般以康复医院或疗养院为主要依托形式，凭借疗养地所拥有的特殊自然资源条件，先进或传统的医疗保健技艺，优越的设施，将休息度假与健身治病结合起来的专项活动，还应用多种疗养措施如理疗、体疗、疗养营养和疗养心理等综合作用，提高疗养效果。

在规划时根据当地实际情况，应因地制宜做好规划和设备配备工作。重点在于场地、人员、资金、病源、效益五个方面的结合。做好无障碍设计、特殊治疗室、病房、综合护理系统的设计和布局。

4.6.1.1 选址条件

远离喧嚣城市，疗养院强调优美宜人的自然环境及良好的社会环境。选择森林植被较好，有雄伟的山峰、潺潺小溪、视野开阔、寂静的丛林。规划中充分保护基地内的植被，尽量避开自然林地与植被茂密区进行规划建设，并以原有植被为基础，选取适宜该地区生长的植物及对身体健康有益的植被栽种。如松柏科植物可发出的芳香气体，具有杀菌消毒、清洁空气、燥湿杀虫的作用，可以对人体起到松弛精神、稳定情绪的作用。

4.6.1.2 建设内容

建设内容包括森林浴场、负离子吸呼区、康养步道、日光浴场所、登山道、生态餐厅、康复理疗中心、按摩理疗中心、检测中心、露天剧场、美容中心等。

4.6.1.3 案例借鉴

（1）瑞士 Arosa 森林健康中心。这是一个集健身、水疗等多功能、建筑面积达 27000m^2 的酒店，它位于瑞士 Arosa 山底的馥郁丛林，呈独特的立体船帆造型。它友好地整合周围村庄、树木、山脉等视觉元素并用“机械树”采光，使得健康中心在夜晚格外醒目。

院内轻量体育设施齐全，病人可以利用这些设施做一些简单而有效的锻炼。一个浅木楼梯连接各层的建筑，心房和天井的空间可以让自然光穿透，做到节能且在视觉上的体验，更利于病人疗养。

（2）广州香江疗养院。香江疗养院始建于 2013 年，坐落在广州增城白水寨风景区，此地森林茂密、日照充足、水流湍急，是名副其实的“天然大氧吧”，优越独特的地理环境也造就了可以媲美瑞士的健康度假之都，同时也是慢性病调治及养老养生的疗养休闲胜境。目前拥有别墅楼景观型、豪华型、商务型套房、标准房等 300 余床的七星级国际金钥匙酒店，及大丰门景区的身心灵休养基地配套，医、食、住、行、娱设施齐全（图 4–40、图 4–41）。疗养院下设与全国示范中医院广东省中医院合作的中医治未病基地，已与多家国内外知名医疗机构及保险公司达成战略合作。疗养院专家顾问团队涵盖国内外多位业界知名老中医、权威专家，其中包括：骨伤科专家、消化科专家、皮肤科专家、肝胆外科专家、生物治疗专家、海外私人医生等。服务项目包含：①前端检测：全维度医疗体检，基因检测、德国量子医学检测、美国功能医学检测、亚健康功能测评。②中端管理：健康顾问（中医治未病、私人营养师、私人健身教练）、定制抗衰老亚健康调治（海外医疗、医疗美容、生物细胞治疗）、体质调理、康复理疗等。③后端服务：专属私人健康管家、家庭私人医生服务、VIP 就诊通道服务、特约远程会诊（表 4–2）。

图 4-40 广州香江疗养院医疗设施

图 4-41 广州香江康养基地森林环境

表 4-2　香江疗养院中心分区

健康管理中心——生命健康资产管家服务	香江健康管理中心致力于整合国内外优质医疗资源，为客户提供专业精致的健康管理服务
健康医疗中心——提供高端医疗服务及名医就诊	香江健康医疗中心致力于为会员提供高端医疗服务，提供来自美国、英国、俄罗斯、韩国等地的全方位体检设备，以及北京 301 医院名医远程会诊服务，共有 42 个专科
	无障碍养老别墅，养老别墅均为无障碍设计，除了有医疗专业的中央供养系统和中央呼叫系统等，设计都是根据老人的行动特点和心理需求而采用的，为老人提供高标准的舒适、便捷的生活
中医治未病中心——携手国内外医疗机构全面提升生命质量	香江疗养院中医治未病中心是国内中医治未病研究基地，引进西医疗法以及气化针灸、郭氏正骨术等经典中医疗法，汇集中医治未病、体质经络医学 SPA、深度功能性测评，投入尖端仪器设备，充分利用南昆山下的空气、水、泉、山、林、阳光等都市稀缺的优质自然资源，以“未病先防，既病防变”“天人合一”的养身理念为指导，打造一站式高端亚健康调理的中医治未病养生基地
	主要特色项目：中医亚健康筛查及评估、亚健康中医综合调理、体质中医综合调理、体质经络医学 SPA、独特秘制食疗养生药膳包、养生茶、中药药浴足浴包等

（3）四川峨眉半山健康管理公司。峨眉半山七里坪中医药健康旅游示范基地是国家发展改革委国际合作中心唯一授权命名的“国际抗衰老健康产业试验区”，拥有得天独厚的优越地理环境，$PM_{2.5}$ 常年维持在 10 左右的优级数值，负氧离子超过 10000 个 /cm^3 的“薄荷空气”，富含矿物质可直接饮用的峨眉山深井泉水，汲取峨眉山精华的天然温泉，被上千种中药材包围的峨眉半山七里坪，是以“医、养、游、居、文、农、林”七位一体的综合型康养旅游度假项目。其中，峨眉半山健康管理有限公司是一家抗衰老、慢性病康复及个性化健康指导和服务的综合性专业机构（图 4-42、图 4-43）。

图 4-42　峨嵋半山七里坪中医药健康旅游示范基地（一）

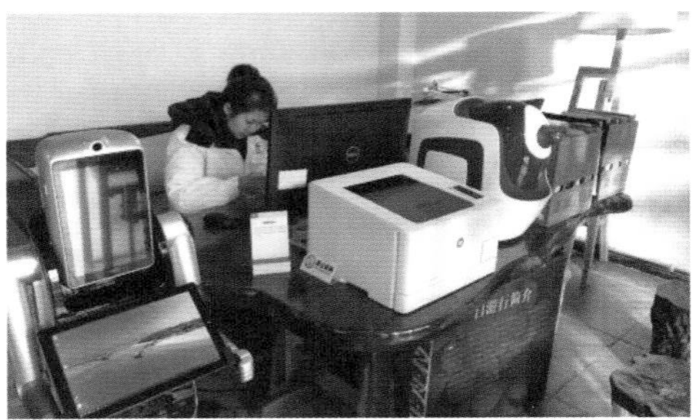

图 4-42 峨嵋半山七里坪中医药健康旅游示范基地（二）

图 4-43 中医文化广场

4.6.1.4 森林医院功能区设置

（1）老年公寓组团。是专供老年人集中居住，符合老年体能心态特征的公寓式老年住宅，具备餐饮、清洁卫生、文化娱乐、医疗保健服务体系，是综合管理的住宅类型。

（2）康养度假区。宾馆拥有商务套房、标准套房、商务单间、标准双人间等各式豪华房间。拥有大、小会议室及多功能厅，设有先进的视听设备，适合举行各种大小形会议及宴会、酒会。

（3）森林文化区。结合中药文化及道家思想，打造以纪念、文化研究、文化传播和体验为内容的文化中心，包括咖啡馆、餐厅、健身馆、瑜伽馆、SPA 等服务配套设施。主要提供一个休闲娱乐的场所。

（4）康复疗养区。可设置诊疗室、牵引室、理疗室、针灸室、康复训练大厅、骨质疏松诊疗室、中药熏蒸治疗室、疼痛治疗室等。开展颈椎病、腰椎病的牵引治疗、三维治疗、针灸、高中低频的电疗磁疗、蜡疗、中药熏蒸、冷冻治疗、推拿等理疗项目。

4.6.2　康养运动设施

将森林康养基地与生态体育深度融合，建设森林感观登山步道等设施，开展森林浴、森林作业、森林骑行、森林瑜伽、森林太极等森林运动项目。开发森林自然疗养、亚健康理疗、养生养老，发展“运动＋医疗＋养生”模式，鼓励传统运动养生与医疗机构，提供城镇居民、亚健康人群的森林运动健康服务，促进医疗、养生、运动服务产业发展。

4.6.2.1　森林浴场

长期生活在城市的人们，身体固有的韵律会失调（即微循环失衡、内环境失调）。当人们走进森林中，人体浸浴在大自然环境，会自觉地调整反应、恢复身体韵律。在度假屋附近根据不同植物释放不同的“植物芬多精”，对人体的保健功能不同，配置种植不同的树木，如樟、柏、槐、柳、杨等树木，人们呼吸它散发的气体物质，可刺激人的某些器官，起到消炎、利尿和增强呼吸功能的作用，对气管炎、肺炎、肺结核等呼吸道疾病患者大有裨益。适合亚健康、心理疗法需要的人群。森林浴场规划设计包括场址选择、面积规模、林分设计、步道设计等方面内容。

（1）选址。

①森林浴对有某些慢性疾病需要疗养的病人、老年人、高度紧张工作的人群特具有一定疗愈作用。因此，森林浴场选址首先要考虑它的服务对象的地域分布、经费支付能力、闲暇时间、交通状况。较大面积的森林及较为稳定的森林环境，舒适的森林小气候特征是在选址时考虑的次要因素（图 4–44）。

图 4–44　森林浴场（洪雅七里坪）

②选择的森林浴场地形起伏不宜过大，坡度不宜过陡，是否易发生滑坡、泥石流等也必须充分加以考虑，大的地形应有利于空气流畅。另外，森林浴场中“水条件”是一个至关重要的考虑内容，要有流动的溪、沟、瀑布或可供人造瀑布的地形和水源条件。

③森林浴场主要依附于现有的森林公园、自然保护区、植物园等自然保护地的森林景观资源，把它作为一个功能区来进行设计和建设。

（2）规模。根据游人使用频率和游客数量发展规模来确定森林浴场的大小。

根据有关研究，进行森林浴时，单位面积容人量指标为 2 ～ 5 人 /hm^2，最大不超过 10 人 /hm^2。假若一个森林浴场面积为 400hm^2，森林浴每人每次平均使用时间为 7 天，容人量指标根据森林生态系统稳定性、林分组成、保健功能大小确定容人量指标为 5 人 /hm^2。每年可游天数为 300 天，则森林浴场年环境容量为 60 万人。年可接待规模为 8.57 万人次。相反，知道了市场的大小，便可测算应设计多大的森林浴场。

4.6.2.2 游泳池

（1）泳池建造一般性规定。

①泳池面积：泳池面积可以根据地形地貌，采用自然手法规划设计。可设计康养区泳池、山顶泳池、天际泳池、恒温泳池、温泉泳池等（图 4–45、图 4–46）。面积宜控制在 50 ～ 1250m^2。

②泳池的选址应与非泳池区隔离，不容易攀越，便于独立管理。泳池应远离儿童戏沙池、垃圾中转站等易产生异味、灰尘的场所。设置在环境优美、地势平坦之地。考虑与会所结合，以便于后期物业管理。同时在会所中设置更衣室及淋浴间。

③室外泳池深度：深水池 1.2 ～ 1.8m；按摩池 0.75 ～ 0.8m；儿童泳池及嬉水池 0.3 ～ 0.6m。

④休息平台与泳池边界之间，必须设置截水沟，避免雨水、污水进入泳池。

⑤面积比：成人池占泳池总面积 70%（如设置按摩池，则按摩池占 5%）；儿童池：占泳池总面积 20%；嬉水池（可选）占泳池总面积 10%。

⑥设计中应考虑泳池换水的再利用。有条件时，可增设连通管道至园区内水景，将泳池换水循环至水景中使用。成人泳池与儿童泳池必须采用分开独立的水循环系统。

⑦儿童泳池选址应考虑靠近泳池入口，泳池设计应避免棱角，避免靠近成人池深水区，如特殊情况下难以实现，则必须设置安全隔离。

⑧泳池形态控制：自由式泳池；规则式泳池；规则与自由结合式泳池。

⑨泳池绿化设计：泳池区不宜种植落叶乔木或大量落果类植物；禁止种植带刺及尖锐叶片的植物，以防止意外伤害；泳池区域四周灌木种植要浓密，形成私密空间，方便后期物业管理；不宜种植花期短、花粉易引起过敏的开花植物。

图 4–45 不规则泳池

图 4–46 天际泳池（斯里兰卡坎达拉马遗产酒店）

4.6.2.3　森林运动平台

森林运动平台，顾名思义是为了开展森林运动搭建的平台，如森林瑜伽、森林太极等，同时，这些平台还兼具观景台的作用。它既可以是未经人工任何雕琢的纯自然的驻足之处，也可以是在某一地点主要为开展活动而设置的纯粹的人工建筑物、构筑物。在规划设计中，更加注重与基地环境相协调、融合。

运动平台设计关键在于选址，通过景观评价技术深入挖掘当地景观资源，在旅游路线选择能欣赏到该地区最具特色、最优美风景的地点，提供给观者良好的观景空间，使游客充分感受大自然的治愈力量，开展森林运动时身心都得到彻底的舒展。

图 4–47　自然古朴的木平台

图 4–48　令人心旷神怡的临湖平台（英国温德米尔湖）

4.6.3　案例分析——洪雅玉屏山森林运动

4.6.3.1　玉屏山国际滑翔基地

玉屏山国际滑翔伞基地位于四川十大古镇之一的柳江古镇旁，坐落于海拔超过 1200m 的瓦屋山国家森林公园玉屏山景区山巅，于 2013 年 10 月正式开放。滑翔伞飞行高度可达 900m 以上，直线飞行距离达 5km 之远，柏油马路直达起飞场。滑翔能给人带来难忘的惊险刺激感，可以看到不一样的景象，能让人感受到平时无法感受的自由感，而滑翔伞在空中大约以 40km/h 的速度飘移，行驶安全（图 4–49）。

图 4-49 玉屏山国际滑翔基地

4.6.3.2 树冠漫步、森林溜索

树冠漫步，刺激惊险，挑战体能与胆量，激发潜能，展现勇敢和机智，尽情体验探险，在拥抱绿色、回归自然的同时，挑战自我的心灵极限。森林溜索则能亲近自然，挑战自我，感受树木蕴含的蓬勃生命力，体验空中飞人的感觉（图 4-50）。

图 4-50 森林漫步、森林溜索（洪雅玉屏山）

4.6.3.3 森林彩虹滑道

彩虹滑道游玩方式很简单，只需在滑圈上坐稳抓牢便可从坡上滑到坡下，既刺激又省劲。有趣的同时也缓解了压力，保持了好心情（图 4-51）。

图 4-51 森林彩虹滑道（洪雅玉屏山）

4.6.3.4 山地全地形车

全地形摩托车带领游客穿梭在山地和森林之间，探索森林中的奥秘，在森林中放飞自我，零距离感受森林中的刺激和快乐。远离城市喧嚣的同时也给生活增添了几分色彩，体验速度与激情给人带来的刺激感和不一样的骑行体验（图 4-52）。

图 4-52 山地全地形车（洪雅玉屏山）

4.6.4　森林作业体验场

在森林活动体验方面，可以考虑激发儿童不同的身体感受，策划有助于提高身体敏捷度、开发儿童创造力、想象力的活动项目。在基地内选择一些适合的区域作为森林作业体验区，用于开展森林作业体验活动，如扛木头、锯木头、种树修枝、搭建简易房屋等（图4–53、图4–54）。

图4–53　在森林作业场开展各式活动

图4–54　森林体验学校

4.6.4.1　利用自然空间

发掘人与自然的关系，让游客在活动玩耍中，感受自然中的元素，将自然融入设计。针对儿童和成年人不同群体，营造出各种生态环保的自然景观，设计出有趣的活动项目，让游客在活动中感受自然和体验自然。这样能够更贴近康养的需求，丰富活动形式的互动性、多样性，调动游客对康养活动的兴趣，加深对自然及自然元素的认识，达到彻底放松和忘我的状态（图4–55、图4–56）。

4.6.4.2　使用自然材料

在场地、活动器械的使用上可以选择自然素材，如木材、沙土、石头等，既环保，也达到了与自然接触、沟通的目的。

4.6.4.3　重视亲子互动

在活动设计上，可以将家长的参与性考虑在内，设计一些亲子都能参与的活动内容，提高家长参与的可能性。

图 4-55 植物和空间的佛系体验（惠州植物园）

图 4-56 音乐和色彩的韵律（平湖秋月游龙戏凤）

4.6.4.4 规划要点

（1）安全性。保证安全，采取安全措施。

（2）多功能。根据不同的需求、不同年龄段的人群户外活动、不同类型的活动空间和内容，创建功能齐全、丰富多彩的户外活动空间。

（3）人性化。量身定做，考虑不同人群的需要。

（4）生态自然。贯彻可持续发展的原则，大量种植原生植被，为景观营造丰富的生态环境。

4.6.4.5 功能布局

森林作业区应具有不同空间特点的区域，可分为机械活动场、生态亲水场、攀爬区等。其中，机械活动场用于砍伐体验、种树修枝、建造木屋等；生态亲水场用于游水嬉戏、休闲放松；攀爬区设置网绳、吊索等，用于攀爬、穿越。功能区内均提供创造性的方式、工具和素材，以营造充满趣味和灵感的游戏空间，构建自然环境中的多样化元素。

4.7　康养建筑设计

4.7.1　康养建筑设计影响因素

4.7.1.1　气候因素

气候因素反映于建筑等构筑物之上，则映射出各地不同的建筑平面与空间组合，以及地方特色的建筑技术及风格。如广东地区属东亚季风气候区，面临热带海洋，具有高温高湿、热量丰富、冬短夏长；降水量充沛、干湿季分明；夏秋季节多热带风暴等气候特点。而山地由于海拔较平原高，且较为空旷，气流、云层、雨水、阳光等因子变化快，使康养基地山地气候资源具有快速的动态变化特征。这些自然的气候因素是康养基地康养建筑设计时所必须要考虑的因素。

阳光充足是康养基地山地气候特征之一，如华南地区地处低纬度，北回归线横贯中部，年日照时数 1500 ～ 2600h，年平均日照百分率 44%。一方面，光是表现建筑的常用元素之一，在设计中如能巧妙运用山地环境中变化丰富的光线，将可以使建筑更加精彩。但另一方面，充足的阳光同时也带来丰富的热量，广东年太阳总辐射在 41.5 万～ 57.1 万 J/cm^2，建筑设计也应同时考虑遮阳隔热和太阳能利用。

雨水充足是华南康养基地的另一特点，一方面，雨水给山地环境带来了生机。但另一方面，过多的雨水也是影响康养建筑设计的因素之一，建筑设计应考虑避雨、挡雨措施。同时，频繁的雨水也使康养基地空气湿度较大，从而影响游人使用设施的舒适程度，故在基地康养建筑设计中，应考虑增加自然通风或采用控制湿度的设备，尽量提高康养建筑的舒适度，以适应华南湿热气候。

4.7.1.2　地理位置和场地条件因素

在基地总平面布局中，由于地形变化丰富，每一个建筑单体或建筑群体所处的地理位置和场地条件均有差别，每块具体场地的微气候可能会因为其地理位置和场地条件的变化而与整个大气候区的特征有所区别。地理位置的影响主要体现在城郊气候的差异上，康养基地的微气候可能会与市中心有明显区别，大中型城市中心由于“热岛效应”会比周边的康养基地气温明显要高。所以康养基地中康养建筑与市中心区的建筑在其通风策略上可以有所不同，例如可以用全自然通风代替机械设备通风。场地条件方面，不同的场地朝向、地势坡度、森林植被状况、地质条件等综合性的影响因素条件下都有可能形成不同的温度、湿度、蒸发量、风向和风速、太阳的辐射量等特定的微小气候状况。康养基地特殊地段上的小气候也将是康养建筑设计所要考虑的因素。

4.7.1.3　基地风景资源及动植物资源

康养基地风景资源及动植物资源丰富，类型复杂，珍稀动植物繁多。康养基地独特的地理环境和气候条件造就了生物多样性，不同种类的生物构成了康养基地的独特风貌和生态系统。康养基地康养建筑一方面应考虑保护和维持动植物资源的生态多样性。另一方面，在不破坏生物栖息环境的前提下，设计时如能将丰富的动植物资源融入到建筑的内部空间环境，重视建筑与森林康养环境的交流对话，将能创造优美的、有意境的森林康养建筑特有的宜居环境。

4.7.1.4　基地水资源及其环境因素

康养基地的水资源主要指地表水和地下水，包括泉水、温泉、溪流、瀑布、湖泊及水库等具有生活饮用、农业灌溉、观赏览胜等的水体类型。康养基地的水资源，由于区位偏、地势高、人为干扰少等因素，所以未受污染，因此水质较好。既是良好的饮用水和自然疗法资源，也是康养基地的一处胜景。在康养建筑设计中如果可以就近取水将解决生活、疗养用水问题，同时巧妙地将自然水源引入建筑内部空间，也可以把自然的活力引入建筑，为建筑增添新的特色。

4.7.1.5 康养基地自然能源

康养基地往往由于面积较大，其公园内的山地离城市能源设施较远，所以在部分景区康养建筑存在市政能源缺乏的问题。特别是城郊型康养基地，其建筑设施无法完全依靠城市市政供给。但是，康养基地蕴含着丰富的自然能源，如太阳能、风能、水能和地热能等，如果能合理地加以利用，不但可以缓解康养基地康养建筑缺乏市政能源的现状，同时也为生态建筑设计提供了条件。

4.7.1.6 地质灾害对康养建筑的影响

康养基地范围内，因地质条件不良而产生地质灾害。在康养建筑设计的过程中，应充分探明建筑所处的地理环境和地质条件，避免选址地质条件不良的区域，建筑布局也应尽量避免或者减少对原有山地环境的破坏，尽可能地保护森林康养环境，保持水土，防止水土流失，避免地质灾害的出现。

4.7.2 康养建筑设计

4.7.2.1 建筑单体设计准则

（1）建筑平面设计准则。

①建筑物规模及内部空间设计应根据康养基地最合适承载力确定设计容量，根据基本需求空间（m^2/人）确定建筑规模，并适当考虑未来发展空间。

②康养服务中心内部空间配置包括行政空间、导游咨询、解说展示空间及相关必要设施空间。

③根据游客的游览路线，配置相应停车、候车、步道、休息点等设施。

④相关内容应符合国家建筑技术规范规定设置。

⑤亭台楼阁、水榭的体量应考虑所在区位的游客使用人数，开展康养体验活动的功能要求。在高密度游憩区，应有容纳多批游客共同使用、互不干扰的平面布置和桌椅配置。亭台楼阁、水榭设置的使用面积应依据游客人数确定，避免大面积的亭台，致使原有地形、地貌遭受破坏。

（2）建筑造型设计准则。

①建筑造型应与地形地貌、森林景观和山体等自然相呼应。

②造型应尽量简单，并能体现森林文化和地方特色。

③建筑物高度应根据建筑技术规范、国家森林风景资源评价委员会设定的标准进行设计。

④尽量能运用先进技术节能减排设计，如太阳能利用、自然采光、自然通风设计等。

⑤康养基地建筑应体现城市文脉，如传统建筑构造方式，反映当地的人文特色。

（3）配套设施主要设计准则。

①应配合当地条件综合考虑交通、停车、供水、排水、污水处理、电力、电信等因素，尽量使用清洁能源。

②游客集中地段应设有安全的户外开敞空间，以供突发事件时使用。

③服务中心应设有简易的急救设备，备有急救常识宣传，平时应定期进行演练。

④在设施设计上更应充分考虑人体工学，创造适宜的休憩空间，并考虑其耐用性及维护。主要休憩亭台，应考虑开展森林疗法体验活动需要。

4.7.2.2 建筑单体与环境的融合

完美的康养基地景观环境，不单在于其森林自然景观或人文景观，还在于人工与自然和谐统一美的表现力和富于变化的整体。康养建筑单体与环境的关系应该是人工和自然和谐统一的“天人合一”思想的体现。康养建筑更多的应该是一种“健康建筑”，适应客观环境的要求，把建筑的空间与形态融入、渗透于森林疗养环境之中，使建筑与自然“有机匹配”，和谐共存，而不与之冲突、对立。

康养建筑与环境共融表现：一方面为康养建筑与山地肌理的协调，尽量减少对山地自然环境的破坏。任何一处康养建筑建成后，都会是山地的一部分，不协调的康养建筑形体就像在流畅音乐中不协调的符号，会影响大地整体的美感，反之，协调的建筑符号则与大地和谐地融合为一体，无突兀之感，两者相映成色。最直接、最有效的方法是尊重自然，尽量保持山地的原有地形和地貌。设计时宜将建筑体量化整为零，分散布置，与森林康养环境相呼应；另一方面是康养建筑与森林环境的融合，为游客创造舒适的游憩空间。到康养基地游玩，主要是追求与自然的交流体验。康养建筑作为游人休闲使用的容器，应该在满足人类各种精神与使用功能的同时尽量满足其与自然交流的生态要求。因此，康养建筑与环境的关系应主要注重尊重自然和创造舒适的游憩环境两方面：

（1）尊重自然的建筑设计手法。康养建筑的建构不应构成对森林自然生态系统的威胁，而应作为自然的构成要素存在，并与自然建立和谐的关系。这种和谐的关系并非仅指那种形态上的相似，更主要的是指康养建筑对环境的生态顺应性，即尊重自然的生态对策。康养基地自然环境要素中，有一些环境要素对外界的触动具有较为敏感的反应或它的存在对局部或整个地区或地段的生态稳定具有至关重要的作用。如脊状地、陡坡、岩石、树木、溪流、湿地、湖岸、树林以及灾害频发地带等。如果康养建筑确实需要选择在这些地段上，则必须采取尊重自然的生态设计对策，最大限度地对原森林生态地形环境给予保留，减少接触面积，避免对自然环境的破坏。具体的建筑设计手法有架空、错层、收缩、平面避让、竖向跨让和局部穿孔等。

（2）架空。康养建筑的架空设计即设施脱离地面，建筑通过支柱支撑，完全立于支柱之上的建筑形式。架空型建筑是康养基地建筑设计中对森林山地自然生态环境破坏最少的形式，因建筑底部支柱所占土地面积小，且深入土层下的支柱不会隔断地下水的渗透作用，这样可以保证地表植物的存活，很好地保持水土。一些康养基地位于广东、广西、福建地区，地处南方亚热带、热带地区的湿热气候，架空设计的应用有得天独厚的地域条件。一方面，由于架空式建筑脱离地面，有利于建筑防潮，并能减少虫蝎等的干扰。另一方面，架空空间可遮阳避雨，提供公共社交场所，也可以丰富建筑景观层次，森林景观从通透的架空层中穿过，形成建筑通透、轻巧的风格（图 4–57）。

图 4–57　架空（斯里兰卡坎达拉马遗产酒店）

（3）错层。错层指在地形较陡的森林山地环境中，为了避免过多的土石方工程量以及更好地适应地形变化，将康养建筑的内部空间布置于不同标高处，形成错层。错层的各层底面标高通常相差为一层或者半层，适于山地坡度范围 10% ～ 25% 的康养建筑建设。错层手法的运用，不仅满足了地形的需要，同时利用地形的高差合理地区分、限定不同性质的使用空间。错层建筑的实现，主要依靠楼梯的设置和组织。如果两栋建筑高差不大，且距离不远，其高差处理可采用楼梯解决。如果两栋建筑距离较远，则可采用平缓坡道放坡处理（图 4–58）。

图 4-58　错层（左为浙江莫干山，右为丽水草鱼塘）

（4）收缩。康养建筑应对基地的环境现状作出渲染，并结合建筑的使用功能创造出独特的建筑形象。当建筑可建范围较小，且又为了避免破坏周边有溪流、植物、巨石等，不宜对基础进行大面积开挖，常常采用收缩建筑基部或悬挑的方法加以解决。建筑底部逐渐缩小的形式，可以对周围的低矮灌木和地被植物给予最大限度的保留，同时下部在不影响建筑的使用情况下适当托起以保持地面排水系统的完好（图 4-59）。

图 4-59　收缩（南宁园博园）

（5）平面避让。在康养建筑单体平面设计时，为了保全基地内局部突起的石头或某棵大树，在建筑平面上利用空缺、凹凸、曲折等局部处理手法对需要保护的要素进行避让，牺牲局部以保护全局（图 4-60）。

图 4-60　平面避让（浙江莫干山）

（6）竖向跨让。在康养建筑竖向设计时，为了对低矮且不宜变更的要素进行避让，常采用架空连廊、局部悬挑和局部架空的方法。此方法主要为了使康养建筑躲避岩石、溪流和树木，建筑造型自由，并与森林生态环境形成有机和谐的关系（图 4–61）。

图 4–61　竖向跨让（南宁园博园）

（7）局部穿孔。有些悬挑的建筑楼面或屋顶，在一定高度会碰到高大挺拔的树木枝干，为了保留树木甚至保持它们的自然姿态，可以在建筑局部留孔洞，避开树木主干（图 4–62）。

图 4–62　局部穿孔（南宁园博园）

4.7.2.3　创造舒适的游憩环境

康养建筑与森林康养环境的生态关系不仅体现在尊重和保护上，更具有追求与自然交流的生态意义。到基地休闲疗养的游人更渴望康养建筑设计能给他们带来舒适感受，同时又感觉到勃勃的生命力。

传统的建筑为了抵御自然界风暴、寒流、雨水等恶劣气候的入侵，往往采用较为闭合的空间，居住者与自然的交流仅依靠门、窗洞口来实施。但在康养建筑中，仅仅依靠作为采光和出入口的门窗已经不能满足游人与自然进行真正交流的生态要求了。康养建筑作为一种人类在自然环境中的休憩场所，其设计的生态意义更为突出。康养建筑的功能空间组织需要考虑在其基本功能不被破坏的前提下，进行开放性、无边界的设计，通过公共空间、过渡空间等让游人与自然进行充分接触。

（1）森林资源要素的引入。森林资源要素中有些是可以人为改变的，如植被、岩石、水体等，在康养建筑的开放性设计中，将一些有利于反映自然景观及改善室内环境的森林资源要素有机地引入室内是体现建筑环境与自然环境相融合的重要手段（图 4–63）。

图 4–63　建筑与环境相融合

（2）环境要素的利用。康养基地中，有些无法人为改变的环境要素，如阳光、气流、云雾等气象要素，这些要素随着自然界的昼夜和季节交替不断的发生变化，虽然无法人为改变，但也可以成为室内环境利用的对象。设计时可以考虑采用天窗将阳光引入内庭，增加建筑内部的光亮度；将康养建筑屋顶和围护部分分离或利用围护结构本身的错位，形成足够的缝隙对自然的气流进行有效引导，从而改善室内闷热和潮湿的环境。

4.7.2.4 建筑的空间体量设计

（1）建筑体量及空间组合考虑的因素：①康养建筑的功能组成及康养建筑的性质；②康养建筑基地的地形地势等地理条件；③基地周边的森林生态景观环境；④游人使用的数量和频率。

（2）建筑体量组合方式。康养建筑可根据体量之间的相互关系及其组合方式分为单体造型和体块组合型两类。

①单体造型。康养基地康养建筑设计中，因地形限制，多数中小型单栋建筑内已经可以满足其相对简单的功能需要。另外，单体造型的建筑多为小体量建筑，可以很好地与周边的环境融合，因此单体造型是康养建筑较为常用的造型处理方式。单体建筑造型并不是说建筑就是一个简单的四方体，单体造型建筑可以通过加、减的建筑手法对单一的造型进行雕凿，并可通过增加装饰细节的方法塑造建筑细部特征，或者可以通过强化这种单体造型因素，以简洁的单体体量与周围复杂环境进行对比，从而达到具有特殊的视觉效果。单纯从康养建筑体量造型来分析，单体建筑造型主要包括长方体、圆柱体以及曲线体、折线体等形式。

在单体造型康养建筑中，长方体型建筑较为常用，因房间的形状以方形最为经济适用；圆形建筑较少见，一般只在特殊的环境中才会使用；曲线形建筑多是顺应山形地势而成型，其弧度一般不宜过大，否则将影响内部房间功能的使用（图 4-64）。

图 4-64 单体造型（洪雅玉屏山）

在单体造型中的排布方式通常分为以下两种：垂直功能分区与水平功能分区。现代建筑结构体系为康养建筑单体提供了灵活多变的内部空间分隔体系，如以度假为主要功能的康养建筑单体造型内部，可以在底层设置大堂、餐饮功能、接待功能等交通量大且嘈杂的功能体，而在建筑上部设计管理、住宿功能部分，以满足建筑的垂直方向的动静分区要求；水平功能分区则多用于依山而建的单体造型康养建筑，各功能体顺着建筑体量的发展而逐步展开，靠近外部的建筑体量安排接待、餐饮部分，靠近内侧的体量安排住宿、后勤部分。

②体块组合型。康养建筑如果功能复杂，各功能房间又相对独立，建筑在造型处理时，常用的手法就是体块组合的模式，以不同的体量组合在一起，达到某种和谐的结构模式。多体量的穿插组合型式是建筑中常用的方式，并列、穿插、叠合、错位、解构、自然布局等都是体型组合的方式（图 4-65）。并列式是建筑单元依次排列，通过重复的建筑单元产生韵律感；穿插式是两个或者几个建筑单元依山势相互穿插，连接而成的建筑整体；叠合式是建筑单元在竖向层叠而上；错位式是建筑单元在竖向交错位叠合，依山而上，这种形式有时会形成新的大地景观；解构是现代建筑领域的一个分支，以其多变，不可度量的造型而有别于传统造型；自然布局实际是建筑的发展顺应山势，依山就势的自然

形成建筑的总体造型。

图 4-65　体块组合型（丽水草鱼塘）

③山地建筑的天际线组织。建筑轮廓线指以建筑周围的环境为底、以所研究的建筑为图，所形成的图底关系，视觉界面中图与底相交接的边界。康养建筑设计与处于城市建设区中的建筑设计不同，因为在城市设计中，考虑的仅是建筑与天空的图底关系，而在山地环境中，需要考虑建筑、山体、天空三者共同的图底关系（图 4-66）。康养基地康养建筑的天际线不仅通过建筑立面上凹凸起伏变化的建筑造型来丰富图底关系，同时建筑的轮廓线、山体的轮廓线与天空的轮廓线还要相得益彰。

图 4-66　无边界环境（丽水古堰画乡）

④建筑内部空间与外部环境的无边界设计。康养建筑除了注意建筑外部形态以及景观视觉效果外，还考虑游人在建筑内活动时景观视线的好坏。设计时可以通过改变开窗的位置于大小，设置露台或室内装饰室外化的方式，将康养基地的美景尽收眼底，使人仿佛置身森林之中，达到康养建筑内部空间与外部环境的无边界的效果。首先，尽可能地设计落地窗，扩大景观视野的范围。其次，通过内部装饰室外化的手段，利用植物和水体装饰使室内空间与室外空间相连，内景与外景互相融合，更加亲近森林生态环境。在环境允许的条件下，甚至可以取消封闭式的大门，采取开放式的格局，让自然的微风穿堂而过，送来清新怡人的阵阵花草芳香。

4.7.3　自然采光与遮阳设计

4.7.3.1　自然采光

自然采光就是将光线引入到室内，并以某种分布方式提供比人工光源更理想更优质的照明，在减少人工照明的需求的同时，也减少了电力使用以及相关的费用和污染。

4.7.3.2　自然采光设计

（1）自然采光的意义。康养建筑设计的生态策略有着很广泛的内容，除了追求对资源、能源的高效利用外，也力图追求美学、健康、福利、生活质量等心理与生理方面的需求。自然光是一个非常吸引人的设计切入点，作为康养建筑设计的一个重要部分具有以下多方面的意义：①自然采光可以用于照明并减少电量的消耗，从而减少对环境的影响。②自然采光可用于被动式采暖与制冷，阳光在带来光的同时也带来热量，建筑开窗获得太阳辐射的同时也带来了对流风，自然采光也是被动式太阳能设计的一个重要组成部分。③自然光可以有助于人们的健康和安宁。它可以用于治疗特殊疾病或者是提供视觉上抚慰，在康养建筑中作用非常明显。④自然光能帮助人们感受时间、季节的变化和每天太阳的起落。

（2）康养建筑自然采光设计要点：①采光问题的考虑应该先从总图设计和平面布局开始。在现场考察时，对用地外障碍物、山形地势、建筑等要仔细调查。如果外部障碍物过于遮挡用地，则要适当考虑减少建筑的平面进深。②对人的心理舒适度而言，室内可看见的天空面积是个重要的因素，而不仅仅是光线的照度。窗户的高度最好能使室内使用者看见更大面积的天空。③窗户的数量和面积应该仔细考究。应根据建筑自然光照、自然通风、造型要求和能耗等问题综合确定。大面积的窗户允许透过更多的自然光，同时也可能带来更大的热损失或者热获得，增加室内热负荷。一般来说，比较合理的窗户面积最好是房间面积的 20% 左右。④在普通的开窗情况下，一般日光照射深度为窗户高度的 2.5 倍。⑤中庭和内院对进深大的建筑在采光方面有促进作用。⑥屋顶天窗能提供更良好、更直接的自然光照，其照明面积是相同面积的立面窗户的 3 倍左右，但采用天窗的同时应注意室内热环境。

4.7.3.3 遮阳设计

在冬天和气候温和季节，采集阳光有助于抵消损失的热量。但夏天，在康养基地康养建筑中，避免采集多余的热量也同样重要。解决问题的办法主要靠遮阳设计（图 4–67）。

图 4–67 遮阳设计（爱尔兰 Adare）

（1）固定遮阳方式。水平的固定遮阳装置如屋檐、遮阳板、花架等可以非常有效地对直射南边窗户的阳光进行遮挡。但在冬季某些需要采集热量取暖的时候，这样的遮阳方式也有其缺点，因为它遮挡了阳光。窗户的固定遮阳主要有水平方式和竖直方式，南面常采用水平遮阳，但当南面太阳的方位角超过 8° 时，水平的固定遮阳装置就不再有效。东南和西面由于太阳高度角较低，窗户的遮阳则需要采用竖直装置。

（2）可移动遮阳方式。可移动遮阳方式主要有两个优点：①它可以根据室外条件的变化进行调整，能更充分地利用太阳能和阳光，同时又可以遮挡刺眼强光和多余的热量。②在冬天，遮阳装置可以关闭，以减少从建筑辐射到夜空而损失的热量。固定的遮阳装置则不具备这些优点。

（3）植被遮阳方式。从环境的角度考虑，有机的遮阳方法常常是最佳途径。特别在康养基地中，植被遮阳方式更具有得天独厚的优势（图 4–68）。例如，落叶乔木在夏天可以最大限度遮挡阳光，而在冬天它们的叶子脱落，使阳光可以穿越而过，照进室内。设计时应当对不同植物在不同季节的生长情况进行了解，以选择适当的植物来遮挡阳光。

图 4-68 植物墙遮阳（爱尔兰 Adare）

比较符合生态学的设计方法是把松柏类树木栽种在整个场地边缘以挡风，落叶树木栽种在靠近建筑的地方，葡萄藤、树篱或者爬行植物则栽种在建筑的边缘，室内也可以在窗台和内部结构中栽种一些植物，以提高空气质量，改善背景视觉效果。

康养建筑由于建筑的朝向、体量以及所处的环境各有不同，综合能源、舒适度和生物学等几个方面的因素，在康养建筑遮阳设计中，应灵活运用固定和可移动、实体和植被相结合的遮阳方式，以降低成本，提高效率。

4.7.4 康养建筑的自然通风设计

4.7.4.1 自然通风

建筑应用自然通风技术的意义在于两方面：一是自然通风带来的被动式冷却可以减少能源消耗；二是它可以清除潮湿和污浊的空气，提供新鲜清洁的天然空气，有益于人体的生理和心理健康。

在湿度较重的条件下，自然气流通风是获得热舒适的非常有效的方法。通过引入自然风到室内并提高室内空气的流速，能够增加人体皮肤表面的汗液蒸发，减少由皮肤潮湿引起的不舒适感觉，并加强人体与环境空气之间的对流，降低温度。在夜间，开窗通风还能够消除白天在室内建筑构件及家具上积聚的辐射热量。

4.7.4.2 自然通风设计

（1）自然通风的基本形式。自然通风最基本的动力是风压和热压，它在实现原理上有风压通风、热压通风、风压与热压相结合以及机械辅助通风等几种形式。

（2）康养建筑的通风策略。一些康养基地地处如华南这样的湿热气候地区。湿热地区建筑最大的难题是高温高湿，保温材料派不上用场，热压通风的效果也不明显。在这类地区主要的通风方式是风压通风，建筑呈现出一种“开放式的通风文化”（图 4-69），康养建筑宜设计为坡屋顶或大屋顶，架空的干栏式，再配合深深的挑檐用来遮阳和诱导通风。建筑的通风策略以除湿为主要目的，降温则主要通过气流吹过人体产生蒸发带走热量的效果。

（3）康养建筑布局与气流的控制。在建筑布局时，空气的流动是一个重要的气象因素，在任何地段上风的流动都会影响建筑内部的冷暖和内外气候环境。设计时可根据各地区的气象资料所提供的当地不同季节的主导风向和风速分析气流对建筑的影响。由于通风可增加建筑的散热，风压可增加建筑的渗透，夏天的穿堂风可使居室凉爽舒适，因此建筑布局应考虑热天利用通风使建筑降温，冬季则需要采取避风措施。影响气流的环境因素有地形、坡度、朝向以及当地的植被情况及相邻的建筑形态等，建筑在地段上的落位要充分利用自然地形条件，利用当地风效应的特点取得环境气候效益。

图 4-69 建筑通风设计

风速随着距地面的距离而有所增加，也因地表面的摩擦而有所减低。较高的风速可为建筑带走部分热量，0℃的气流每小时 48km 时为 -7℃静止空气 6 倍的降温效应。因此康养建筑如果要创造舒适的建筑环境，首先就要控制建筑地段上空气的流动，控制气流的基本方法是降低流速和分解流向。降低流速可采用种植灌木丛、乔木林，人造地势或构筑物等方法设置风障。设置风障可分散风力或按照期望的方向分流，或越过风障以减低风速。另外，建筑体的尖角在冬季指向风吹来的方向，使其速度分解，使建筑能更好地抵御冬季的风暴。

康养建筑由于地处森林康养环境中，利用植物作风障是其有利条件，由于树种和灌木的树形、树龄及高度的不同，可有效降低风速。风障可设置不同的高度和分块分片。分块布置有助于林木防病，常青树种可常年有防风作用，不同树龄的树种可使新生代自然更替，建成持久性的风障。

（4）康养建筑布局与自然通风。康养建筑布局受很多因素控制，其中影响布局的主要有阳光与风向。建筑布局对自然通风的效果影响很大。在考虑单体建筑得热与防止太阳过度辐射的同时，应该尽量使建筑的法线与夏季主导风向一致；然而对于建筑群体，若风沿着法线吹向建筑，会在背风面形成很大的漩涡区，对后排建筑的通风不利。为了消除这种影响，群体布置中的建筑法线应该与风向形成一定的角度，以缩小背后的漩涡区。由于前幢建筑对后幢建筑通风的影响很大，因此在整体布局中还应该对建筑的体型，包括高度、进深、面宽乃至形状等进行综合考虑。

（5）建筑内部穿堂风的组织。华南地区的传统建筑非常重视穿堂风的组织，穿堂风是自然通风中效果最好的方式。所谓穿堂风是指风从建筑迎风面的进风口吹入室内，然后穿过建筑，从背风面的出风口吹出。建筑穿堂风的组织应重点考虑：主要房间应该朝向主导风迎风面，背风面则布置辅助用房；利用建筑内部的开口，引导气流；建筑的风口应设置可调节装置，以根据需要改变风速风量。室内家具与隔断布置不应该阻断穿堂风的路线。另外，利用建筑中庭顶部突出屋面的部分组织自然通风，尤其是核心式和内廊式的中庭，在突出部分的侧面开窗作为气流出口，利用中庭积存空气，使之受热，以热压强化中庭的烟囱效应将热空气排出，也能使建筑有良好的穿堂风（图 4-70）。

（6）围护结构开口的优化设计。康养建筑各房间的开口大小、相对位置等，直接影响到风速和进风量。进风口大，则流场大；进风口小，流速虽然增加，但是流场缩小。根据测定，当开口宽度为开间宽度的 1/3 ～ 2/3 时，开口大小为地板总面积的 15% ～ 25% 时，通风效果最佳。开口的相对位置对气流路线起着决定作用。进风口与出风口宜相对错开位置，这样可以使气流在室内改变方向，使室内气流更均匀，通风效果更好（图 4-71）。

图 4-70 穿堂风建筑

图 4-71 开口设计

4.8 标识系统设施

森林康养基地标识系统规划是指为了开发、利用和经营管理基地，使其发挥多种功能和作用而进行的旅游形象要素的统筹部署和具体安排。应以树立景区高档次、高质量服务形象，创造景区和谐的游览与休闲环境，为游客提供人性化服务，加强基地与游客的信息沟通，增强游客的旅游体验，优化基地发展的要素结构与空间布局，引导游客顺利完成旅游活动。与此同时，作为森林康养基地，科普标识牌的规划应更突出其自然教育功能。

4.8.1 标识系统的类型与内容

基地标识系统内容主要有：

（1）景区全景牌（或全景导游图）内容包含景区所处地点方位、面积、主要景点、服务点、游览线路（包括无障碍游览线路）；咨询投诉、紧急救援（及夜间值班）电话号码等信息。

（2）景点说明牌（或区域导游图）包含景点名称、内容、背景、最佳游览观赏方式等信息。

（3）景观介绍牌要讲究科学性，突出重点，通俗易懂。旅游景区标识牌设计：①自然风景区、森林公园和地质公园景观介绍牌要说明地质地貌性质、构造特征、形成年代、科学价值、环境价值。②河、湖、冰雪景观介绍牌要突出语言的艺术性和美感，营造和烘托艺术享受的意境。③观景台介绍牌要说明环境、地貌、动植物以及天象特征。④动植物景观介绍牌要说明景物的科属、外观特征、习性、珍稀程度、保护等级。⑤遗址遗迹景观介绍牌要说明产生年代、背景、发展历程、文化内涵、保护等级。⑥建筑与宗教景观介绍牌要说明建造年代、结构特点、民族文化内涵、建造者等基本信息。⑦游乐设施介绍牌要说明设施的运行方式、运行时间、可能产生的感觉效果，并提示不宜参与的人群。

（4）服务设施标识。①停车场、售票处、出入口、游客中心、厕所、购物点、游览车上下站、游船码头、摄影部、餐饮点、电话亭、邮筒、医务室、住宿点、博物馆存包处等场所标识必须使用标志用公共信息图形符号。②售票处标识要明示营业起止时间、票价、减免政策。③景区、景点、景观、服务设施、出入口等处设置引导牌，并视功能需要标明方向、位置、距离等。

景区内公共道路设置交通指示牌，垃圾桶、景区休闲椅凳、仿木景观凳参照《国家道路交通标牌、标识、标志、标线设置规范及验收标准》执行。

（5）警示忠告标识与管理说明标识。景区必须在相应显要位置以牌示形式给游人以警示忠告，含安全警示、友情提示、公益提议等，必要地带需设置安全须知牌并明示景区内可能发生危险的地带、景区所采取的防护措施、需要游客注意的事项。

管理说明标识：①游客提示牌：要提示景区所执行的国家有关自然环境保护、动植物保护、文物保护等法律规章，以及相应的区域，明确受法律规章约束的行为。②景区界线牌：要明确位置、界线走向，以及返回服务设施的方向和距离。③景区工作区（非游览区）标识牌：5A 级景区标识系统设计应明确位置和范围。各类管理说明标识内容表达要通俗易懂简单明了，避免引起歧义。

（6）康养科普标识牌。包含植物、动物、地质、地貌、土壤、水文等物种或环境因子的具体康养科普信息。

4.8.2 标识系统设计

4.8.2.1 设计要求

标识必须达到其完整的功能性，面貌完整、文字及图案内容清晰、直观；品质、韵味高尚，造型、风格适当，设计风格要突出生态性、文化性、艺术性、多样性和功用性；因类型不同，区分色彩的冷暖、强弱、软硬、轻重，区分形状的明快与恬静、华美与质朴，使之适合旅游景区环境；其标识材质、外观和风格要与景区类型、特色、环境协调一致，设计各种类标识时，要按照不同功能区分系统，各系统之间有机结合（图 4-72 至图 4-76）。

图 4-72 景区全景导览

图 4-73 不同形式的引导标识牌

图 4–74　景点说明牌

图 4–75　温馨提示标识牌

图 4–76　安全警示标识牌

4.8.2.2　设计尺寸

（1）形体尺寸。要视基地环境实际需要以及游客浏览距离和建筑构造特征而制定比例，并视其功能性而制定大小；历史古迹、古今建筑及其他保护单位，其形体尺寸要符合相关规范并征求相关部门意见（图 4–77）。

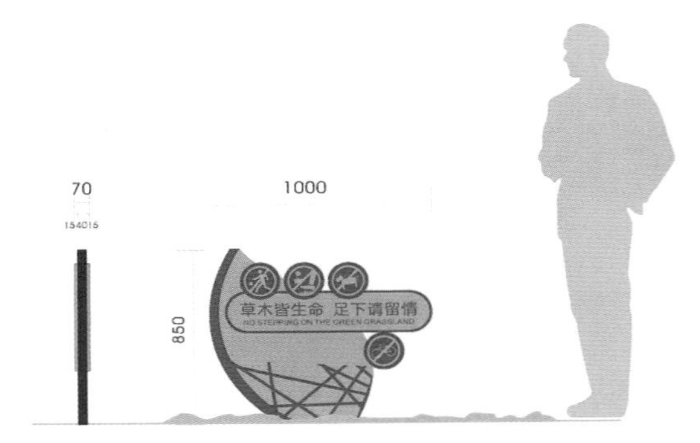

图 4-77　标识牌形体尺寸

（2）文字尺寸。要根据标识设置现场规格因素来确定视觉认知距离，进而确定其实际大小。

4.8.2.3　用色设计

标识及其文字、图案、内容、颜色要根据景区经营理念、环境背景色的需要，并根据认知程度来选取反差较大的颜色搭配，以获得文字和图形的最佳视觉效果。

4.8.2.4　文字及图形符号的使用

（1）中文、英文是景区导览标识使用的基本文种，可以同时使用，所表达的信息要与指向实物相吻合，文字含义准确无误。

（2）中文使用必须采用简写字体，不得使用繁体或其他不易辨别的字体，历史古迹、名人书法、特殊标志等除外。

（3）外文使用。

①旅游景区的标识英语必须符合《公共场所双语标识英语译法通则》（DB11/T 334—2006）、《公共场所双语标识英语译法第 2 部分景区景点》（DB11/T 334. 2—2006）、《公共场所双语标识英语译法实施指南（景区景点）》（北京市规范公共场所英语标识工作领导小组办公室、北京市民讲外语活动组委会办公室），其他外文译法要符合相应国家旅游业使用习惯。

② 4A 级（含）以上景区的全景牌（或全景导游图）必须同时使用中文、英文和其他两种（自行选择）外语语种。

（4）文字设计效果要达到字体、颜色、排版视觉鲜明丰满；点、线、面、文字和图件要素有机搭配；整体信息传达能够产生强烈的吸引力。

（5）导览标识所使用的图形符号要遵循《公共信息标志用图形符号》（GB/T 10001. 1—2006、GB/T 10001. 4—2007、GB/T 10001. 5—2006 、GB/T 10001. 10—2007），自行标志图形符号设计需遵循《标志用图形符号的视觉设计原则》（GB/T 14543—1993）。

4.8.2.5　材料设计

（1）制作材料的选择应遵循环保、节能、科技含量高、成本低、视觉美、易维护、易更新的原则。

（2）使用材料可视景区自然、人文特色及实际设置需要，参考相关材料学原理自行选择，但须保证文字、图形等内容均有良好视觉反差及功能效果（图 4-78、图 4-79）。

图 4-78　标配牌配色

图 4–79　标识符号牌

4.8.3　标识系统位置设置

标识系统位置设置应遵循数量适度，5A 级景区标识标牌导览牌分布合理，设置到位，服从环境，融于环境，不妨碍游览观瞻，与景观及周围环境相协调的原则。

4.8.3.1　景区停车场

应于显著位置设置标志用公共信息图形符号；场地内施划车辆标线、车流导向标识、收费提示、限高限速提示、大小车分区标识牌、景区介绍牌（或全景导游图）、厕所指示牌、售票处指示牌、安全须知牌等，特殊部位的标识可增设发光或反光功能。

4.8.3.2　售票处

应于建筑正面上方设置标志用公共信息图形符号，于专用窗栏处标出营业起止时间、票价、减免政策说明。

4.8.3.3　景区出入口

应于显著位置设置标志用公共信息图形符号和景区介绍牌（或全景导游图）（图 4–80）。

图 4–80　景区出入口标识

4.8.3.4 游客中心

应于显著位置设置标志用公共信息图形符号（图 4–81）。

4.8.3.5 游览线路岔路口

应设置通往各景点、服务设施、出入口的方向导引牌（图 4–82）。

图 4–81 游客中心标识

图 4–82 游线路线景点标识

4.8.3.6 旅游景点

应于显著位置设置景点介绍牌（景区关怀警示牌或区域导游图）。

4.8.3.7 服务设施

购物点、餐饮点、厕所、医务室、公共电话亭、服务咨询和质量投诉点等服务设施，应于显著位置设置标志用公共信息图形符号。

4.8.3.8 安全设施

山体、水岸边、电动或机械游乐设施、景物和景点介绍牌，强电设施、高温设施、游览线路狭窄处、高台或地下设施，以及需要向旅游者作安全提示处，应于显著位置设置安全提示牌。

4.8.3.9 非游览区域

应于显著位置设置非游览区域标识牌制作。

4.8.3.10 文物保护景点

历史古迹、重要古建筑等文物保护区域和公园景点，设置标识牌的同时应遵循国家相关法规。

4.8.3.11 无障碍设施

无障碍设施处需在显要位置设置无障碍标识牌，并视功能提供相关使用说明。

4.8.4 科普标识系统设计

4.8.4.1 主题知识点标识牌

（1）主题知识点标识牌内容应包含以下几点：① 植物、动物、地质、地貌、土壤、水文等物种或环境因子的具体科普信息；② 植被、种群、群落、生态系统、生态现象与生态过程等环境生态科学知识；③ 生态保护的意义、方法和历史变革等保护知识；④ 全球及区域环境问题、环境伦理道德和绿色生活方式等环境解说；⑤ 历史与人文信息（包括历史事件、人物、建筑、宗教、民族、法律等的科普知识）；⑥ 区域 / 步道的设计理念说明；⑦ 引导观察、体验、互动的设施使用说明。

（2）主题知识点解说牌的形式可结合解说目标灵活采用图文展板型标识、互动体验型装置等（图 4–83、图 4–84）。

图 4-83　科普标识

图 4-84　科普牌应形式多样，富有乐趣

4.8.4.2　单体自然物标注牌

（1）单体自然物标注牌的内容应包含以下几点：① 动植物中文名、学名及科属信息；② 动物生活习性与特征、地域分布等信息；③ 植物生物特征、花果期、地域分布等信息；④ 二维码扩展信息。

（2）单体自然物标注牌的形式可根据具体情况采用图文展板型或新媒体型（图 4-85、图 4-86）。

图 4-85　植物标识牌信息

图 4-86　单体植物标识牌示意

参考文献

白亚斌，2014. 景区停车场生态化景观设计模式探讨 [D]. 西安：西安建筑科技大学 .

但新球，姜海湘，龚艳，1999. 森林浴场的规划设计探讨 [J]. 中南林业调查规划 (03):3–5.

丁澄，陈楚文，2019. 自行车专用骑行道规划设计策略 [J]. 现代园艺 (03):108–109.

高华，吴亚娟，2015. 浅析森林公园游步道设计 [J]. 中国园艺文摘，31(11):126–127+164.

耿满，蔡芳，吕雪蕾，2014. 国家公园标识系统设计 [J]. 林业建设 (05):52–54.

黄甜，2013. 森林浴场规划 [D]. 北京：中国林业科学研究院 .

姜孟霞，田俊江，赵英学，等，2015. 兴办“森林医院”产业的建议 [J]. 林业勘查设计 (01):1–2.

焦玉亮，2018. 康养理念导向下的郊野型服务设施规划初探——以青岛森林医院概念规划为例 [J]. 智能城市，004（007）:99–100.

吕其伟，2009. 太湖西山景区旅游商业设施布局研究 [D]. 苏州：苏州科技学院 .

宋文超，2019. 风景名胜区游客中心建筑设计分析 [J]. 建筑发展，3(4).

孙英杰，卢丽宁，2008. 景区餐饮业的发展趋势研究——以北京 4A 景区为例 [J]. 南宁职业技术学院学报 (01):8–12.

田雁，2012. 城市公厕生态设计理念与原则 [J]. 新乡学院学报（自然科学版），29(02):161–162.

吴结松，2018. 金坛茅山游客服务中心设计 [D]. 南京：南京大学 .

王艳晶，2007. 绿色停车场 [J]. 科技咨询导报 (29):195.

王晓晓，胡昕宇，钱歙澄，等，2019. 城市风景区公共厕所生态设计与技术研究 [J]. 北京城市学院学报 (02):26–37.

王靖琨，2018. 旅游景区民宿式度假酒店设计研究 [D]. 沈阳：沈阳建筑大学 .

王鹏，2007. 旅游景区内购物设施选址及商品选择策略 [J]. 企业活力 (12):47–48.

袁颖，2018. 旅游景区公共标识系统设计研究 [D]. 武汉：湖北美术学院 .

赵玥，钱可敦，2019. 旅游风景区公共厕所设计研究 [J]. 艺术科技，32(09):41–42.

张俊杰，罗怡，李庆玲，2019.“温泉 +”视角下特色小镇规划策略研究——以里湖镇石牌温泉小镇规划为例 [J]. 华中建筑，37(11):82–87.

朱怡诺，2017. 湿地公园游步道景观设计研究 [D]. 北京：中国林业科学研究院 .

第五章 康养林景观规划

5.1 康养林构建技术

康养林也可以叫自然休养林。自然休养林作为新林种，规划特许经营、预约制和林地轮休纳入森林康养基地管理。构建具有当地特色的康养林，对森林康养基地的建设有重要的功能作用和生态意义。植物对人的身心健康调节上无论是在营造森林小气候、固碳释氧、释放芬多精、清新空气等方面都有着举足轻重的作用。康养林构建应根据自然生态需要，重视抚育，因地制宜、合理布局、有计划地营造和局部改造。依照生态优先、重视封育、模拟地带植被、因地制宜、分步实施等原则合理选择植物，乔灌草合理搭配，创造丰富的植物人工群落，与原始植被相互映衬、相互过渡，营造良好的生态环境，以利植物的持续性生长和景观的永续利用。对不理想的林相进行改造，提升森林景观美感，在有限的人工干预下，根据康养基地属性营造康养林，对林木的形态、种类进行调整、更换，达到康养和景观提升目的。综合利用自然疗养资源和疗养手段，合理利用自然疗养地的资源，建设有当地特色的森林康养林。

5.1.1 构建原则

5.1.1.1 生态优先

康养林的植物是森林康养基地的景观主体，应突出森林生态功能，把生态效应放在首位。整体景观规划通过以乡土植物为主的当地原生群落的重建，从而成为乡土植物的种源地并为各种森林野生动物（尤其是鸟类）提供栖息地，实现城市生态系统向自然生态系统的过渡；通过高绿量以及高水分利用效率的植物种类的选择，达到为人提供新鲜氧气并吸收二氧化碳的作用、释放负氧离子提供新鲜空气的作用等，同时最少消耗生态资源，达到生态效益最大化（图 5-1）；调节水分平衡；提高生物多样性，改善生态环境质量；提高生态承载力；保障生态安全（董丽，2006）。

图 5-1 生态优先原则

5.1.1.2 重视封育

充分认识森林抚育的重要性。康养林规划应以现有森林植被为基础，按景观需要，结合造林、林相改造和抚育间伐等措施进行，应尽量保持森林植被的原生性。加大森林抚育的资金投入，改变只重视种植、改造，不重视抚育的造林习惯（图 5-2）。

图 5-2 就地封育原则（浙江莫干山）

5.1.1.3 因地制宜

对于森林康养基地内尚存的宜林荒地，应结合景观建设，营造游憩康养林。对于森林康养基地内的残次林、疏林应进行林相改造，有目的地提高其景观效果和保健功能（图 5-3）。

图 5-3 因地制宜原则（浙江莫干山）

5.1.1.4 突出地带性植被特色

康养林应突出区系地带性植物群落的特色，充分利用森林植物群落结构，树种，植物花、叶、果等形态与色彩，形成不同结构景观与四季景观，并重点突出具有特色的植物景观（图 5–4）。

图 5–4 突出地带性植被特色（玉屏山柳杉林）

5.1.1.5 坚持统筹规划，分步实施

充分研究森林康养基地的中长期发展规模和水平，通过景观连续性、生物多样性、可持续性、因地制宜、景观多重价值等原则来制定康养林的生态修复工程方案和措施。科学选择修复措施和树种，适地适树，宜造则造，宜封则封，做到人工造林、封山育林、天然人工促进萌芽更新相结合，并且分阶段、分步骤，突出重点，稳步推进各工程实施。

5.1.2 构建目标

立足森林康养基地森林植被现状，发掘森林的发展潜力，在保护的前提下，通过科学合理的人工措施，利用人体器官部位与植物相对应的植物功效，结合生态优化、景观美化、功能合理化的要求，构建结构优、景观美、效益高的康养林生态系统。

5.1.2.1 结构优

通过改造和丰富基地森林的树种结构。建成树种丰富、林木郁闭度高、结构多样化的复层林和异龄林。

5.1.2.2 景观美

利用乡土树种建成乔、灌、植被等多层次、多色彩、四季分明、治疗功能强的森林景观，提升审美价值。

5.1.2.3 效益高

提高基地物种的多样性和抗逆性，使植物生长能快速适应当地气候、环境，发挥植物的康体功能和生态功能，取得更高的森林生态综合效益。

5.1.3 美学搭配原则

植物配置的美学原则是康养林植物景观营建的关键技术之一，植物搭配上要突出美学价值。遵循变化与统一、对比与调和、韵律与节奏、比例与尺度、均衡与稳定、比拟与联想等美学原则。根据美景度评价，选择优良花色、叶色搭配，营建具有多层次、多树种、多色彩、多功能、多效益的康养林植物景观。

5.1.3.1 变化与统一

在森林景观的植物配置中，既要注重植物颜色、形态、线条以及搭配比例等，保证植物之间有一定的相似性；也要注重不同植物在形态、颜色等方面的差异性，充分展示出植物结构的多样性，总体上给人一种自然、和谐的视觉效应。变化包括树形、色彩、线条、质地及比例的变化。统一包括形式的统一、材料的统一、线条的统一、花木的多样化的统一、局部与整体的统一等。既生动活泼又和谐统一（图 5–5）。

图 5–5　变化与统一原则

5.1.3.2　对比与调和

对比是利用不同植物在高度、色彩、形象、体量等存在的差异，采用对比的方式营造出层次感明显的森林景观。调和植物各要素之间的和谐统一，在森林景观设计中，要做到有一至两个要素具有同一性，否则森林景观搭配难以调和，不可避免给人带来突兀感（图 5–6）。对比与调和包括形象的对比与调和、体量的对比与调和、色彩的对比与调和、明暗的对比与调和、虚实的对比与调和、开闭的对比与调和、高低的对比与调和等。

5.1.3.3　韵律与节奏

森林景观有规律的变化，就会产生韵律感。如利用乔木、灌木、花卉、地被植物等进行多层次的配置，利用不同的花期、花色的植物相间分层配置等要遵循急与缓、快与慢的规律，以求得平衡的空间节奏。韵律和节奏包括简单韵律、交替韵律、起伏韵律、拟态韵律、交错韵律等（图 5–7）。

图 5–6　对比与调和原则

图 5-7 韵律与节奏原则（洪雅七里坪森林禅道）

5.1.3.4 比例与尺度

比例指各景物之间的比例关系，尺度指景物与人之间的比例关系，植物与人的观赏视角要符合一定的数值比例和人体在感觉和经验上的审美概念（图 5-8）。

图 5-8 比例与尺度原则（南宁园博园）

5.1.3.5 均衡与稳定

均衡指在平面上合适的位置关系，稳定指在立面上适宜的轻重关系。包括规则式均衡、自然式均衡、质感均衡与稳定。不同植物姿态各异，或错落有致，或相对整齐，为确保生态层面的稳定性和景观层面的观赏性，应遵循规则式和自然式的均衡原则，在充分了解植物属性和姿态的基础上，通过合理配置植物实现错落有致的美感（图 5-9）。

5.1.3.6 比拟与联想

植物常常被赋予生命力、飘逸、向上、勤奋等精神内涵，利用植物的特性、蕴意、形象以及景观小品、水体等赋予人性比拟形象物，增加森林景观的文化内涵（图 5-10）。

图 5-9 均衡与稳定原则（温州江心屿公园）

图 5-10 比拟与联想原则（温州江心屿公园）

5.1.4 植物配置要领

5.1.4.1 色彩

康养林由于海拔、气候、季相色彩等因素而呈现不同的景观特色，植物色（表 5-1、表 5-2）的搭配能营造特定的氛围，暖色调使人兴奋，冷色调的使人宁静。冷色调的环境下，促使内心急躁不安的人变得冷静，忘掉烦恼；相反地，暖色调的环境使身体疲惫、内心失落的人带来活力，振作情绪。色彩运用得当对于植物配置能达到事半功倍的效果。

表 5-1 华南地区常见色叶植物

色彩	植物名称
红叶（含紫红、橙红）（图 5-11）	朱蕉（*Cordyline fruticosa*）、枫香（*Liquidambar formosana*）、落羽杉（*Taxodium distichum*）紫锦木（*Euphorbia cotinifolia*）、红背桂（*Excoecaria cochinchinensis*）、鸡爪槭（*Acer palmatum*）红枫（*A. palmatum* 'Atropurpureum'）、羽毛枫（*A. palmatum* 'Dissectum'）、红花檵木（*Loropetalum chinense* var. *rubrum*）、山乌桕（*Sapium discolor*）、紫鸭趾草（*Setcreasea purpurea*）、红叶石楠（*Photinia fruseri* 'Red Robin'）、大花紫薇（*Lagerstroemia speciosa*）、水石榕（*Elaeocarpus hainanensis*）、红桑（*Acalypha wilkesiana*）、山杜英（*Elaeocarpus sylvestris*）
黄叶（含黄色、金色和黄棕色）	乌桕（*Sapium sebiferum*）、小叶榄仁（*Terminalia neotaliala*）、无患子（*Sapindus mukorossi*）、黄金榕（*Ficus microcarpa* 'Golden'）、金叶假连翘（*Duranta repens* 'Golden Leaves'）
蓝叶（蓝绿、蓝灰、蓝白）	蓝杉（*Picea pungens*）、蓝冰柏（*Cupressus glabra* 'Blue Ice'）、蓝羊茅（*Festuca glauca*）、日本柳杉（*Cryptomeria japonica*）、南洋杉（*Araucaria cunninghamii*）、豹皮樟（*Litsea coreana* var. *sinensis*）
银叶（白色、银色和银灰色）	银叶菊（*Senecio cineraria*）、水果篮（*Teucrium Fruitcans*）龙舌兰（*Agave americana*）、银叶金合欢（*Acacia podalyriifolia*）、银叶桉（*Eucalyptus cinerea*）、银边麦冬（*Ophiopogon jaburan*）、银桦（*Grevillea robusta*）

表 5-2 华南地区常见开花植物

色彩	植物名称
红花（含紫红、粉红）	木棉（*Bombax ceiba*）、福建山樱花（*Cerasus campanulata*）、朱槿（*Hibiscus rosa-sinensis*）、凤凰木（*Delonix regia*）、火焰木（*Spathodea campanulata*）、朱缨花（*Calliandra haematocephala*）、粉叶金花（*Mussaenda erythrophylla* 'Alicia'）、红纸扇（*Mussaenda erythrophylla*）、叶子花（*Bougainvillea spectabilis*）、红花檵木（*Loropetalum chinense* var. *rubrum*）、夹竹桃（*Nerium oleander*）、粉扑花（*Calliandra surinamensis*）、红花羊蹄甲（*Bauhinia blakeana*）、大花紫薇（*Lagerstroemia speciosa*）、串钱柳（*Callistemon viminalis*）

（续）

色彩	植物名称
黄花（含黄色、金色和黄棕色）	黄花风铃木（*Handroanthus chrysanthus*）、软枝黄蝉（*Allemanda cathartica*）、黄蝉（*Allemanda neriifolia*）、无忧花（*Saraca dives*）、马缨丹（*Lantana camara*）、银叶金合欢（*Acacia podalyriifolia*）、大叶相思（*Acacia auriculiformis*）、台湾相思（*Acacia confusa*）、复羽叶栾树（*Koelreuteria bipinnata*）、黄花夹竹桃（*Thevetia peruviana*）、米仔兰（*Aglaia odorata*）
白花（含粉白）（图 5–12）	洋紫荆（*Bauhinia variegata*）、白花羊蹄甲（*Bauhinia variegatavar. candida*）、白花夹竹桃（*Nerium indicum*）、栀子花（*Gardenia jasminoides*）、狗牙花（*Ervatamia divaricata*）、水石榕（*Elaeocarpus hainanensis*）、白兰（*Michelia alba*）、深山含笑（*Michelia maudiae*）、蝶花荚蒾（*Viburnum hanceanum*）、线叶绣线菊（*Spiraea thunbergii*）、巴西鸢尾（*Neomarica gracilis*）、广玉兰（*Magnolia grandiflora*）、九里香（*Murraya exotica*）
蓝花（含蓝紫、紫色）	蓝花楹（*Jacaranda mimosifolia*）、鸳鸯茉莉（*Brunfelsia latifolia*）、蓝花丹（*Plumbago auriculata*）、巴西野牡丹（*Tibouchina seecandra*）、深蓝鼠尾草（*Salvia guaranitica* ‘Black and Blue’）、柳叶马鞭草（*Verbena bonariensis*）、无尽夏绣球（*Hydrangea macrophylla* ‘Endless Summer’）、六倍利（*Lobelia erinus*）、狭叶翠芦莉（*Ruellia simplex*）、雨久花（*Monochoria korsakowii*）、野牡丹（*Melastoma candidum*）

图 5–11　华南地区高山色叶植物——枫香（左）、山乌桕（右）

图 5–12　华南地区常见开花植物——毛棉杜鹃（左）、宫粉羊蹄甲（右）

5.1.4.2　空间

营造合宜的植物空间，能满足人与人之间多种交流方式的需求，进而使不同的适用人群获得身心上的放松感和舒适感。植物营造的空间可分为开敞、半开敞、封闭空间。开敞空间一般主要是开阔的草坪或地被；半开敞空间一般是枝下高高于 2.5m 的乔木围合的林下空间；封闭空间一般是由乔灌草围合的封闭空间，适合私人的交流。

5.1.4.3　瞭望和庇护的心理

英国地理学者 Appleton 于 1975 年提出"瞭望—庇护"（prospect—refuge）理论，强调了人的自我保护本能在其风景评价过程中的重要作用，人类需要景观提供庇护的场所，并且这个庇护的场所能够拥有较好的视线以便其能够观察。植物空间的营造要根据人的自然属性在营造安全和舒适生活空间之外，也要让使用者的视线能在自身的掌控范围之内，根据行为、季节、不同人等使景观具有可选择性和多选择性（图 5-13）。

图 5-13　瞭望和庇护心理（丽水草鱼塘）

5.1.4.4　安全

植物设计要满足安全的要求。康养林在选择植物方面，应当选用无毒、无刺、无刺激性气味的植物，避免选择带有大量飞絮、气味难闻的植物，人流较多处应当伐除或移植有毒、带尖刺的植物，如箭毒木、夹竹桃、钩吻、商陆、牛茄子、乌桕、海杧果等。（邹雨岑，2014）。

5.1.4.5　芳香

植物的花香、果香、叶香具有不同浓度的香味，通常根据植物香气的特点，可以分为清香型、浓香型、淡香型、幽香型、甜香型（陈艺芬，2009），这些花香的感受是通过体验者的直观判断获得的，康养林中栽种一部分芳香植物更能凸显植物生命气息；花香的搭配要与地形、风向、方位等一致。此外，芳香气味浓度的控制，应做好主次搭配，避免混淆和杂乱。在开敞空间下，芳香气味的扩散速度较快，空气流通也较快。因此，芳香植物的设置宜在由微地形、建筑围合形成的园中园，或周边有较完整的风景林等为屏障。

我国幅员辽阔，地形、气候复杂多样，植物资源颇为丰富，芳香植物种类繁多，是世界上芳香植物最丰富的国家之一，主要集中在长江、淮河以南地区，尤其以西南、华南最为丰富（表 5-3）。据初步统计，我国芳香主要集中在木兰科、唇形科、蔷薇科、芸香科、木犀科等植物类群（李飞，1997）。

表 5-3　华南地区常见芳香植物

香味程度	植物名称
清香	吴茱萸（*Fructus evodiae*）、山苍子（*Litsea cubeba*）、阴香（*Cinnamomum burmanni*）、香樟（*Cinnamomum camphora*）、小叶女贞（*Ligustrum lucidum*）、广玉兰（*Magnolia grandiflora*）、海桐（*Pittosporum tobira*）、湿地松（*pinus elliottii*）、香附子（*Cyperus rotundus*）

（续）

香味程度	植物名称
香	含笑（*Michelia figo*）、金缕梅（*Hamamelismollis*）、深山含笑（*Micheliamadudiae*）、假鹰爪（*Desmos chinensis*）、米仔兰（*Aglaia odorata*）、枫香（*Liquidambar formosana*）、鹰爪花（*Artabotrys hexapetalus*）
芳香	香水月季（*Rosa odorata*）、白兰（*Michelia alba*）、桂花（*Osmanthus fragrans*）、四季桂（*Osmanthus fragrans*）、九里香（*Murraya exotica*）、栀子花（*Gardenia jasminoides*）、狗牙花（*Ervatamia divaricata*）、茉莉（*Jasminum sambac*）、塞楝（*Khaya senegalensis*）
浓香	夜来香（*Telosma cordata*）、中国水仙（*Narcissus tazetta* L. var. *chinensis*）、柚花（*Citrus maxima*）、使君子（*Quisqualis indica*）、紫苏（*Perilla frutescens*）、金橘（*Fortunella margarita*）、苦橙（*Citrus aurantium*）、百合（*Lilium brownii* var. *viridulum*）、苦楝（*Melia azedarach*）、香水树（*Cananga odorata*）

5.1.5 国内森林资源分布基本情况

我国幅员辽阔，由于各地自然条件不同，加之植物种类繁多，森林植物和森林类型极为丰富多样。

5.1.5.1 东北针叶林及针阔叶混交林

我国主要天然林区现有森林3094万hm^2，占全国的26.9%；森林蓄积量28.9亿m^3，占全国32%；森林覆盖率约为37.6%。经过采伐更新和人工改造经营，区内人工林的比重将逐渐增加。本区西北部的大兴安岭主要是落叶松（兴安落叶松）林和采伐后的桦木、山杨次生林、部分地区有樟子松林，沿河流有杨树和钻天柳（亦称朝鲜柳），东南部有生长不良的蒙古栎林。小兴安岭主要是红松林和针阔叶混交林，针叶树除红松外有落叶松、鱼鳞松、红皮云杉和冷杉（臭松）；阔叶树有椴树、水曲柳、核桃楸、黄波椤、榆树和槭树类及多种桦木和杨树。长白山区的森林与小兴安岭林区相近似，但阔叶树种的比重增加，并有沙松（冷杉一种）和长白赤松。

5.1.5.2 西南亚高山针叶林和针阔叶混交林

位于青藏高原的东南部，是我国第2重要天然林区。这一林区海拔高差很大，森林主要分布于山坡中下部，一般在4000m以下。全区有林地面积2245万hm^2，占全国19.5%；森林蓄积量35.8亿m^3，占全国39.7%；森林覆盖率28.3%。林区针叶树有多种冷杉、云杉及落叶松、高山松、铁杉；阔叶树有多种桦木、槭树、高山栎。在海拔较低处还有椴树、榆树、槭树和高山松、华山松等，海拔更低的山坡出现壳斗科、樟科等常绿阔叶树。林区林下植物有杜鹃、悬钩子、忍冬和箭竹等。林区内栖息着许多珍稀动物。大熊猫即生长于以箭竹为主要林下植物的云杉、冷杉林内，并有金丝猴、扭角羚等。

5.1.5.3 南方松杉林和常绿阔叶林及油茶、油桐等经济林

这一地区主要森林树种有马尾松、黄山松、杉木、柳杉、柏木，多种竹类（主要有毛竹、淡竹、桂竹、刚竹，南部还有丛生竹）和多种常绿阔叶树（主要有樟树、楠木、栲类、石栎、常绿青冈、木荷、木莲、阿丁枫、胆八树等）。此外，有许多落叶阔叶树如多种栎类（包括栓皮栎、麻栎、小叶栎、槲栎）、山毛榉、枫香、檫树、拟赤杨、光皮桦等。我国多种特有树种原产于此。针叶树中有银杏、水杉、杉木、金钱松、银松、台湾杉、白头杉、福建柏；阔叶树有珙桐、杜仲、喜树、观光木、伯乐树、香果树等。多种经济林产品重要的有油茶、油桐、乌桕、漆、棕榈、原朴、杜仲、白蜡。油茶面积约有300多万hm^2，油桐约200万hm^2。

5.1.6　各省市森林康养资源基本情况（以广东省为例）

5.1.6.1　森林资源概况

广东地处高温多雨、终年湿润的热带和亚热带气候环境，森林资源丰富多样，分布着以热带与亚热带植物区系成分为主的常绿阔叶林，形成地带性森林植被特征：北部为中亚热带典型常绿阔叶林、中部为南亚热带季风常绿阔叶林以及南部的热带季雨林。由于受到人为干扰破坏，各地带原生森林植被类型残存不多。在热带地区的次生森林植被以硬叶常绿的稀树灌丛和草原为优势，亚热带地区则以针叶稀树灌丛、草坡为多，人工林以杉木、马尾松、桉树、木麻黄、竹林等纯林为主（梁兆基，2010）。

（1）针叶林。针叶林是指以针叶树为建群种所组成的各类森林的总称，包括针叶树纯叶林、针叶树混交林，以及以针叶树为主的针阔混交林。广东的针叶树种类不算多，但针叶林却是分布最广的一种森林植被，且多分布在广东粤北丘陵山区、珠江三角洲及西南部，在水土保持、环境保护及维护陆地生态平衡等方面均起着重要的作用。常见的针叶树种有马尾松、杉木（图 5–14）、华南五针松（图 5–15）、湿地松、南亚松、福建柏等。但能形成大面积天然林的只有马尾松、南亚松和华南五针松等少数树种，大面积的杉木则为人工林。

图 5–14　杉木

图 5–15　华南五针松

（2）阔叶林。阔叶林（图 5–16）是指以阔叶树为建群树种所组成的各类森林群落的总称。它包括各种阔叶树纯林，常绿阔叶混交林，++ 落叶阔叶树混交林，落叶、常绿阔叶树混交林等，广东地处水热条件优越的热带、亚热带气候区，地带性森林植被以常绿阔叶林为主，北部为中亚热带典型常绿阔叶林分布区，中部为南亚热带季风常绿阔叶林分布区，南部为热带季雨林分布区以及生长在热带亚热带海湾、河口盐土上的红树林。常见的阔叶树种有壳斗科、樟科和山茶科、木兰科植物群落以及白骨壤林、桐花树林、秋茄林、角果木林、长柱红树林、木榄林、海漆林和银叶树林等。

图 5–16　阔叶林

（3）竹林。广东地处热带北缘、南亚热带和中亚热带南部，属东南亚季风气候，竹类资源丰富，品种繁多。全省竹类约21属170多种，竹林总面积42.53万hm^2，从南到北、从沿海至山地均有大量分布（王裕霞，吴琼辉，2004），可将全省内竹林区划为沿海低地竹林区、南亚热带山地竹林区、河岸丛生竹林区、中亚热带山地竹林区和石灰岩丛生竹林区。除位于北部的中亚热带山地竹林区外，其余四种竹林区均为丛生竹占绝对主导地位。簕竹属、牡竹属与绿竹属的分布遍及各类竹林区，篾筹竹属与镰序竹属分布于南亚热带山地竹林区，单枝竹属分布于石灰岩丛生竹林区。广东地区多数为丛生竹林，其中以簕竹属种数为最多，达50种以上。具有较明显经济效益的竹种有麻竹、粉单竹、青皮竹、撑篙竹、吊丝球竹等。广东竹子的品种较多，按物种分类如下：

①丛生型：即母竹基部的芽繁殖新竹。民间称“竹兜生笋子”。如慈竹、硬头簧、麻竹、单竹等。

②散生型：即由鞭根（俗称马鞭子）上的芽繁殖新竹。如毛竹（图5-17）、斑竹、水竹、紫竹等。

③混生型：既由母竹基部的芽繁殖，又能以竹鞭根上的芽繁殖。如箭竹、苦竹、棕竹、方竹（图5-18）等。

图5-17　毛竹

图5-18　方竹

（4）特色山地花卉。

①野牡丹。主要为野牡丹科野牡丹属（*Melastoma*）、树野牡丹属（*Tibouchina*）、蜂斗草属（*Sonerila*）（图5-19）、异药花属（*Fordiophyton*）（图5-20）一类的开花植物，分布于长江流域以南各省份。花顶生，大型、5瓣，深紫蓝色；花萼5片，红色，披绒毛；蒴果坛状球形，一年可多次开花。园林上主要用以下种类：多花野牡丹（*Melastoma affine*）、野牡丹（图5-21）（*Melastoma candidum*）、枝毛野牡丹（*Melastoma dendrisetosum*）、地菍（*Melastoma dodecandrum*）大野牡丹（*Melastoma imbricatum*）、细叶野牡丹（*Melastoma intermedium*）、展毛野牡丹（*Melastoma normale*）、紫毛野牡丹（*Melastoma penicillatum*）、毛菍（*Melastoma sanguineum*）。

图 5-19　蜂斗草

图 5-20　异药花

图 5-21　野牡丹

②杜鹃。杜鹃花科杜鹃属的一类常绿灌木、落叶灌木，杜鹃花一般春季开花，每簇花 2 ～ 6 朵，花冠漏斗形，有红、淡红、杏红、雪青、白色等，花色繁茂艳丽。生于海拔 500 ～ 1200m 的山地疏灌丛或松林下，为我国中南及西南典型的酸性土指示植物。其园艺品种繁多，野生的品种也分布在广东境内（图 5-22 至图 5-24）。

图 5-22　白杜鹃

图 5-23　福珂玫瑰红杜鹃

图 5-24　北极光杜鹃

③玉叶金花。玉叶金花茜草科玉叶金花属攀援灌木，萼片叶状雪白色，聚伞花序顶生，花冠黄色（图 5-25），分布于我国长江以南各省份，广东、香港、海南、广西、福建、湖南、江西、浙江和台湾等地均有分布，常野生于丘陵山坡、灌丛、林缘、沟谷、山野、路旁等地。每年 4 月上旬至 6 月中旬陆续开花不断，8 月仍有部分植株开花，花期长达 100 天以上（图 5-26）。

图 5-25　玉叶金花

图 5-26　粉纸扇

5.1.7 康养基地林分特征

5.1.7.1 国家级森林康养基地

（1）广宁县（试点建设县）。广宁县（试点建设县）属于广东省肇庆市下辖县，全县共有森林康养基地7处，总面积1351.33hm²，地理环境独特，植被保护良好，空气清新。广宁县植物资源主要有竹子、马尾松、杉木、黎蒴、赤黎、荷木、鸭脚木、苦楝树、尾叶桉等。广宁县是竹子之乡，其中竹子种植面积约7.2hm²，竹子种类14属55种。年产竹子30多万t，以青皮竹为主。竹林是三大特色康养资源之一，广宁县森康养基地突出竹海康养优势。

（2）安墩水美国家森林康养基地。安墩水美森林康养基地规划总面积1660hm²，山水资源优越，森林资源丰富，全年温和暖湿，自然植被以亚热带次生阔叶林为主，整体森林覆盖率达85%以上。现有植被：大叶相思、红花荷、红锥、火力楠、乌桕、山乌桕、枫香等植物群落。基地内基础设施完善，住宿、餐饮、康养等设施齐全，年接待游客10万人次。

5.1.7.1 其他森林康养基地

佛山三水大南山森林公园。公园位于广东省佛山市三水区，植被类型丰富多样，公园总面积626.70hm²。森林公园植被覆盖率达92.88%，林地约582hm²，非林地约45hm²，森林覆盖率约93%。区域内植被品种丰富，林相优美，区内现状林地以针阔混交林为主，还拥有阔叶混交林、针叶混交林、软阔叶林、硬阔叶林等丰富的林相景色。针阔混交林272hm²，占46.69%；软阔林156hm²，占26.88%；硬阔林45.28hm²，占7.26%等。植物资源种类繁多，稀有特有品种多，存在着一些古老物种，基因流源头，享有“岭南物种宝库”的美誉。动植物多样性高，为公园奠定了良好的绿色森林环境。基地打造野牡丹为特色植物，主要建设规划的水库周边像野牡丹花朵，红花绿叶互相映衬。规划打造的彩叶林、凤羽花海、珍稀树林三大特色植物大地景观。

5.1.8 康养林植物选择（以广东省为例）

森林中的树叶、果实、树皮、草、真菌、苔藓等植物和微生物可挥发混合型挥发性物质或无味非挥发性物质——芬多精。研究发现，植物杀菌素包括挥发性或液体物质，也包括固体物质，在林中散步时，与人体直接接触的是植物释放到空气中的挥发性植物杀菌素，康养林是康养植物构成的群落，应根据地域特性、人的不同年龄阶段及其康养需求，来选择不同的森林康养植物。决定森林植物康养功效的是植物精气中单萜烯和倍半萜烯含量之和。含量越高，植物康养功效越好。

5.1.8.1 粤北地区森林康养树种选择

粤北地区地处中亚热带季风气候带，温度变化差异大，水资源丰富，土壤为山丘盆地红壤和黄壤，适合营造中亚热带典型常绿阔叶林，可选树种有香樟、松树、罗汉松、侧柏、枇杷、鹅掌藤、枫香、臭椿、铁冬青、红锥、八角、格木、梧桐、闽楠、无患子、土沉香、红豆杉、乌桕、红花荷、樱花、白兰、黄兰、深山含笑、桂花、桃树、油茶、茶花、九里香、薄荷、海桐等。

5.1.8.2 珠江三角洲地区森林康养树种选择

珠江三角洲地区地处南亚热带季风气候带，气温较稳定，河流众多，水量丰富，土壤为低丘水稻土、堆叠土、赤红壤，可选树种有枫香、楠木、山杜英、白花泡桐、翻白叶树、山苍子、山油柑、火力楠、白兰、桂花、琵琶、柏木、金银花、含笑、丁香、月季、迎春、金银花、薰衣草、夹竹桃、紫茉莉、猪笼草、驱蚊草、柠檬草等。

5.1.8.3 粤西地区森林康养树种选择

粤西地区地处热带季风气候带，气温较高，丘陵多，海岸线长，港湾岛屿众多，水量丰富，土壤为赤红壤、黄壤、水稻土，以林为主，林、农并重地区，可选树种有山乌桕、白千层、广玉兰、白玉兰、柠檬、枫香、柏木、樟树、含笑、润楠、海南红豆、油橄榄、青冈、土沉香、红花油茶、假苹婆、香椿、湿地松、肉桂、杜仲、金银花、蜡梅等。

5.1.8.4 粤东地区森林康养树种选择

粤东地区地处南亚热带季风气候带，热量丰富，热带气旋频繁，台风影响大，土壤为赤红壤、滨海沙土、水稻土，适合种植沟谷雨林和红树林，可选择树种有侧柏、柠檬、白兰花、扶芳藤、刺槐、檀香、八角、丁香罗勒、黄樟、白骨壤、桐花树、海桑、木麻黄、水石榕、橡胶、油桐、乌桕、山楂、杧果、火力楠、秋枫、樟树等。

5.1.9 康养林林相改造技术（以广东省为例）

5.1.9.1 技术规定

（1）造林密度。根据立地条件确定造林密度，在湿润、半湿润水土流失地区初植密度可适当大些。造林地上有苗木、幼树的，可根据造林目的和苗木、幼树的数量和分布格局以及苗木和幼树树种的混交特性，纳入初植造林密度。纳入初植密度的，应参加造林成活率和保存率的计算。但对于林冠下造林，造成成活率以栽植点（穴）数为基础计算，已有苗木、幼树不参加造林成活率的计算。人工造林：种植密度为80株/亩。补植套种：根据林分现状和林木密度不同，采取见缝插针方式，种植密度在20～60株/亩不等，平均以40株/亩为宜。改造提升：根据林分现状和采伐的强度，以增加林分的景观多样性为前提适当密植。

（2）苗木选择。苗木采购时应遵循《造林技术规程》（GB/T 15776—2016）中的有关规定。苗木分为裸根苗、容器苗。为了使造林后3年初见成效，要求人工造林苗木规格为2年生高60cm以上的一级营养袋苗；补植套种和改造提升的苗木规格为高120cm以上的营养袋苗。

（3）造林方法。广东地区造林方法主要为植苗造林，特殊林地可用宫胁造林法。

①裸根苗栽植：根据林种、树种、苗木规格和立地条件选用适宜的栽植方法。栽植时要保持苗木立直，苗木根系伸展充分，并有利于排水、蓄水保墒。

②穴植：穴植可用于栽植各种裸根苗。穴的大小和深度应略大于苗木根系。苗干要竖直，根系要舒展，深浅要适当，填土一般后提苗踩实，最后附上虚土。

③宫胁造林：在营造森林保护林的情况下，可以采取此种方法。基于演替理论，采用改造土壤，控制水分条件，收集当地的乡土树种种子进行营养钵育苗，在较短时间内建立适应当地气候的顶极群落类型。一般在开始的1～3年进行除草、浇水等管理，以后就任树苗自然生长，优胜劣汰，适者生存。

（4）施肥抚育。根据林种、树种和土壤营养条件，采取配方施肥，做到适时、适度、适量。对已造林的景观生态林带进行施肥养护，包括不同树种施肥量及施肥方法，保证林木养分供应。

5.1.9.2 造林技术要点

康养林是能够维持自身多样性和稳定性，并提供健康休养服务功能的森林，具有特殊治疗效果的植物群落。林种起源有天然林和人工林（含飞播），以天然林为佳，自然度达三级以上，主层林优势树种龄组相对成熟，郁闭度达到0.3以上，森林完整度高，乔、灌、草层清晰，无明显林业有害生物危害，生态环境评价高，植物精气含量高等条件的疗愈植物空间。基地内林相是经过近自然化改造的森林，森林用于疗养必须加以改造和整理，使体验者能够深入其中并进行适当的活动，在森林生态系统的自我调节能力的范围内，充分发挥植物的特性。为了使体验者舒适体验植物、调节身心、治疗疾病的活动，高大乔木的枝下高必须大于全树高度的1/3，一般林木枝下高控制在1.8m以上，低矮灌杂林生长密集，往往会使空气透性不佳，让人不舒适，应适当修剪。

林分价值高低，一般取决美的享受，包括植物的位置、形态与种类来判断人们对植物景观美感的判断。对景观价值较高的植被要进行保护，在需要设置活动空间的区域对小灌木、草本植物进行取舍与整理，乔木均以保护为主。主要推荐植物有加勒比松、湿地松、华南五针松、黑松、马尾松、樱花、柏木、柳杉、水杉、福建柏、长叶竹柏、南方红豆杉、木莲、毛桃木莲、金叶含笑、火力楠、深山含笑、乐东拟单性木兰、观光木、野含笑、毛黄肉楠、无根藤、阴香、樟、肉桂、黄樟、厚壳桂、硬壳桂、黄果厚壳桂、鼎湖钓樟、山苍子、潺槁木姜子 、豹皮樟、短序润楠、浙江润楠、华润楠、红楠、黄绒润楠、檫木、闽楠、山油柑、三椏苦、九里香、楝叶吴茱萸、竹叶花椒、簕党花椒、柑橘、青冈、栾树、无花果、仪花、深山含笑、土沉香、火力楠、九里香、栀子花、马齿苋、驱蚊草、玫瑰、鸢尾、兰花、茶花、金银花等植物。

5.1.9.3 林分内有毒有害植物清除

有毒有刺、易被误食的植物果实避免种植或直接清理，如石栗、变叶木、麻疯树、乌桕、油桐、假连翘、鸢尾、曼陀罗等在内52种植物含有促癌物质。此外，自然界中还有很多有毒植物，如荨麻科蝎子草、洋金花、夹竹桃、石蒜、杜鹃、仙人掌珊瑚豆等植物，应尽可能避免种植或清除此类植物并作明确标识。

5.1.10 案例分析

5.1.10.1 高州市森林生态综合示范园

项目位于广东省高州市林业科学研究所内，根据园区地形山势，在园区中部设置三条彩色植物带，作为康养步道，也是整个示范园的主景，三条植物带将近1000m，每条植物带之间设置一条宽1.5m的步行道，供游客行走（图5-27）。在观赏效果方面，以亮叶朱蕉、红花龙船花、黄金香柳、黄花龙船花、红花檵木、巴西野牡丹为主，搭配其他种类的彩叶、彩花植物，形成种类丰富、具有科学研究示范价值的植物彩带。游客在不同的月份可以观赏到不同的彩带风景，还能学习植物知识。彩色植物带培育植物选择上，充分考虑植物生长习性、环境特点，力求长时间的持续性彩色景观。打造自然美、低养护、效果稳定且生长良好的花海景观。在植物选择方面，红色植物带选用亮叶朱蕉、龙船花（红）、小叶紫薇、杜鹃红山花和大红花为主；黄色植物带选用黄金香柳、龙船花（黄）、黄连翘、双夹槐、软枝黄蝉；紫色花带选用红花檵木、巴西野牡丹、桃金娘、桃金娘、鸢尾、紫花假连翘。

5.1.10.2 广东省林下经济示范园——康养产品体验区

广东省林下经济发展示范基地位于广州市龙眼洞林场帽峰山，总占地200hm^2。基地分为三大片区，分别是地方特色产品科普展示片区、林下经济产品种养体验片区、农林复合经营合作片区。其中林下经济产品种养体验片区以种植菌类、木本花卉、结合养殖鱼类、家禽、蜜蜂森林养生等，体现森林文化；结合森林旅游，打造森林康养体验基地。通过植物配植、地形利用和拦截溪流筑湖，建设森林景观利用项目。通过修缮拆除等方式将山顶平台重新建设，打造种植、健身、植物监测为一体的康养景观体验区。利用现有红锥林的特色景观，搭配林药种植模式，打造丰富多彩的森林景观、优质富养的森林环境，组织开展森林康养体验活动，是疗养健身的好去处（图5-28至图5-29）。

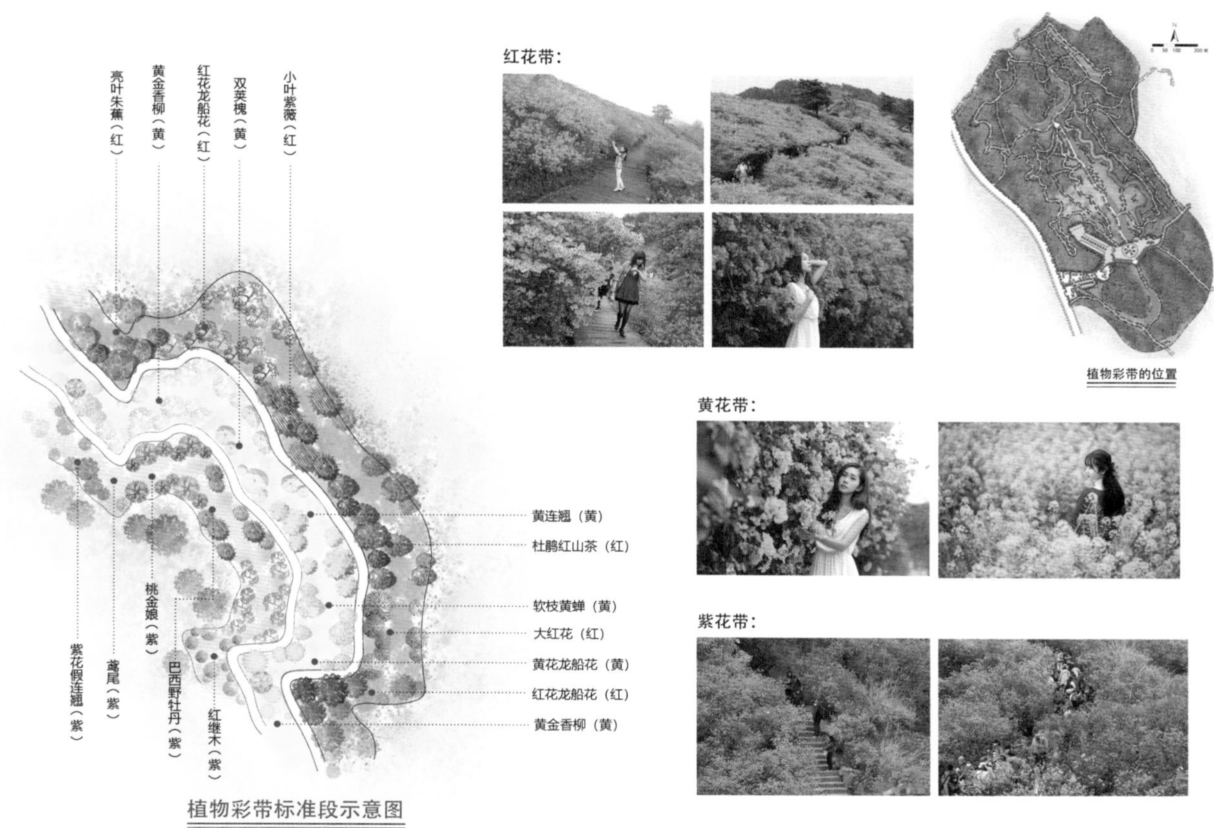

图 5-27　高州市森林生态综合示范园植物彩带

图 5-28　广州市龙眼洞林场林下种植养殖体验区

图 5-29　广州市龙眼洞林场林下景观体验区

5.1.10.3　广东省安墩水美森林康养基地林相改造

水美森林康养基地总平面图呈“一片树叶”的形状，造型优雅，落落大方，贴切森林主题。其彩叶林景观区规划栽植山乌桕、枫香等秋季变红的彩叶树种，开辟大片秋色叶植物群落形成观赏亮点，盛花树与色彩林立体种植，提升森林景观效果（图5-30）。其登山道绿化打造花海大道，充分利用山道旁乡土植物，并整齐式补植一些较耐阴的观花、观赏、闻香的小乔木、灌木类植物，如桃金娘、假鹰爪、巴西野牡丹、禾雀花、金银花、杜鹃类、茉莉花等，以丰富游览的视觉和嗅觉效果。

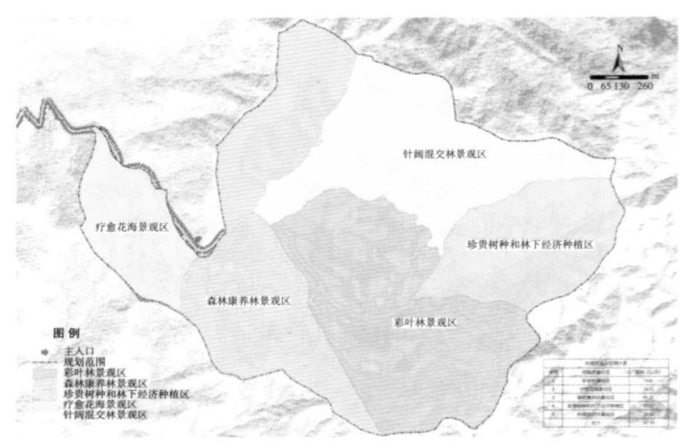

图5-30 广东省安墩水美森林康养基地

5.2 疗愈花园规划设计

5.2.1 疗愈花园的概念

疗愈花园也叫康复花园，康复花园的提出者Roger Ulrich解释康复花园应该有相当数量的绿色植物、花、水，能提供医治助益（Stephen，2009），康复花园能为病人提供消极或积极的恢复身体功能的机会，主要是从生理、心理和精神或是其中某部分，使人重新恢复健康（Westphal，2000)。所以康复花园的使用者涵盖所有需要身心得到恢复的人群，除了病人也包括陪同、护理这些使用者的家属及医护人员。

5.2.2 疗愈花园基本类型

5.2.2.1 康复治愈型

（1）康复治愈的目标。康复治愈型花园以治愈某种疾病为核心目标，主要适用于思维障碍、肢体障碍和慢性疾病的辅助治疗。思维障碍普遍存在于儿童和老年人中。儿童主要表现内容障碍、联想障碍、思维逻辑障碍等；老年人主要表现思维敏捷度降低或痴呆等症状。研究表明，老年人群中的阿兹海默症等疾病通过药物治疗较难完全根治，但可通过肢体康复训练缓解病情。高血压、冠心病等现代高发慢性疾病同样是很难在短期内通过药物实现治愈的，通过芳香疗法、自然疗法、园艺疗法等实施长期的跟踪观察治疗，能有效缓解不良症状。

（2）针对不同人群的康复治疗。针对老年人的康复治愈园要注重芳香植物的种植以及植物所营造的环境对老年人的康复疗效。芳香疗法是康复治愈的重要手段。我国古代有“芳香治病”的说法，并有佩戴香囊祛暑辟邪的习俗（陈晓庆，2011）。芳香类植物挥发的气体具有一定的药用价值，如松柏富含萜烯类挥发成分，具有抗菌抗肿瘤作用，又如银杏对气喘病、胸闷心痛、高血压、动脉硬化性心脏病有一定缓解功效（梁永基，2002）。日本近来发展了一种称为“芳香诊室”的诊所，诊所内种植各式芳香植物，目的是让患者处在一个植物挥发芳香气体的环境，吸入一定量的香气，可调整人体生理机能，减少慢性病和疑难杂症对高精密仪器和昂贵药物的依赖。除此之外，面向老年人的康复花园要具有明显的识别性，老年人视力听力逐渐衰退，方向感不强，道路设计宜平坦、防滑，并以凉亭、棚架为中心形成环路，要尽量考虑到方便轮椅通行的无障碍设施，在路的两侧要设置尽可能多的休息座椅、扶手和栏杆，甚至部分报警装置，以方便发生危险时，及时求助。同时，尽可能多地引入阳光，延长公共交流区域休息区域的日照时间。

针对儿童的康复治愈园以园艺活动为主，通过观察植物生长发育过程，能够激发儿童的观察兴趣，并培养专注力。有研究表明，对先天性脑瘫患儿，每天持续进行2～3h的肢体活动，能够有效推动肢体技能的康复。简单的园艺活动，可以锻炼儿童的肢体能力和脑部发育，特别是对肢体残疾，具有行为障碍的儿童。而园艺治疗最大的优势是利用自然元素使康复活动充满活力和创造力。

康复治愈型花园要高度重视无障碍设计，如在花园中设置开阔的草坪、搭建复健设施，可以供腿部残疾的人行走，进行肢体康复，同时在草坪四周设置一些花卉和座椅，使得行走的练习更具有趣味性，又能够随时休息（图 5-31）。

图 5-31　康复治疗型花园

5.2.2.2　康体保养型

（1）康体保养的目标。康体保养型康复花园面向健康或亚健康人群，以缓解人们紧张的心情、增强社会交流、强化身体素质为核心目标，更多的服务于亚健康病人，不以治疗疾病为目标。这类花园基于改善自然缺失症，自然恢复价值的观点，提供舒适的花园环境减轻人们压力、恢复情绪，增强体力的过程。康体保养型花园设计更侧重于迎合参与者心理、生理和社会的需要（图 5-32）。

（2）针对不同活动的康体保养。强调社会交往的康体保养是通过园艺课程学习，使参与者学习培土、播种、浇水、除虫等基本园艺技能，通过对植物的照顾，获得肢体的锻炼和精神放松，参与者之间互动交流抒发内心的想法，从而辅助治愈生理或心理疾病。各种关于植物鉴赏、植物分类、插花、盆景艺术方面的园艺活动，增加了参与者接触自然的机会，让参与者处于一个非特定记忆环境时，转移了患者的注意力，减少焦虑，减轻压力，对病人的康复效果最为突出。

图 5-32　康体保养型花园

强调静思冥想的康体保养是通过营造静谧的康复花园空间，让参与者静下心沉思或冥想（图 5-32）。据统计，2020 年全球预计有 3.5 亿人患抑郁症，我国抑郁症患病率已经达到 2.1%，却只有小部分患者寻求过任何社会支持和心理治疗，这是发展中国家抑郁防治中普遍存在的问题。康复花园可为抑郁症人群提供“静谧自然空间”，使他们能够有机会观察因忙碌工作而无暇顾及的风景，如馥郁的花香、舒适鲜明的花朵、叮咚泉水、柔软的白色沙发、晒太阳的小猫小狗，从而忘却工作的烦恼、上司的责问，回归人的自然属性，发现生活的惬意和美好。此类康复花园多以封闭型围合空间为主，但注意不可过于封闭而阻挡人的视线，以免产生孤独害怕心理。

5.2.2.3 自然体验型

游戏和体验是儿童建立有意义的关联和理解周围世界的最重要的方式，在自然中开展游戏是帮助儿童热爱自然和环境的最好方式。自然体验可以分为感官体验和活动体验。感官体验，关注儿童在花园内的感官刺激程度，如听觉，鸟鸣、虫鸣；触觉，柔软的叶片、粗糙的树皮；味觉，可食叶片和果实；视觉，不同色彩、不同形态的万物；嗅觉，芳香植物；在此类园中，收集各类奇异植物，引入各种动物的元素，如蝴蝶、鹦鹉、青蛙、蜗牛等，通过这些动物的活动和叫声，和使用者进行交互，达到感官刺激。活动体验，更关注儿童在花园内的活动与交流，提供儿童更多的社交机会，在花园中，组织儿童合作锯木、生火、采果等团体活动，增强儿童相互交流与合作，团队精神，在此类园中，要创造足够开敞的活动空间，分配不同游戏功能的场地，以供人数较多的团队使用（图 5-33）。

图 5-33 自然体验型花园

5.2.2.4 中药科研型

中药科研型康复花园的主要功能有中药科普、药食同源。科学研究是这类康复花园的主要功能，中药科普是康养旅游目的地的中国特色，是疗愈花园的重要组成部分，南药是指适合南方生长的道地药材，如巴戟天、广地龙、橘红、高良姜、金钱白花蛇、砂仁、佛手、广陈皮、沉香、广藿香等。疗愈花园可以因地制宜的栽植道地药材，一是作为中药栽植基地，以供康养基地的游客感受到中药的疗效；二是作为中药科普场所，进行景观规划设计，让人们接近中药的原生地，认识中药，达到科普效果（图 5-34）。

图 5-34　中药科研型花园

如广东地区许多南药植物的花、果、叶具有很高的观赏价值，其花色、叶色十分丰富，能提供不同视觉刺激的治疗效果，使人消除疲劳，增强体质，具有一定的医疗保健作用。南药植物中有很多都是药食同源，既是佳肴，又是滋补品，可帮助调整饮食结构，增进健康。在配置方面，可按照药效特点和药理作用分区，如中药的三高调理、行气活血、消食开胃、补肾壮阳、清肺利喉区、清热解毒、舒筋活络等功能。在疗愈花园中应用南药植物的同时应有较完整的解说系统和标识系统，帮助人们了解各种南药的形态特征、生长习性、药效功能等，不仅可以寓教于乐，实现科普宣教，还能吸引人才进行科研创新，实现南药的开发、保护和可持续利用。

5.2.3　疗愈花园的植物选择

5.2.3.1　保健型植物

据相关研究表明，部分植物的挥发物存在有微量药物成分。如愈创烯、芳樟醇、月桂烯、石竹烯、水芹烯、乙醛、乙酸、水杨酸甲酯、樟脑烯醛、乙醚、水杨酸及其衍生物等，这些都是医药上的常用物，具有疗愈效果。如丁香具有丁香酚，对净化空气、杀灭细菌具有良好的效果。这些挥发物在森林环境中的成分含量比较低，游客在这样的植物群落中活动，不仅不会对人体产生副作用，甚至可以达到防病治病的功效。因此植物设计首先在植物种类上要充分考虑保健类植物。芳香植物种类主要包括香花类、香草类，其中香花类可选用桂花、含笑、白兰、天竺葵、狗牙花、米仔兰、茉莉花、栀子花、九里香等；香草类可选用艾草、鱼腥草、野薄荷、罗勒、鼠尾草等。另外香樟、桉树、构树、鸡爪槭、石榴、海桐等乔木能分泌杀菌素，可以减少空气中的有害物质，对人体也有较大益处（图 5-35）。柳树、鸡爪槭、桃树等植物能释放出类似心脑血管保健成分。除此，还有紫薇、柑橘、马尾松、香樟、喜树、玫瑰、珊瑚树、洋甘菊、薄荷、桃叶珊瑚、女贞、紫茉莉、鼠尾草、右旋龙脑樟、厚朴等植物也一定的医疗效果。在设计时，要防止多种芳香类植物气味混合后产生的不良效果，设计时要充分结合场地环境，按照季节和功能分区种植。

图 5-35　保健型植物——香叶天竺葵、深蓝鼠尾草

5.2.3.2　释氧型和释放负离子植物

据相关研究显示，针叶类植物的针状叶片具有“尖端放电”功能，有利于改善空气中的负离子含量。针叶树种林分较阔叶树种林分空气负氧离子浓度高。因此，在进行释氧型群落配置时，以针叶林为主，配以释氧量较高的阔叶林能营造出一个释氧充裕且景观效果较好的空间。在进行康养植物群落配置时，以针叶林为主。释氧型植物可以选择杉木、湿地松、马尾松、侧柏、圆柏、龙柏、日本柳杉、南洋杉、落羽杉等针叶树种（图 5-36）。

图 5-36　释放负离子植物——针叶树类

5.2.3.3　可食植物

疗愈花园的园艺活动需要栽植部分可食植物（表 5-4、图 5-37），可食植物包括淀粉植物、蛋白质植物、糖料植物、食用油脂植物及维生素植物等。根据食用部位和功能，可食用植物主要包括叶菜类、根茎类、瓜果、豆类以及香料植物、药用野菜和可食用类花卉等。瓜果不但水分含量高，还有大量的纤维质，可以促进健康、增强免疫力。然而某种水果不一定适合所有人食用，主

要是对那些身体患病而对饮食有禁忌的群体。华南地区越夏的香料植物有薄荷、柠檬香蜂草、秋英、栀子、茉莉花、万寿菊、深蓝鼠尾草等。夏季生长健康，病虫害较少的叶菜类植物有苦荬菜、木耳菜、苋菜、空心菜等；耐粗放管理、习性强健的可食植物旱金莲、茴香、姜、芹菜、韭、香菜、柠檬草、番薯叶、锦绣苋、芸香、金盏菊、芦笋、桂花、火龙果等植物（余文想，2019）。

表 5-4 华南地区常用的可食用植物

季节	植物种类（含品种）
春夏季（22 种）	芋（*Colocasia esculenta*）、南瓜（*Cucurbita moschata*）、玫瑰茄（*Hibiscus sabdariffa*）、辣椒（*Capsicum camum*）、朝天椒（*Capsicum crnmum* var. *conoides*）、扁豆（*Lablab purpureus*[*]）、番茄（*Lycopersicon esculentum*）、黄瓜（*Cucumis sativus*[*]）、苦瓜（*Momordica charantia*）、西葫芦（*Cucurbita pepo*）、茄（*Solanmum melongena*）、大豆（毛豆）(*Glycine max*）、黄秋葵（*Abelmoschus esculentus*）、西瓜（*Citrullus lanatus*[*]）、玉米（*Zea mays*）、花生（*Arachis lypogaea*）、矮生向日葵（*Helianthus cnmus*）落葵（木耳菜）（*Basella alba*）、蕹菜（空心菜）(*Ipomoea aquatica*）、苦荬菜（*Ixeris polycephala*）、苋（苋菜）(*Amaranthus tricolor*)、紫苏（*Perilla frutescens*）
秋冬季（28 种）	樱桃萝卜（*Raphamus sativus*）、马铃薯（土豆）(*Solanum tuberosum*）、胡萝卜（*Daucus carota* var. *sativa*）、萝卜（*Raphamus sativus*）、豌豆（*Pisum sativum*[*]）、草莓（*Fragaria×amanassa*）、叶用芥菜（*Brassica jumcea*）、芹菜（*Apium graveolens*）、芫荽（香菜）(*Coriandrum sativum*）、紫菜苔（*Brassica rapa* var. *purpuraria*）、嫩茎莴苣（油麦菜）(*Lactuca sativa* var. *asparagina*）、茼蒿（*Glebionis coronaria*）、白花甘蓝（芥蓝）(*Brassica oleracea* var. *albjfora*）、白菜（*Brassica rapa* var. *glabra*）、栽培菊苣（苦苣）（*Cichorium endivia*）、生菜（*Lactuca sativa* var. *ramosa*）、羽衣甘蓝（*Brassica oleracea* var. *acephala*）、菠菜（*Spinacia oleracea*）、青菜（菜心）(*Brassica rapa* var. *chinensis*）、抱子甘蓝（*Brassica oleracea* var. *gemmifera*）、甘蓝（*Brassica oleracea* var. *capitata*）、旱金莲（*Tropaeolum majus*）、秋英（*Cosmos bipinata*）、金盏菊（*Calendula officinalis*）、角堇菜（*Viola cormuta*）、玻璃芭（*Borago officinalis*）、彩苞鼠尾草（*Salvia viridis*）、宽叶薰衣草（*Lavandula latifolia*）
四季（40 种）	香葱（*Allium cepiforme*）、姜（*Zingiber officinale*）、蒜（*Allium sativum*）、石刁柏（芦笋）(*Asparagus officinalis*）、番薯（*Ipomoea batatas*）、百香果（*Passijfora edulis*[*]）、柠檬（*Ctrus limon*）、量天尺（火龙果）(*Hylocereus tundatus*）、番木瓜（*Carica papaya*）、凤梨（*Ananas comosus*）、香蕉（*Musa acuminata*）、石榴（*Pumica granatum*）、无花果（*Ficus carica*）、香瓜茄（*Solanum muricatum*）、红果仔（*Eugenia unjfora*）、红凤菜（紫背菜）(*Gynura bicolor*）、鱼腥草（*Houttuynia cordata*）、韭（*Allium tuberosum*）、艾（*Artemisia argyi*）、罗勒（*Ocimum basilicum*）、甜万寿菊（*Tagetes lucida*）、茉莉花（*Jasmimum sambac*）、金银花（*Lonicera japonica*[*]）、薄荷（*Mentha canadensis*）、留兰香（*Mentha spicata*）、柠檬香蜂草（*Melissa officinalis*）、万寿菊（*Tagetes erecta*）、紫罗勒（*Ocimum basilicum*）、柠檬草（*Cymbopogon citratus*）、锦绣苋（*Alternanthera bettzickiana*）、芸香（*Ruta graveolens*）、芦荟（*Aloe vera*）、栀子（*Gardenia jasminoides*）、桂花（*Osmanthus fragrans*）、迷迭香（*Rosmarinus officinalis*）、深蓝鼠尾草（*Salvia guaranitica*）、胧月（*Graptopetalum paraguayense*）、碰碰香（*Plectranthus hadiensis* var. *tomentosus*）、茴香（*Foeniculuom vulgare*）、蒲公英（*Taraxacum mongolicum*）

注：资料来源于余文想等，2019。

图 5-37 可食植物——丁香罗勒、柠檬草、柠檬香蜂草、黄瓜

5.2.4 案例分析

5.2.4.1 美国伊丽莎白及诺娜埃文斯疗愈花园

荣获 ASLA 年度综合设计大奖的伊丽莎白及诺娜埃文斯疗愈花园，位于美国俄亥俄州克里夫兰市植物园内。设计师在构思该方案的过程中，将关注重心转向“有特殊需求”的人群，于是一些元素和设施就具备了一定限制性及特殊功能，进而使得该花园不是简单地为公众呈现丰富优美的景致，而是引导人们更多地通过感受细节体会其中的乐趣。花园由各个区域组成——适合游人安静休息的沉思区、供单个游客游玩或教育大批游客的示范探险区以及植物疗养区。沉思区是一个简单、雅致的空间，该区域的色调给人沉静安宁的感觉，所用材料充分体现与植物园的关系，并进一步烘托出图书馆雅致精美的细节设计。示范探险区位于沉思区低矮围墙的后方，该区域修筑高高的石墙，主要景观由一个瀑布、一个水池和池内覆满苔鲜的石块构成。石墙具有锻炼触觉、嗅觉、听觉的功能，墙上和种植床里高低错落的植物吸引着人们去闻，去触摸，感受园林带来的精彩和快乐。

植物疗养区是一个阳光明媚、宽敞开阔、色彩绚丽的区域。为了让行动困难的人也能“使用”园林设计师仔细挑选植物和设计技巧。十多种罗勒属植物栽种在这里，较长的生长期、不同的高度和花期使植物景观显得格外丰富，同时也为行走的游人和坐轮椅的病人提供了相同的感受花香的机会。这里的道路、活动区以及欢迎区都很宽敞，设计师根据行为动力学和多人疗养需要满足的条件进行设计。植物墙和狭长的小路则是为健康游人而准备，健康专家也非常欢迎健康游人来园了解植物疗养、植物学以及造园方面的知识（邹雨岑，2015）。

5.2.4.2 广东茂名森林公园二期——江南静好生态谷桃花园

规划建设的桃花园以四周水体围合建设成岛屿形式，即桃花岛，岛屿中心及四周水边种植桃花，山坡上建设森林迷宫。以桃树做迷宫墙，形式为八卦阵：设乾，西北；坎，北方；艮，东北；震，东方；巽，东南；离，南方；坤，西南；兑，西方。一个主入口设多条岔道，只有一条为无障碍通道。八卦点位（迷点）也可设置花坛或陷阱，增加趣味性。桃花岛中心建设“积翠亭”，供游客休息及眺望赏景。桃花的高价值观赏性和香味使人放松身心，减少副交感神经压力，结合道家理念的规划布局以形成良好的风水格局，游客可以在此练习太极、气功、瑜伽，具有很好的疗愈效果（图 5-38）。

图 5-38 茂名森林公园二期康养体验区

5.3 道路绿化规划设计

5.3.1 道路绿化规划原则

（1）道路绿化规划要以人为本，结合患者的生理和心里视觉变化，种植不同特性的具有特色的植物群落。

（2）道路绿化规划要结合当地地域文化，因地制宜、适地适树，兼顾经济价值，营造当地植物自然生态景观。

（3）道路绿化规划应根据需要配备灌溉设施，绿化区域的坡度、坡向要符合规范要求，防止绿地内积水和水土流失。

（4）道路绿化规划要融入周围环境，结合不同构造物，做到以乔木为主，灌木、地被植物为辅，和谐搭配。

（5）道路绿化规划要观赏性原则，注重不同时期植物色彩构成，以自然流畅的曲线和简约的色块布置道路绿化。

5.3.2 多种类型道路绿化树种选择

（1）主入口道路绿化。主要以大乔木或中乔木为主，灌木、植被相结合，利用自然的植物群落配置模式来美化道路。乔木选择树干笔直，树冠大荫浓，树形美观，有较强的抗性，滞尘能力强，耐贫瘠、病虫害少，花果无毒、无异味，花期长的植物。

（2）次干道。中乔木，选择部分大乔木，树形美观，有较高的观赏价值和治疗价值，耐修剪，花果无毒，无异味，对环境影响不大，病虫害少的植物（图 5-39）。

（3）专用步道。小乔木或大乔木，花色鲜艳，树形美观，观赏价值高，治疗效果好，花果无毒，无异味，对环境不会造成污染（图 5-40）。

图 5-39 次干道绿化

图 5-40 专用步道绿化

5.3.3 道路绿化的主要搭配及剖面做法

5.3.3.1 道路绿化的主要搭配

（1）主入口花之路。花之路是指森林康养基地的大门，通过各种不同花期花色的乔、灌、草植物自然搭配，营造出一种欢快迎客、轻松悠闲、喜洋洋的愉悦空间。拟选种植物有水杉、竹柏、灰木莲、乐昌含笑、白兰、观光木、火力楠、樟树、阴香、紫薇、水瓮、假苹婆、木棉、秋枫、山乌桕、红花羊蹄甲、无忧花、凤凰木、仪花、红苞木、红锥、小叶榕、火焰木、车轮梅、含笑、山茶花、红桑、红叶石楠、夹竹桃、鸡蛋花、金银花、爬山虎、凤尾竹、小琴丝竹、大叶红草、蔓花生、风车草、马尼拉草等植物（图 5–41）。

图 5–41 花之路

（2）车行道。森林康养基地车行道绿化设计，应考虑行车安全为前提，结合地域特色植物，以森林美学为指导，根据不同种植空间可设计单行或多行乔木，可采用乔灌结合的模式种植，一般适宜选择树冠大而浓密、干性笔直、飞絮落果少、病虫害少、养护管理便利的树种，拟选择紫荆、红花羊蹄甲、蓝花楹、阴香、深山含笑、竹柏、白千层、湿地松、樟树、八角树、土沉香、银杏、桂花、紫玉兰、乌桕、广玉兰等植物。

（3）康养步道。步道是连接森林康养基地各景点的纽带，是为游客提供自然、舒适、安全、私密的交通系统。可以采用行植或丛植的方式种植植物。让游客产生一种舒心、幽静、私密的感觉，拟选种杉木、黑松、罗汉松、肉桂、白兰、深山含笑、华润楠、土沉香、红花天料木、平安树、尖叶杜英、蒲桃、美丽异木棉、枇杷、秋枫、海南红豆、洋紫荆、红锥、铁冬青、喜树、黄花风铃木、团花、簕杜鹃、红果仔、鹰爪花、广东相思子、鸡蛋花、黄蝉、桂花、红草、万年青、大叶油草、使君子、凌霄、佛肚竹等植物。

（4）五感步道。在大自然中人们通过五感——视、听、嗅、味、触来提高对生命的感知，五感步道就是一种有光、热、声、绿视野、小气候，能释放独特化学物质的森林康养步道。植物景观就要结合运动疗法、气候疗法、芳香疗法、药草疗法等不同治愈方式进行分段设计。对树种选择要求高，拟选种黑松、竹柏、罗汉松、广玉兰、白兰、樟树、肉桂、山苍子、土沉香、枇杷、樱花、山乌桕、银叶合欢、红锥、人面子、粉花风铃木、紫薇、广东茶花、金花茶、桂花、茉莉花、藤蔓月季、紫背万年青、鱼腥草、马齿苋、蓝莓等植物。

5.3.3.2 剖面绿化做法

剖面绿化做法如图 5-42。

图 5-42　剖面绿化做法

5.4 防火林带规划设计

5.4.1 规划原则

（1）因害设防、整体优化配置原则。

（2）因地制宜、适地适树、重在实效原则。

（3）与森防阻隔工程相结合原则。

（4）防火功能兼顾环境保护和生态效能原则。

5.4.2 树种选择

防火树种要求具有抗火性和耐火性，并要求具有一定的生物学和造林学特性的树种。防火林带造林树种应选择常绿、树冠浓密连续、含水量大、耐火抗火力强、栽培容易、生长迅速、郁闭快、适应性强、萌芽力高、枯落物易于分解、枝下高低、抗火性强（根深、皮厚、含水率高）、抗病虫害的树种。主要的防火树种选择以荷木（图 5-43）、红荷、杨梅（图 5-44）、米老排（图 5-45）、网叶山龙眼、大头茶（图 5-46）等树种为主。

图 5-43　荷木

图 5-44　杨梅

图 5-45　米老排

图 5-46　大头茶

5.4.3　设置要求

防火林带的设置根据地形、地势的不同以及防火期的最大风速，防火林带设计宽度应大于 15m。林带尽量选设在山脊、山脚、山口、沟谷风口、林缘处、人为活动频繁处和生产点等的周围布设。在林带设置过程中，根据基地的林分、道路、河流、山脉地形条件做到因地制宜改造，保证防火林带与防火线形成天然的防护网，将基地分割为阻隔封闭区，有效控制火势蔓延（图 5-47）。

图 5-47　防火林带实景

5.4.4　造林技术

防火林带营造采用人工植苗造林方式，种苗采用容器苗育苗技术，采用裸根苗。林地清理采用带状伐除全部非防火树种，清除灌木和杂草。植穴采用穴状明穴整地，植穴规格视立地条件采用 50cm × 50cm × 40cm。根据建设林带的立地条件、树种生物学特性适当密植，栽植株行距 2m × 2m 或 2m × 1.5m（图 5-48）。造林季节选择春季或秋季，以下过一、二场透雨，出现连续阴天时为宜。在栽植前结合整地施 0.5kg 基肥施于穴底。当成活率低于 85% 时，应于造林后的第 2 年或第 3 年用同龄大苗补植。造林当年进行林带抚育 1 次，以后每年进行 1 ～ 2 次，直到幼林郁闭为止。抚育要进行除草松土，松土应里浅外深，不伤害苗木根系，造林当年追肥 1 次，第 2 年起至林带郁闭前，可与除草松土结合开展追肥，在苗的两侧 25 ～ 30cm 采用穴施，每株施复合肥 0.3kg。在每年防火期到来之前要清理一次林下易燃灌木、杂草、枯落物等地表可燃物，并及时防治病虫害，防止人畜破坏，严禁乱砍滥伐。

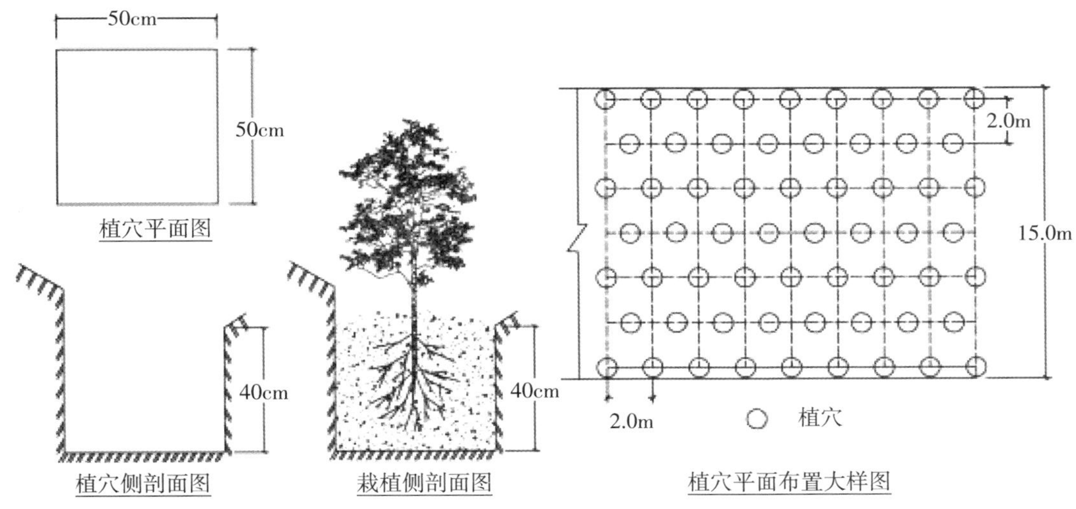

图 5-48 防火林带设计图

参考文献

陈晓庆，吴建平，2011. 园艺疗法的研究现状 [J]. 北京林业大学学报：社会科学版，10(3): 41–45.

陈艺芬，2009. 论植物园在生物教学中的运用 [J]. 柳州师专学报 (6).

董丽，胡洁，吴宜夏，2006. 北京奥林匹克森林公园植物规划设计的生态思想 [J]. 中国园林，(08):34–38.

李飞，刘桂珍，1997. 我国芳香植物资源及其开发利用前景分析 [J]. 科技导报 (3): 58–60.

梁金兰，郭双宙，2004. 森林公园植物景观规划设计初步 [J]. 南京林业大学学报 (自然科学版)(02): 83–86.

梁永基，2002. 医院疗养院园林绿地设计 [M]. 北京：中国林业出版社 .

林玉莲 . 胡正凡，2006. 环境心理学 [M]. 北京：中国建筑工业出版社 .

佘文想，李自若，2019. 广州市屋顶栽植可食用植物的适应性评价 [J]. 广东园林，41(04): 28–33.

张月莹，张萌，2019. 探讨森林公园植物景观规划设计思路 [J]. 现代园艺 (06):87.

邹雨岑，2015. 康复花园植物景观设计 [J]. 土木建筑与环境工程，37(S1): 133–138.

Stephen Lau，2009. Introducing healing gardens into a compact univer–sity campus: Design Natural Space to Create Healthy and Sus–tainable Campuses[J]. Landscape R esearch，34(1) : 55–81.

Westphal J M. Hype，2000. Hyperbole and Health: Therapeutic site de–sign[C]. Benson J F，Rowe M H. Urban Lifestyles: Spaces，Places，People. Rotterdam: A. A. Balkema.

第六章　基础工程规划设计

6.1　基地交通规划设计

6.2　康养步道设计

6.3　森林骑行道规划

6.4　给排水工程规划设计

6.5　供电工程规划设计

6.1 基地交通规划设计

6.1.1 设计原则

6.1.1.1 生态性原则

以支持构建区域生态安全格局、优化康养基地生态环境为目标，充分结合现有地形、水系、植被等自然资源特征，保持和修复道路及周边水库、湿地、野生动物栖息地等生态地区的原生生态功能，协调好保护与发展的关系。遵循最小生态影响原则，避免因在生态敏感区修建慢行道和服务设施而干扰野生动植物的生境。

6.1.1.2 连通性原则

因地制宜采取有效措施，充分利用现有的山体、水系和道路等自然廊道，结合康养基地总体规划，将社区道路、区域道路、城市道路贯通起来形成网布局，发挥道路沟通与联系自然生态斑块和历史、人文节点的作用，并提供城市居民进入郊野休闲、游憩的通道，发挥道路交通系统的整体效益。

6.1.1.3 安全性原则

坚持“安全第一，预防为主”的工作方针，突出以人为本，以慢行交通为主，避免与机动车的冲突，同时通过采取合理的工程安全措施，完善道路的标识系统、应急救助系统以及与游客人身安全密切相关的安全防护设施，消除道路中的安全隐患，充分保障使用者的人身安全，让道路洋溢“人文的关怀”。

6.1.1.4 便利性原则

道路交通系统规划选线与城镇体系规划及市域相关交通规划相协调，增加康养基地区域道路与周边城镇功能区直接连通的机会，加强道路交通系统与公共交通网络及慢行系统的衔接，完善换乘系统，提高道路交通系统的可达性；完善各类服务设施，并采用“大集中、小分散”的方式进行设置，提高设施使用效率，方便居民使用。

6.1.1.5 景观性原则

充分依托康养基地独特的森林资源和人文景观资源，优选线路，精心设计，以突出康养基地“自然”“古朴”“野趣”的景观特色。选线时尽可能做到有景可观，步移景异，避免单调平淡。同时注重道路自身结构物的美化，并通过绿化、美化改善绿廊环境，把道路建设成一道亮丽的风景线，提高游憩的观赏性和愉悦性。

6.1.1.6 可行性原则

顺应地形地貌，合理利用现有资源，进行规划选线和设施布置，尽量减少开挖、征地等工作，做到技术可行、经济合理。新增设施应利用优良性价比的、反映健康绿色生活的新技术、新材料、新设备，既要易于施工建设又要方便维护管理，降低工程量和经济成本，又好又快地完成道路交通系统建设。

6.1.2 设计依据

6.1.2.1 地方政府文件类

《广东省道路交通系统建设总体规划（2011—2015年）》。

6.1.2.2 行业规范类

（1）《自然保护区工程设计规范》（LY/T

5126—04）。

（2）《康养基地总体设计规范》（LY/T 5132—95）。

（3）《森林防火条例》（2009 年 12 月 1 日）。

（4）《林区公路工程技术标准》（LY 5104—98）。

（5）《公路水泥混凝土路面设计规范》（JTG D 40—2002）。

（6）《公路路基设计规范》（JTG D30—2004）。

（7）《公路沥青路面设计规范》（JTG D50—2006）。

（8）《道路交通标志和标线》（GB 5768.3—2009）。

（9）《透水混凝土路面技术规程》（CJJ/T 135—2009）。

（10）《彩色沥青路面技术指南》。

（11）《木结构设计规范》（GB 50005—2003）。

（12）《防腐木材》（GB/T 22102—2008）。

（13）《混凝土结构设计规范》（GB 50010—2010）。

（14）《城市道路绿化规划与设计规范》（CJJ 75—97）。

（15）《城市绿地设计规范》（GB 50420—2007）。

（16）国家及地方现行有关的其他规范及规程。

6.1.3　机动车道设计

机动车道指康养基地内的联络各景点的交通车道及服务性道路，因此要根据功能定位设计使用强度及开发建设程度。

6.1.3.1　功能分析

（1）具备基本的运输功能。

（2）可兼具景物解说、观赏与游憩教育等多元功能。

（3）必要时为紧急联络及灾难救助的通道。

（4）提供旅游者良好的康养体验。

6.1.3.2　注意的问题

（1）道路选线不当，穿越地质不稳定地区，造成损害率高。

（2）道路宽度未充分考虑使用情况及需求，路幅宽度设定不当，破坏环境及浪费资源。

（3）缺乏动物迁徙廊道，导致生态系统遭到过度分割。

（4）通行车辆种类及数量管理不善，降低游憩质量。

（5）未能与环境结合及利用原有路径设置，增加设置费用，也无法提供良好的视觉质量。

（6）未预留管线位置，或施工质量不良，造成路面填填补补，影响行车的舒适性。

（7）相关设施设置不当，如指示标志设施混乱，导致驾驶者无所适从；植物未修剪，影响视野。

6.1.3.3　规划准则

（1）选线。

①利用原有的道路，避免开辟新路线而对环境造成破坏，同时可节省经费。

②避免在景观资源脆弱处、野生动物栖息地、水源涵养区、海岸移动性沙丘区及地质松软或岩石不稳、易于塌方之处设立。

③应尽量配合地形沿等高线规划配置，路线可采用自然曲线形，减少对景观资源的改变或破坏。

（2）配套设施。

①车道的设置除道路本体之外，还包括边坡、护栏、排水、照明、道路植物等相关设施，除提供安全的行车环境外，还应考虑舒适、具景观美感的行车空间。

②避免在视野景观优良之一侧设置灯具、电线杆及新植乔木等。

6.1.3.4　设计准则

（1）宽度。

①为保持康养基地道路的整体性，对于同一线的车道应采用相同的宽度标准。

②主要道路应以双线（6 ～ 10m）为宜，但在受地形限制的区域或为减轻对环境的影响时，可改为单向的环状道路（3 ～ 5m）。

③在曲线转弯处，则应考虑其曲率半径，在道路转弯的内侧予以加宽。

（2）坡度。

①路线的选择应尽量沿着地形等高线走向选定。

②坡度以小于 2% 为宜，道路的坡度与行车速度有关（表 6–1），一般道路的坡度应在 10% 范围内，最大纵向坡度不宜超过 10%。

③行车速度及回转半径（曲率半径）：赏景及保持交通流畅的最佳行车速度为时速 30 ～ 40km；回转半径的大小根据行车速度快慢而不同（表 6–1）。

（3）铺设方式。

①分透水性及不透水性铺设方式，在康养基地内车道设置以透水性铺设为首选方式。

②在透水性不佳的基地，需在碎石层下增设一过滤沙层。

③若采用不透水的混凝土铺设，应设计伸缩缝（每 5m 设置一处）及装饰缝。

④山岳型地区的沥青、混凝土铺设应采用防冻措施。

表 6–1 行车速度与道路设计标准关系

设计速度（km/h）	最小曲率半径（m）	行驶时注意焦点（m）	视角（°）	路面最大坡度（%）
20	25	40		12
30	30	45	120	12
40	50	55	100	11
50	80	65		10
60	120	75	65	9
70	170	95		8
80	230	115		7

6.1.4 主要路面结构设计

6.1.4.1 沥青混凝土路面

沥青铺装层厚度为 6cm，为多层式结构，采用密级配热拌沥青混合料 AC–16。在加铺前应对原有水泥混凝土路面进行拉毛或铣刨处理，深度为 0.5 ～ 1cm，确保新铺沥青混凝土与原有路面有效结合。为延缓或减少反射裂缝的产生，采用玻璃纤维格栅与防水黏结层综合整治措施，铺设在水泥板上。

6.1.4.2 彩色混凝土路面

路面结构采用 180mmm 厚 C35 彩色混凝土路面（红色）。路面基层混凝土初、终凝阶段，分两次撒由砂、水泥、无机颜料氧化铁红及添加剂混合而成的彩色固化粉；两次均进行收光。基层混凝土终凝阶段，均匀地撒脱模剂。用模板压出花型或纹理。混凝土经过适当清理和养护后，用高压水枪清洗脱模剂，待其面层干燥后，用专用工具将保护剂喷洒或涂刷于混凝土表面。

6.1.4.3 彩色透水混凝土路面

路面结构为基层全透水形式，面层采用双色组合层设计（图 6–1 至图 6–4）。

图 6-1　沥青混凝土路面

图 6-2　彩色透水混凝土路面

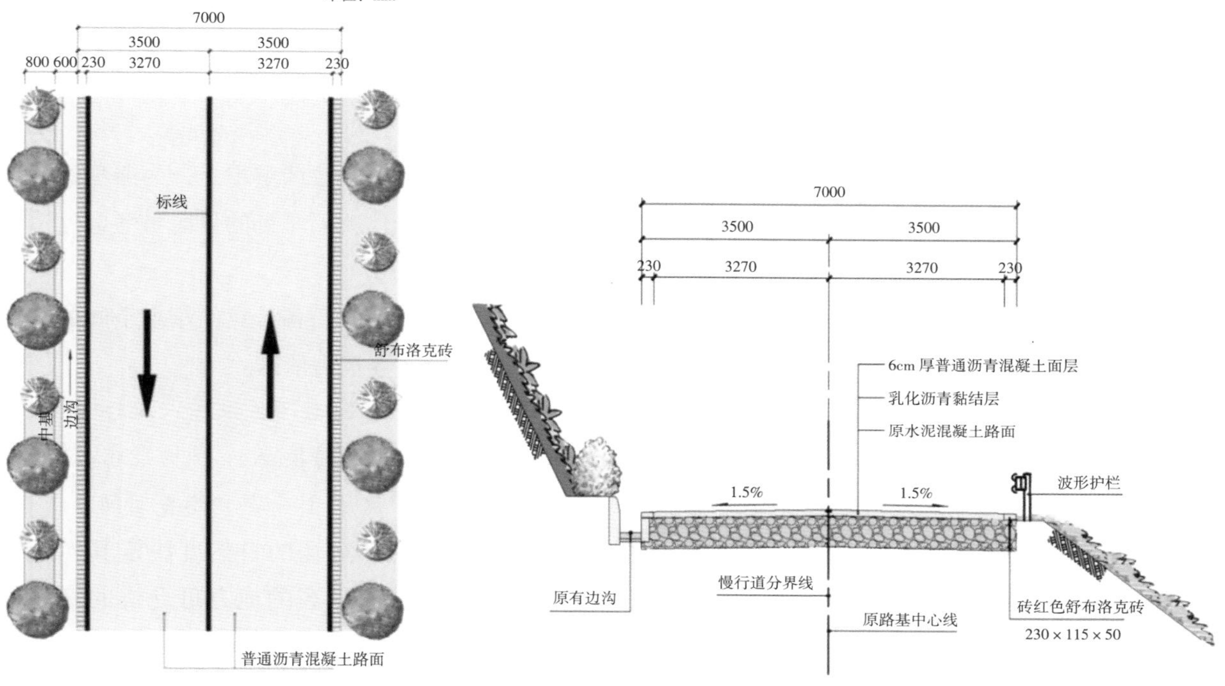

图 6-3　沥青混凝土路面做法

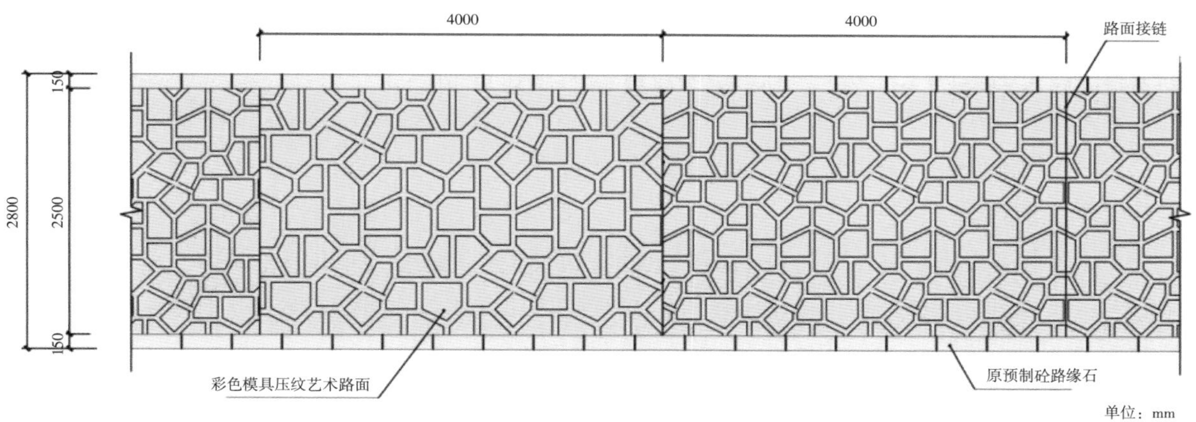

图 6-4　彩色透水混凝土路面做法

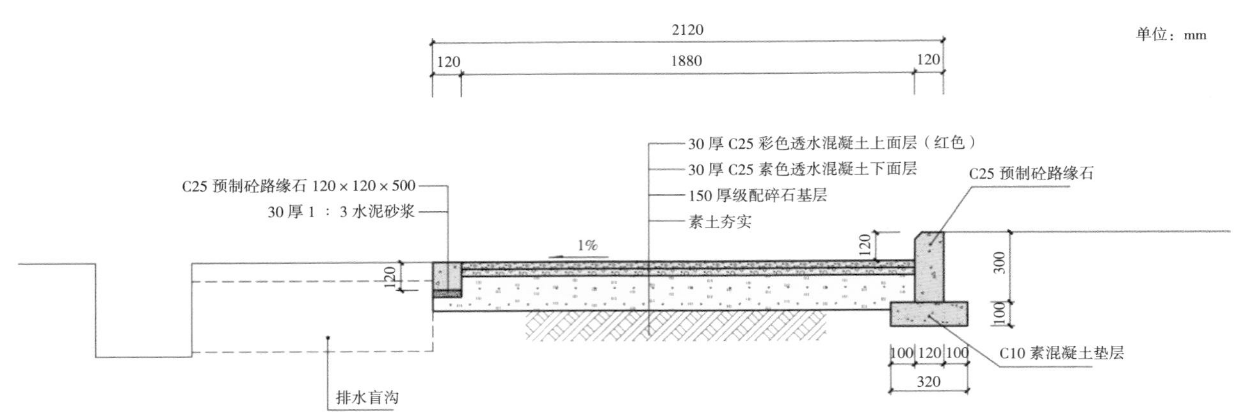

图 6-5　彩色透水混凝土路面结构

6.1.5　停车场设计

基地停车场是为游客提供停车服务的场所，用于满足游客各种车辆停放的需求。常见的车辆类型有大型客车、中小型客车以及摩托车和电瓶车。园区应根据游客规模科学设置停车场数量，宜建成生态绿荫型停车场，地面铺装宜采用生态环保材料。生态停车场宜采用组团式、分散式的布局。停车场设计要与环境协调，利用地形地貌，融合自然资源，使停车场成为景观。

6.1.5.1　停车场规划原则

（1）强调自然协调。风景区停车场规划的首要问题是“自然”，包括场地本身的“自然”及与周围风景衔接的“自然”。最好是借用自然的地形，就势建造。停车场区内大客车与小汽车要分区停放，用绿化及道路划分出各自的停车空间。小汽车停车场常常结合场地地形及建筑物布置情况灵活分散成几个组来布置。

（2）尽量留地于人。条件特殊的地方也可以将停车场建在地下。

（3）设置服务设施。要在整个停车场的合适位置分散布置一定数量的公厕、休憩坐凳等，方便游客使用。

（4）设置临时停车场。有些景区的旅游季节性非常强，旺季停车位严重不足，为避免破坏环境，不适合再修建新停车场的景区可考虑建造临时停车场。

（5）停车位计算。各景点停车场空间的容量计算以最大日游客量为依据。

预计所需停车位数 =（旅客人次 × 使用该交通工具概率）÷（转换率 × 平均乘客人数）

转换率 = 开放时间 ÷ 平均游览时间

根据所设定停车场的自然度决定其容量的上限，环境自然度越高的地方可允许的停车量越少。考虑假期及旺季的需求，保留弹性的停车空间。

（6）选址。停车场的选址应考虑以下问题：①选择坡度平坦、排水良好的地方；②考虑与主要活动区或地点的步行距离；③避免选择眺望视野的轴线上，以及自然资源脆弱之处、生态保护区或需要过多的挖方与填方之处；④其位置应与附近游憩点、景点及交通旅游路线相互配合；⑤在一般自然性景区、低密度开发区，可设置在接近景点的地区；⑥在一般开发区、高度开发区，应在游憩点入口或邻近处设置停车场（图 6-6）。

图 6–6　绿化及道路划分出各自的停车空间

6.1.5.2　设计准则

（1）车位尺寸。①车位尺寸以符合建筑技术规范规定的车位尺寸为主。②应设置身心障碍者专用停车位（图 6–7）。

图 6–7　停车场配套设施

（2）坡度。①停车场的坡度应大于 1%，维持其自然排水，但不宜大于 3%。②当坡度过大时，采用阶段式停车场，连接各阶段的坡道的坡度最大不得超过 1∶6。③身心障碍者专用停车位以内切式设置，侧坡坡度不得超过 1∶8，其连接步道的无障碍坡道坡度不得超过 1∶12。

（3）停车方式及车道宽度。①停车场的停车方式主要有与道路平行停车、垂直停车、45° 停车、90° 停车 4 种。②单车道宽度应在 3.5m 以上。③双车道宽度应在 5.5m 以上。④停车位角度超过 60° 者，其前方车道宽度应在 5.5m 以上。

（4）铺面结构。①由于停车场所占的面积较大，因此铺设方式应采用透水性软底铺设加植草砖铺设，以利于地表水下渗，避免产生较大的地表径流，增加土壤的含水量，利于植草生长（图 6–8）。②大客车使用的车位的基础层厚度须大于轿车。③供假期及旅游旺季使用的临时停车场，利用现地平坦的空间，不需做面层铺设。

（5）铺面材料。①在不同功能的车道、车位及步道空间内，可运用不同形式及材料的铺面，以加强停车场内不同分区的空间感和多样性。②应选用耐候性、耐久性及易维护等特性的材料，方先应考虑天然材料，如石材、回收材料（如现地开挖的碎石、废弃枕木）等。③停车场内的车道及人行步道铺面材料选用以联结道路材料相配合为宜。④各种停车场铺面材料的特性见表 6–2。

图 6-8 植草砖铺面

表 6-2 停车场铺面材料特性

材料名称	优缺点	优缺点	适用铺设方式特性	备注
天然石材	①指在地表上或靠近地表所取的岩石，如花岗；②形态、大小不一，可经适度切制或加工成适宜使用的尺寸，厚度宜 8cm 以上	优点：①可表现出质朴的环境特质；②可拼铺成各式图案；③经时间的累积可呈现历史感等人文特质；④耐候性强，与环境结合度佳	软、硬铺皆可	宜采用透水性软底铺设
		缺点：①硬底铺设的舒适性及透水性较差；②软底铺设难度较高，经常使用时易有石材松动之虞；③成本高；④浅色石材在大面积铺设时日照的反射率高	适用于多功能使用的停车场	
沥青混凝土（柏油）	① 5cm 厚的柏油，下铺设 15 ～ 25cm 厚的碎石底层，以利排水；②以黑色为主，另配有其他颜色	优点：①表面具弹性，行走舒适度高；②成本低；③施工简便快速；④耐压及耐磨性高	软、硬铺皆可	
		缺点：①与环境结合度差；②透水性差；③夏季表面温度高	①使用率极高的停车场；②柏油路两侧的路边停车场	
植草砖	①最廉价的材料之一；②具有各种孔隙的植草砖，孔隙间种植耐践踏草种	优点：①经济耐用；②成本低；③与自然环境结合度较高；④透水性佳	软底铺设	身心障碍者专用车位不适合使用
		缺点：①施工过程及排水设施宜妥善处理；避免植物死亡；②耐压性较差；③不利行走	中、低度使用率的停车场	
高压混凝土砖	①以高压混凝土砖为主，表面经各式处理具各种质感；②具有各式形状、尺寸及颜色，厚度以 8cm 以上为宜	优点：①经济耐用，易维护管理；②成本较低；③施工简便；④可拼铺成各式图案，具多样变化；⑤软底铺设的透水性佳	软、硬铺皆可	应采用透水性软底铺设
		缺点：①与环境结合度较差；②色彩较为鲜艳，在自然度高的地区使用时，须注意色彩的搭配	①适用各类型停车场；②多功能使用的停车场	

（6）排水系统。因地形不同，排水方向应顺应原始地形，可排向两边、倾斜于单边或集中于中央再汇集经地下排除。大型停车场应埋设排水管或设盖板沟排水。

（7）边坡处理方式（图 6–9）。①平缓、土质稳定的边坡利用植物美化，如种植灌木、草本等。②平缓、土质尚稳定的边坡如砌卵石护坡，以增加停车安全性，可在护坡上方种植藤蔓植物，达到绿化效果。③陡峭、开挖较高的边坡为预防塌方，应通过验算边坡的稳定性，采用不同的处理方式，如挡土墙防护、预应力砼网格护、喷锚防护等。

图 6–9　沥青铺面

（8）绿化。①停车场的绿化应考虑遮阴性及与四周环境植物的配合。②在停车场出入口及转弯处，应选择较低矮灌木或草本植物或高大乔木，避免遮挡视线（图 6–10 至图 6–11）。

停车场具体设计参照《停车场规划设计规范》。

图 6–10　停车场绿化效果

图 6–11　生态停车场采用植物材质进行铺面

6.2 康养步道设计

康养步道是为游客提供游览康养基地景观的设施，凭借步道路线的设计，可增加游客与自然亲密接触的机会，步道铺面材质的安全性、舒适性可直接影响游客的游憩体验。森林浴的主要形式是通过步道深入林中进行适当运动和游憩，因而步道的设计至关重要。最佳步道应具有以下特点：①可以自由地步行令人忘却疲劳和烦忧；②可以姿意欣赏美景精神轻松愉快；③可以边行走边作深呼吸；④参加人数可以自由调整；⑤可依年龄及体力选择适当的路线；⑥步行者可以随意停歇；⑦应充分表现森林特征，体现其功能。

6.2.1 步道功能分析

联结旅游区内各景点，提供登山、健行等步行为主的游憩活动设施，引导游客进行游憩活动，包括规范其游憩路线、限制其活动区域，促进游客身心健康，减轻压力。

6.2.2 设计选线应考虑因素

（1）尽量利用基地原有的道路，减少开辟新路线而对环境造成破坏，节省投资。

（2）避免在地质松软或岩石不稳、易于塌方之处。

（3）除登山步道外应尽量顺应地形沿等高线方向设计，路线可采用自然展线，减少对景观资源的破坏。

（4）步道应设有回路的环状系统，以充分利用景区景点、历史文化、自然资源等。步道起点的进出应方便易找，应与公共交通或停车场相衔接。

（5）与已有步道系统整合，应尽量简化并设定其主从关系。

（6）规划路线应兼顾最小的维护需求及最大的景观变化。

（7）在游客使用、管理需要、地形和气候特点都允许的情况下，步道的选定应能满足冬季和夏季的活动要求。

（8）应配置步道联络网络，疏散游客，以减少过度使用的路段。

（9）应考虑不同游客使用的强度要求及步道本身的环境条件的限制，设计步道类型，如主、次要步道，功能型步道（如健身步道、登山步道等），合理的定位能使步道发挥充分的效能。

6.2.3 与环境协调

（1）建立与自然协调共存的道路，需服从于地质、地形及生态系统特性（图 6–12）。

图 6–12　康养步道路线依山势而行（丽水草鱼塘）

（2）应尽量配合地形，沿等高线规划配置，以减少地形地貌的破坏为原则（图 6–13）。

（3）游步道设置不应过度改变地形及高度，道路整地应尽量符合挖填平衡的原则。

（4）为配合解说的目的，游步道应蜿蜒而行以充分利用环境，如景点、历史文化、自然资源等。

（5）步道路径上的乔木应尽量予以原地保留。

（6）对动物迁徙路径，应设置迁徙廊道。

图 6-13　康养步道与森林环境相协调（丽水草鱼塘）

6.2.4　配套设施

（1）以自然资源或人文历史背景为主题，可增加游客使用该步道的意愿。

（2）步道除路面本体之外，还包括排水设施、栏杆、阶梯、桥梁等相关辅助设施，需整体考虑各辅助设施单元之间的协调性、结合度。

（3）自导式的游步道设计应提供步道沿线的环境信息，增加游憩的趣味性及深度，良好的标识系统可使游客了解所在的位置及与全区的关系，有助于游客掌握时间及体能状况（图6-14）。

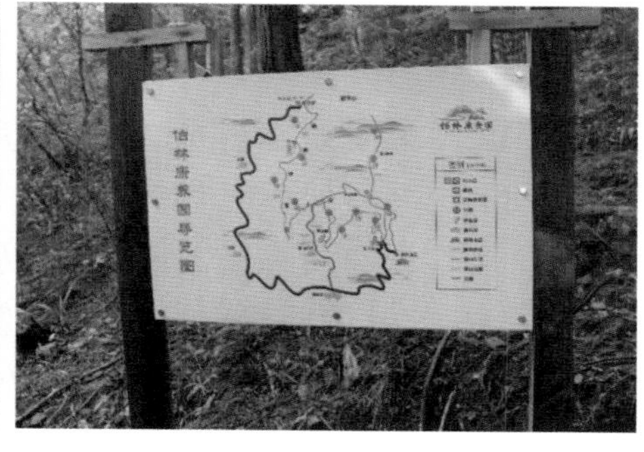

图 6-14　康养步道配套设施（丽水草鱼塘）

6.2.5　康养步道设计方法

6.2.5.1　平面

（1）平面设计首先要考虑的是完成森林康养基地游览功能，路线走向符合总体规划要求。

（2）步道路线设计要避开较陡的自然边坡和避免较长的直线路线，以曲径通幽为美。

（3）较陡的坡步道设置要以“之”字形展线设计，不可直上布置；并应尽量顺地形设置，或以植物提供掩护及保护。

6.2.5.2　纵坡

（1）森林游览步道的纵坡应尽量用台阶来消除，不宜设太陡的斜坡路，超过 18% 坡度的游步道应设置阶梯。

（2）纵坡在 18% ～ 45% 的地区应采用“之”字形展线设计。

（3）纵坡大于 45% 的步道两侧必须设计防护设施。

6.2.5.3　宽度

森林游览步道宽度以 1.2 ～ 3m 为宜，可根据游客量来确定步道宽度。森林核心区步道宽度一般为 1.2m 或 1.5m，一般游览区的步道宽 2m。在景观核心区，游人聚集的地方，步道设计宽度可以扩大到 3 ～ 4m。步道的台阶踏步宽不应小于 36cm，不宜大于 45cm，高度在 12 ～ 17cm。

6.2.6 路面的结构要求

（1）步道经过悬崖、陡壁或地质较不稳定地区，应设计栈道或栈桥跨过，宜采用木结构。

（2）海滨型森林康养基地具有海浪侵蚀的问题，应强化临海面边坡的稳定工程，并采用硬底铺设，以避免地基遭大浪冲蚀而被淘空，设为水泥砼结构。

（3）山岳型基地的步道多为登山步道，应采用软底铺设，同时配合排水及边坡稳定设施，避免雨水冲刷造成路基土流失，设为沥青路面。

（4）湖泊型森林公园通常客流量大，游客使用步道的强度高，应针对主要旅游路线强化其耐用性，可采田水泥砼结构，在次要步道则可采用软底铺设（砂石路面），以避免大面积的硬铺面降低了土壤的透水功能。

6.2.7 路面材料

（1）选取原则：强度高、耐久性好、排水性良好、与环境协调、耐候性佳、环保及易维护管理等。

（2）不同的自然环境下使用的路面材料应能融合并保护当地的自然环境。

（3）材料选用可为当地现有或当地常用材料。材料的获取可为当地开发的回收材，如开挖的碎石、拆除建筑物的回收砖等。

（4）材料本身特性，如膨胀系数、是否易生青苔等应能满足当地气候条件限制。

6.2.8 排水设计

如果不设排水设施，路基很快会被冲毁。排水系统包括步道的边沟排水、涵洞、表面截水沟等设施。边沟排水有“U”形沟、矩形沟、梯形沟及自然排水沟等形式，在自然度高地区宜采用自然排水沟的方式，以增加生物栖息的空间。边沟设计一般尺寸为 20cm × 20cm 或 20cm × 40cm，由于流量较小，因此边沟的水排向坡外时，可以通过涵洞或设简易的 PVC 排水管排到山体外。在经过大的溪流和山沟时，需设计排水涵洞，涵洞埋设深度需达 50cm 以上，其出口处设消能坎池。地表的截水沟应根据步道坡度情况一般在坡道的终点及弯道的起点设置（图 6–15）。

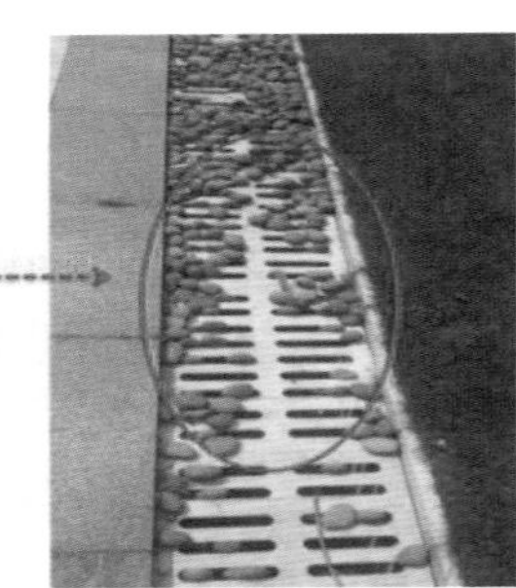

图 6–15　利用排水渠或道路边沟进行排水

6.2.9 应注意的问题

（1）过于复杂的步道系统使游客无所适从。

（2）步道宽度考虑不当，降低游憩质量。

（3）铺面材质未考虑当地气候条件限制，致使损坏率高，影响旅游者的安全。

（4）为求铺面铺设平整而采用硬底硬铺方

式，降低了土壤的含水功能。

（5）缺乏维护管理，表面材质龟裂不利于行走。

（6）表面材质选用不当，不利于行走或与环境无法结合。

6.2.10 维护与管理

（1）步道规划应考虑将来在施工、边坡稳定、景观复旧、维护等方面的难易度。

（2）必要时应预留管线的通路，在上层统一留设检修孔，或与排水沟共构等方式，以减少路面的破坏。

（3）避免使用过于复杂的图案铺面，以避免增加备料及维护检修上的困难。

（4）施工时需规范其作业范围，避免造成当地地貌及生态系统的过度破坏。

（5）施工现场重要的乔木、巨石应在施工前到现地标注，避免工程造成的破坏。

6.2.11 不同形式的康养步道

不同形式的康养步道如图 6–16 至图 6–25。

图 6–16 原始土径——不设置铺装材料，保留最自然的美

图 6–17 木屑步道——在路面铺设碎木屑，触感柔软（丽水草鱼塘）

图 6-18　水中步道——采用汀步、栈桥的形式增加趣味性（浙江莫干山、南宁园博园）

图 6-19　木（竹）桩步道——以用木材或竹材间隔铺设，结合自然落叶，营造古朴之美（洪雅玉屏山）

图 6-20　碎石步道——在路面上铺设碎石，营造粗犷质感

图 6–21　采用木桩与石块相结合的铺设方式，软硬结合，给人不同的触感（洪雅玉屏山）

图 6–22　石步道——采用石材铺设步道，石块的坚硬质地与自然柔和融为一体

图 6–23　木栈道——与自然环境融为一体，既可地面铺设，也可架空铺设（洪雅玉屏山）

图 6-24　全架空方式的空中栈道，不一样的视觉环境与康养感受（洪雅七里坪）

图 6-25　仿木栈道——既有木栈道淳朴的质感，又增强了实用性（洪雅七里坪）

6.2.12　五感步道规划

路面采用石板、石砌台阶或透水砖时，险陡处应增加护栏，利用沿途不同区段的景象或设施调动人的视觉、听觉、嗅觉、触觉、味觉“五感”，从而使人感到舒适愉快、减压放松，对人体具有一定的疗愈作用。在视觉区段游客通过观看道路旁的科普宣传牌来了解植物知识，以及通过园区内的自然景色来达到视觉上的放松；在听觉区段利用传声装置使游客更清晰地听到山涧流水、虫鸣鸟唱；在嗅觉区段通过种植花香植物、放置香盒来感受森林的芬芳气息；在触觉区段通过设置有特殊触感的铺砖或抚摸植物来刺激人体的触觉；在味觉区段通过摘尝沿途种植的薄荷等植物来体验林间天然滋味（图 6-26 至图 6-27）。

图 6-26　视觉听觉美感（浙江莫干山）

图 6-27　大自然中不同的触觉感受（浙江草鱼塘）

6.3　森林骑行道规划

森林骑行通常是指以自行车为主的交通形式，在城市空气质量日益下降的情况下，森林骑行这种有氧健身活动是时代的潮流，骑自行车进行有氧运动是森林康养基地为人们提供的另一种休闲服务。森林康养基地的骑行道与普通道路不同，让游客舒适骑行、沐浴森林气息的同时，还起到连接景区内各景点的作用。同时可以与省内各地森林公园、风景名胜区、城市公园等原有的绿道、碧道相连接。

6.3.1　森林骑行道的功能

森林骑行道具有运动健身、休闲自助游憩的功能，减少使用汽车，节能减排，符合当今提倡低碳生活的要求。

6.3.2　总体要求

（1）连接众多道路的起止点，与机动车道和游览步道为一完整的道路网络系统。

（2）具备安全性、舒适性、趣味性及教育性。

（3）具有完善的服务设施。

（4）应避免与机动车道混合行驶。

（5）美学要求。道路的建设要有美学要求，与景点历史、自然风光相结合，满足游人对美的追求需要。

（6）生态环保要求。骑行道与景区地形地貌相结合，既要满足通畅要求，也要注意对环境的保护，尽量减少对自然资源的破坏。

6.3.3　总体设计要求

（1）一条完整的自行车道，应包含入口自行车租赁停放场、车道、中途休憩停留观景点等（图 6-28）。

图 6-28　自行车入口标识

（2）入口租赁停放场应配置有大众运输工具的转运停靠点、休憩等候集合广场、紧急联络设施及必要的环卫设施等（图 6-29）。

图 6-29　自行车驿站

（3）自行车道的设置除道路本身以外，尚包括边坡、护栏、排水、照明、道路植物种植、停车设备等。

（4）自行车道沿线应设置指示、警告、禁止标志等。本次设计包含旅游信息与导向标识系列，统一风格与样式，使之形成标志，强化系统性。

（5）景观休憩停留点应设置休憩座椅、遮阴棚和自行车停放架。

（6）防火、紧急救助规划。森林公园一般植被丰富，游人复杂，很容易由于旅客的疏忽大意造成火灾。在一些植被丰富的地方森林地区一定要有足够宽的道路用于消防紧急救助。骑行道有些路段会铺设成木头道路，这些路段要有辅助消防设备。当遇到一些突发事件造成人员伤亡时有紧急快速救助通道。

6.3.4　设计方法

（1）道路宽度。①为保持森林道路的整体性，对于同一线路的自行车道系统应采用相同的宽度标准。②森林的自行车流量一般不会很大，同时为了避免过多破坏环境，森林自行车道宽设为 3m。③在车道转弯处，应根据地形条件，在自行车道转弯的内侧予以适当加宽。

（2）道路纵坡。①自行车道纵坡不宜太大，应根据地形坡度走向展线。纵坡以不大于 5% 为宜，坡长应小于 300m。我国规定城市非机动车道纵坡宜小于 2.5%。②长斜坡自行车道应设置休憩平台或水平车道，以供骑行者休息。

（3）设计行车速度。自行车行车速度一般为 5 ～ 30km，而时速 15 ～ 18km/h 是景观和保持交通流畅的最佳速度。设计行车速度一般为 15km/h。

（4）路面结构。①路面有透水性、不透水性两种结构。森林内优先考虑透水性铺设方式，一般采用砂砾垫层。但为了行车安全和道路维护要求，一般自行车道路面设计为不透水性的水泥砼和沥青路面。②在透水性不佳的地方，需在碎石层下增设一过滤沙层，并增加碎石配料厚度达 15cm 以上。③采用不透水性材料铺设时，面层按机动车道路面结构设计，下设基层。

（5）路面材料要求。①具耐久性、经济性及维护容易。②材料选用以就近为原则，避免远距离运输。③根据自行车道环境要求，选用砂砾石、水泥混凝土、沥青砼。

（6）缘石。

①缘石用来分隔自行车道与人行道、自行车道与机动车道，可引导视线，保护路面，也是排水沟的组成部分。②材料一般使用石块、砖、混凝土预制块等。

（7）排水。自行车道的排水设计应尽量采用自然排水，对边坡大的地段，应设排水沟。排水沟不宜过大、过深，一般采用矩形 20cm × 20cm 为宜，对于集水面积较大地段，应通过计算流量设计边沟尺寸。

（8）植物种植。①车道两旁植物的合理配置可营造自行车道骑行空间的安全舒适。②与人行道的间隔可以种植绿篱或草本、地被植物。③在主要浏览区，植物应以草本花木为主，以免遮挡景观视线，在沿湖、沿江地段，应种植大乔木，同时乔木下应种绿篱，以增加安全感（图 6-30）。

图 6-30 自行车道绿化（增城碧道）

（9）配套服务设施规划。骑行道相关服务设施按照功能类型可分为休憩点、租赁点、停车处、厕所 4 种类型，不同功能的服务设施在设置间距及空间上可以叠加。服务设施作为骑行道的重要组成部分，设计之前要遵从当地地域文化的整体设计风格，提取乡村设计元素，同时结合现代设计的观念，完成服务设施的设计。

6.3.5 广东惠州红花湖骑行道

骑行道位于惠州市区环境优美的红花湖风景区内，全长 18km，是惠州市打造的首条示范生态绿道，也是 3 号珠三角文化休闲绿道支线，包括连接线在内全长 34km，于 2009 年 6 月正式启用。绿道遵循保护利用、因地制宜、适地适树的原则，并结合国际自行车赛道因山就势、依山傍水进行建设。绿道规划选线将红花湖景区的主要景点串联起来，可以充分展示景区沿线的景观特色。红花湖绿道深受自行车爱好者喜爱，每到周末，各个自行车协会都会在此安排一系列的骑行活动。

湖岸绿道服务设施，沿线按每 3km 设一个点，共设置 5 个服务点和 8 个景观休息点。服务建筑为岭南民居风格，休闲场所依地形而筑，如临水而建的醉水亭就是观赏夕阳湖景的最佳点。景点还设置自行车文化展览，通过放映与自行车相关的电影及电视剧，介绍自行车发展史、各国自行车文化以及自行车赛事等，展示国际自行车文化。为让游人乐在其中，除了设置岸边晨运场所外，还设置棋桌等供棋类爱好者玩耍。红花湖环湖绿道结合国际自行车赛道标准，全部建成平坦的沥青路面；同时，绿道最大限度地保留了原生态，以步移景异的设计理念进行规划设计，做到乔、灌、草结合，四季有花，层次分明。沿途水电、服务点、休闲景点完善，标识牌规范（图 6-31）。

图 6-31 惠州红花湖自行车道

6.4 给排水工程规划设计

6.4.1 规划设计原则

（1）重视水生态、水环境的保护和利用，以保护为主，利用为辅，促进水环境可持续利用。

（2）满足中长期基地的阶段用水需求，进行分期设计。

（3）因地制宜适度分散设置供水系统，便于分期开发建设，排水系统采用雨污分流制，雨水、生活污水、医疗污水分别排放。

（4）管道和给排水设施尽量结合道路和建筑建设，力求管线最短，投资最省。

6.4.2 给水系统设计

6.4.2.1 给水系统特点

森林康养基地占地较大，用水点分散，建筑物和构筑物体量较小，总用水量不是很大，一般按“就近采水、就近处理、就近供应”的原则设计给水系统。

6.4.2.2 给水系统流程

常用给水系统流程一般如下：①山泉溪流或水库——→水泵——→蓄水池——→加压泵站——→给水管网——→各用水设施；②市政给水管网——→加压泵站——→高位水箱——→给水管网——→各用水设施。

基地位于郊外、地表水源充沛或有高位山泉溪流水源，优缺点：系统简单投资少，安装维修简单，节约能源，内部有较大的储备水量，供水安全性较高，怕碰上特别干旱年份，山泉溪流水源干涸或不足。

基地靠近市政管网的用水区域，优缺点：系统简单、投资省、安装维护方便，充分利用市政管网水压，节约能源，内部无储备水量，市政管网停水时基地内会立即停水。

6.4.2.3 基地用水量标准的确定

给排水设计规模的确定主要依据基地接待康养游客的能力，分普通和极限两种情况。普通为工作日和一般周末，康养游客数量稳定；极限为基地在公众长假期及其后的一周内所能接待最大客流量，游客数量会是普通时数量的数倍。极限情况的存在使设计规模的确定有一定困难，不考虑极限情况会造成公共安全和卫生事件，按极限情况进行设计又会造成较大浪费。一般情况下，根据各建筑物接待能力的大小来设计给水排水工程。设计中主要遵循以下原则：康养型建筑以普通时游客接待能力设计，如温泉宾馆、康复设施等；公共卫生安全建筑物考虑一定的极限接待能力设计，如出入口广场、公共厕所等。基地内各类型建筑和构筑物生活用水量标准见表 6–3。

表 6–3 康养基地各类建筑和构筑物生活用水量标准

序号	建筑	类别	定额	备注
1	度假屋	卫生器具设置标准（高）	200 ～ 350L/（人·日）	别墅常态生活人数为基数
2	度假区	卫生器具设置标准（中）	130 ～ 300L/（人·日）	住宅常态生活人数为基数
3	宿舍	卫生器具设置标准（低）	120 ～ 200L/（人·日）	宿舍常态生活人数为基数
4	管理中心	办公场所等	50–80L/（人·日）	以职工人数为基数，为综合定额
5	宾馆酒店	三、四星级	1300L/（床·日）	以床位数量为基数，为综合定额
		一、二星级	1000L/（床·日）	
		旅馆	450L/（床·日）	

（续）

序号	建筑	类别	定额	备注
6	购物点（综合零售）	面积：5000 ～ 20000m^2	110L/（人·日）	以商店职工人数为基数，为综合定额
		面积：200 ～ 5000m^2	70L/（人·日）	
		面积：小于 200m^2	30L/（人·日）	
7	正餐服务	酒楼（或高档酒楼）营业面积在 2000m^2 以上，或三星级以上（含三星级）酒店；中型酒楼（或中档酒楼）	250L/（餐位·日）	以餐位为基数，为综合定额
		营业面积 400 ～ 2000m^2，或一至二星级酒店	220L/（餐位·日）	
		一般饭店营业面积 400m^2 以下	160L/（餐位·日）	
		西餐酒廊，以西餐为主	160L/（餐位·日）	
8	快餐服务	以盒饭、小吃、粥、粉、面等为主	80L/（餐位·日）	以餐位为基数，为综合定额
9	饮料及冷饮服务	提供甜品、炖品、冷饮、茶水等	30L/（餐位·日）	以餐位为基数，为综合定额
10	保健服务	桑拿、按摩、沐足	250L/（位·日）	以床位或座位数（不计等候服务而设的座位及非顾客使用的座位）为基数，为综合定额
11	公厕	公共卫生	1100L/（坑位·日）	以坑位数为基数，为综合定额
12	休闲健身娱乐活动	保龄球馆、台球馆、健身房等室内场所	15L/（m^2·日）	以营业面积为基数，为综合定额
13	水景	喷泉、瀑布、涌泉、溪流	3% ～ 10%	每日循环水量的百分数（%）
14	游泳池、温泉乐园	室内	5% ～ 10%	每日补充水量占池水容积的报分数（%）
		室外	10% ～ 15%	
15	中药圃	观赏植物园、芬多精疗养、林副产品生产	2.0L/（m^2·日）	灌溉区域面积为基数
16	绿化灌溉	建筑物周边园林绿化	1.3 ～ 1.7L/（m^2·日）	灌溉区域面积为基数
17	洒扫	广场、道路、停车场	0.7L/（m^2·日）	负责的公共区域面积为基数

注：给水管网泄漏水量和未预见用水量按最大日用水量的 10% ～ 15% 计算。本表数据来自《建筑给水排水设计规划》《城市居民生活用水量标准》和广东省城市公共服务业用水定额表。

6.4.2.4 基地理论最高日用水量及水压计算

（1）理论最高日用水量应按下式计算：

$$Q_d=(1.10\sim1.15)\sum Q_{di}$$

式中：Q_d 为理论最高日用水量（m^3/日）；1.10～1.15 为安全设计系数；Q_{di} 为各类同时用水建筑的最高用水量（m^3/日）。

依据地形条件，可设置多个蓄水池储备水，每个蓄水池容积≥ 50m^3，主给水管≥ DN100。

（2）给水管网所需水压按下式确定：

$$H=H_1+H_2+H_3+H_4$$

式中：H 为给水管网引入管前所需的水压（米水柱）；H_1 为最不利配水点与引入管或取水口的标高差（m）；H_2 为管网内沿程和局部水头损失之和（米水柱）；H_3 为水泵房内水头损失或水表井水头损失（米水柱）；H_4 为最不利配水点所需工作水头（米水柱）。

计算结果可以作为选水泵扬程的依据，或校核市政管网水压是否满足基地使用需要。

6.4.3 排水系统设计

排水系统设计包含雨水排水系统设计及污水排水系统设计。森林康养基地雨水排水特点是汇水面积大，区域内现有大量山泉溪水，雨水排水系统要重点考虑防洪排涝要求，兼顾环境地貌的美观。污水主要是生活污水，也有可能存在少量医疗污水，每个排水点污水量不会很大，所有污水必须经净化处理后才能向外排放或用于灌溉。

6.4.3.1 雨水排水系统设计

（1）雨水排水系统流程包含两种形式：①雨水口——►雨水检查井——►雨水排水管道——►溪流或水库；②雨水排水沟——►雨水排水渠——►溪流或水库。

前者主要为康养基地服务区采用，后者为康养基地其他区域采用。

（2）雨水排水流量计算公式采用下列公式：

$$Q=q\Psi F/10000$$

$$q=\frac{2424.17\,(1+0.533\lg P)}{(t+11)^{0.668}}$$

式中：Q 为设计雨水排水流量（L/s）；q 为设计暴雨强度 [L/（s · hm^2）]；F 为汇水面积（m^2）；广场、路面径流系数 Ψ 为 0.75～0.9；停车场径流系数 Ψ 为 0.4；林地、绿地径流系数 Ψ 为 0.1～0.15；t 为降雨历时（15min）；P 为设计重现期 P（2 年）。

雨水排水管流速按 $0.75\text{m/s}\leq v<1.8\text{m/s}$ 设计，最小管径宜≥ 75mm；排水渠流速按 $0.4\text{m/s}\leq v<0.6\text{m/s}$ 设计。

（3）雨水排水构筑物设计。①近自然溪流。近自然溪流为基地雨水排水的主要排水设施。设计中尽量保留原有的溪水沟渠，在此基础上进行修缮加固，并在适当位置添加一些景观小品，使该雨水排水构筑物在满足雨水排水需要的同时，也营造出一步一景的小桥流水意境。②明渠。明渠造价低，排水效果好，一般用在出入口外围，郊野道路两侧。③盖板暗沟。一般布置在建筑、停车场周边，出入口道路两侧等地方。④雨水口和雨水排水暗管。一般布置在广场、车行道等区域，暗管埋深较大，成本较高。

6.4.3.2 污水排水系统设计

（1）污水水量计算及相关设施选择。污水水量按游客及管理人员用水量总和的 80% 计算，排污管道管径应≥ 100mm，化粪池根据污水量按每半年清理一次选择对应的型号。

（2）污水排水系统流程有以下 3 种形式：①厨房隔油池、化粪池——►生活污水——►污水管网——►污水处理站——►中药圃或林木绿化灌溉；②医疗污水——►格栅井——►调节沉淀池——►水解酸化池——►膜生物反应器（MBR）——►中水储存池——►中药圃或林木绿化灌溉；③厨房隔油池、化粪池——►市政污水管网。

6.4.4　基地给排水构筑物的景观化设计

在给排水设计中，尽量把给排水构筑物自然化、园林化和景观化。为达此目标，可从以下两个方面体现（图 6–32）。

图 6–32　景观消防水池（东莞大屏障森林公园）

（1）将给排水构筑物隐于山林沟谷之间，通过外表拟自然化处理和绿化遮挡，达到满足功能又有遮蔽的效果。如取水口、水泵房、蓄水池、排水渠等（图 6–33 至图 6–35）。

（2）对给排水构筑物进行景观化、景点化设计。如雨水口雨水沟条缝进行美化图案设计，把高位水池做成一个观景平台，把水泵房和雕塑结合起来做成一个景观小品等，既可满足功能又能达到非常好的视觉效果。

图 6–33　明渠排水、盖板暗沟排水、排水管（洪雅玉屏山）

图 6–34　斜坡排水（洪雅玉屏山）

图 6–35　湖泊排水（浙江草鱼塘）

6.4.5 污水处理案例分析——四川成都活水公园

活水公园位于成都市内的府河边，占地 2.4hm^2。整个生态化处理过程先取府河水，再依次流经厌氧池、流水雕塑、兼氧池、植物塘、植物床、养鱼塘等水净化系统。每天有 20m^3 水从河中抽出除去有机污染物、重金属后再回到河中。人工湿地塘床生态系统为活水园水处理工程的核心，由一系列植物塘和植物床组成。污水在这里经沉淀、吸附、氧化还原、微生物分解等作用，达到无害化，成为促进植物生长的养分和水源（图 6–36 至图 6–37）。

图 6–36 四川成都活水公园

图 6–37 四川成都活水公园植物配置

水净化系统由一系列溪流、池塘组成，贯穿全园。有中英文对照解说，告诉人们如何通过植物和水流过岩石的自然作用而使水净化的过程。人工湿地塘床生态系统为活水园水处理工程的核心，由 6 个植物塘、12 个植物床组成。污水在这里经沉淀、吸附、氧化还原、微生物分解等作用，达到无害化，成为促进植物生长的养分和水源。此外，对系统中的植物、动物、微生物及水质的时空变化设有几十个监测采样管，便于采样分析，为保护湿地生态及物种多样性的研究提供了实验场地，有较高的科技含量和研究价值。

人工湿地的塘床酷似一片片鱼鳞，呼应了公园的总体设计。其中，种植的漂浮植物有浮萍、紫萍、凤眼莲等；挺水植物有芦苇、水烛、茭白、伞草等；浮叶植物有睡莲；沉水植物有金鱼藻、黑藻等几十种，与自然生长的鱼、昆虫和两栖动物等构成了良好的湿地生态系统和野生动物栖息地。既有分解水中污染物和净化水体的作用，又有很好的知识性和观赏性。

6.4.6 喷淋防火林带

在森林康养基地人流密集和重点景观资源的区域，建立喷淋防火林带，利用野外自然水源，通过喷淋防火林带中的喷淋系统和自动控制系统，完善和提高森林康养基地的综合森林防火功能。

6.4.6.1 森林消防水源收集处理系统

利用建设基地的溪流、山顶等地的野外水源收集处理池，因地制宜设置人工蓄水设施，根据水渗透原理，通过对水源收集处理构筑池的设计，建设水源收集处理系统（图 6–38）。

图 6-38　森林消防水源收集处理系统

6.4.6.2　喷淋防火林带喷淋系统

在康养基地有一定郁闭度的林地内铺设喷淋管线，通过喷淋系统喷洒水流和水雾，提高林内可燃物的含水率和环境湿度，使林内的可燃物达到不燃或难燃的状态，达到预防森林火灾发生，阻止林火蔓延的作用。喷淋防火林带的喷淋系统宜设置在康养步道边上，用 DN80–DN40 热镀锌钢管材 300m 为供水主管，喷淋系统包括喷头、喷头立管、供水主管、阀门井。喷头采用摇臂式旋转喷头，摇臂式旋转喷头是利用水力学环流推动冲击原理来实现旋转喷水，喷水时摇臂回弹与喷头主体之间碰撞，喷头主体获得一个旋转角速度，喷头主体在摩擦力作用下减速转过一个角度。摇臂式旋转型喷头具有结构新颖、旋转布水、喷洒密度均匀、洒水覆盖面积大、灭火效果好的特点。采用旋转型洒水喷头的自动喷水灭火系统，在保证喷水强度的前提下，可以加大喷头布置间距，减少喷头设置数量，从而简化管道系统。摇臂式旋转型喷头由进水管、旋转组件、摇臂和水腔体组成，进水管与喷头立管连接，并与轴承结构件组成旋转组件，布水特性由水腔体结构决定。喷淋系统设有自动控制阀门，供水主管上设置喷头 15 个，喷头通过立管与供水主管连通，每个喷头均由控制阀控制。在供水主管上安装水压压力表，以监测喷淋系统动态水压力的变化，并安装自动排气阀，以保证供水主管水压压力表的稳定（图 6-39、图 6-40）。

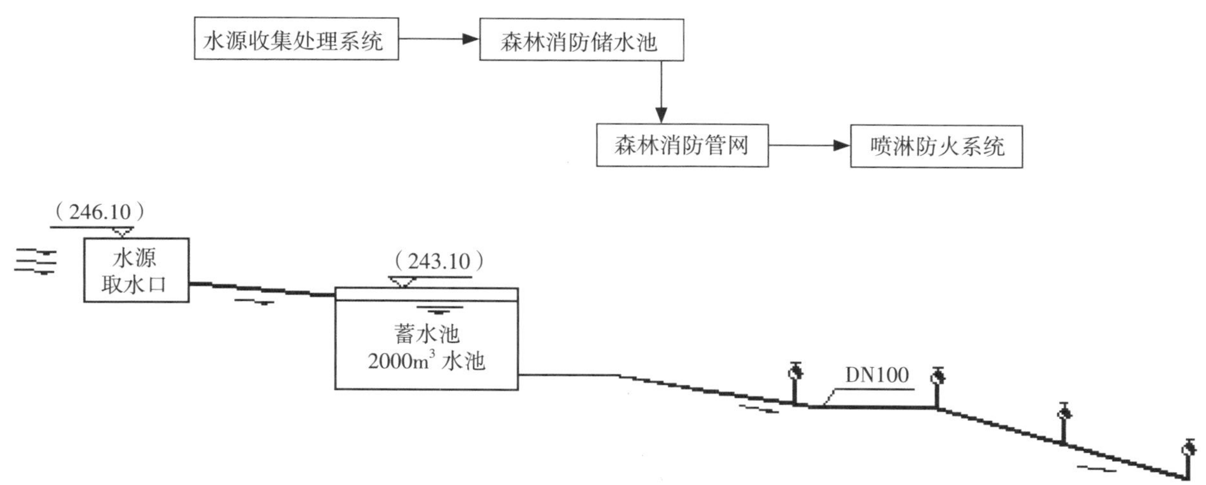

图 6-39　喷淋防火林带喷淋系统示意

图 6–40　喷淋防火林带喷淋系统示意（广东大屏障林场、龙洞林场）

6.4.6.3　喷淋防火林带自动控制系统

控制系统是喷淋防火林带重要组成部分，通过自动控制系统能实现喷淋防火林带喷淋系统自动喷水，在预防和扑救森林火灾中，具有良好的灭火、控火效果。喷淋灭火自动控制系统设有监测、报警和启动电机等功能，由温湿度感应器、控制主机和控制软件等组成，负责对环境温湿度、可燃物温湿度进行监控。报警控制装置是喷水灭火系统的重要组件，其作用在于探测火警、启动装置、发出声光等报警信号以及监测、监视喷水灭火系统的故障，减少失效率，增强系统的控火、灭火能力。控制装置主要由控制箱、监测器和报警器组成。当林火环境达到一定阀值时，通过控制软件自动启动各类阀门，对喷淋防火林带供水实现喷淋工作。控制箱还有监测器、阀门限位器、水流指示器、压力开关指示器等，对水池、水源水位和设备的工作状况进行监控，从而保证自动控制系统的稳定和可靠运行（图 6–41）。

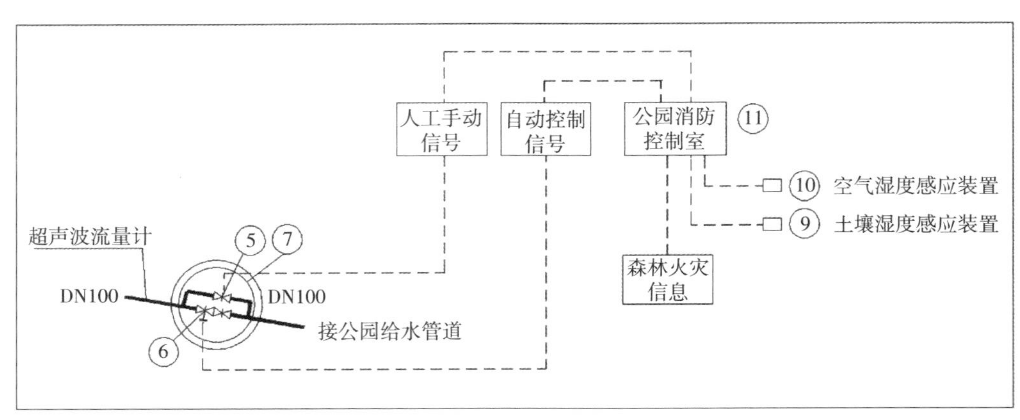

图 6–41　喷淋防火林带自动控制系统示意

6.5 供电工程规划设计

6.5.1 一般规定

森林康养基地以提供森林游憩服务为主，同时兼顾环境、生态、景观、游憩、美学、科普、教育等多种功能。基地是康体保健的地方，供电在规划、设计、施工、使用上十分重要。设计是否合理在视觉感官、用电安全、康养恢复等方面起较大作用。考虑到用电较为分散，设计应根据基地的空间布局，因地制宜、统筹全局、合理布局、符合规范，追求合理的经济性。

6.5.2 供配电系统

6.5.2.1 森林康养基地用电负荷特点及负荷等级

森林康养基地用电负荷特点：一般康养基地面积较大，用电负荷分散，各用电点设备装机容量不大。负荷等级以三级为主，仅当大型森林康养基地设有消防控制中心时，则消防加压泵及消防自动报警系统的相应消防设备属二级负荷。

6.5.2.2 供电电压选择

森林康养基地供电电压应根据用电容量、用电设备特性、供电距离、供电线路的回路数、当地公共电网现状及其发展规划等因素。在康养基地设计之前，需对基地周边的电网现状做详细的调查，主要收集周边供电线路的电压等级、线径、距离及供电的富裕容量等参数，以确定本基地供电线路接入位置及电压等级。必要时可申请当地变电站提供一路专线供电。

森林康养基地远离市区，若直接利用市政变压器 380V/220V 作为供电电源，电压损失太大，一般难以满足用电设备要求，不宜作为森林康养基地的供电电源。通常需要采用 10kV/35kV 电压作为供电电源，基地内建设 10kV 变配电所（或箱式变电站），当用电负荷较大且较分散时，可设置多处 10kV 变配电房（或箱式变电站）。不同电压等级线路，具有不同的输电能力（包含距离和容量），常用电压等级线路的输电能力见表 6–4。

表 6–4　各级电压线路的送电能力

标称电压（kV）	线路种类	送电容量（MW）	供电距离（km）	标称电压（kV）	线路种类	送电容量（MW）	供电距离（km）
6	架空线	0.1 ～ 1.2	15 ～ 4	10	电缆	5	6 以下
6	电缆	3	3 以下	35	架空线	2 ～ 8	50 ～ 20
10	架空线	0.2 ～ 2	20 ～ 6	35	电缆	15	20 以下

注：表中数字的计算依据：①架空线及 6 ～ 10 kV 电缆芯截面最大 $240mm^2$，35 kV 电缆芯截面最大 $400mm^2$，电压损失≤ 5%。②导线的实际工作温度 θ：架空线为 55℃，6 ～ 10 kV 电缆为 90℃，35 kV 电缆为 80℃。③导线间的几何均距 D_j：10（6）kV 为 1.25m，35 kV 为 3m，功率因数均为 0.85。

6.5.2.3 森林康养基地用电负荷计算

用电负荷计算是选择电器、导体的依据，也是变压器容量确定的依据。用电负荷的计算方法有需要系数法、利用系数法、单位面积功率法、单位指标法、单位产品能耗法等。

森林康养基地用电负荷计算，一般采用单位面积功率法和需要系数法。在总体规划和可行性研究阶段，采用单位面积功率法；在初步设计和施工图设计阶段，采用需要系数法。

6.5.2.4 10kV 供电系统

针对森林康养基地面积较大，用电设备分散的特点，10kV 供电系统宜选用多台 10/0.4kV 小容量变压器的供电方案，使高压电源深入用电负荷中心，达到提高供电质量和降低电能损耗的效果。森林康养基地常用 10kV 供电系统，常采用单回路链式和放射式两种接线方式。单回路树干式接线的优点是高压电源从一台变压器的进线柜链接至下一台变压器的进线柜，接线简单、节省线路材料、投资费用低；不足之处是多台变压器链接在一条干线回路上，当干线需停电检修时，会影响其他设备的正常供电。适用于规模不大、供电可靠性要求不高的康养基地（图 6–42）。放射式接线的优点是供电可靠性高，不会因某回路出现故障需要维修而影响其他回路的供电；不足之处是出线回路多，配电设备和线路投资大。适用于规模大、供电可靠性要求高，设有 10kV 高压中心配电房的康养基地（图 6–43 至图 6–44、表 6–5 至 6–7）。

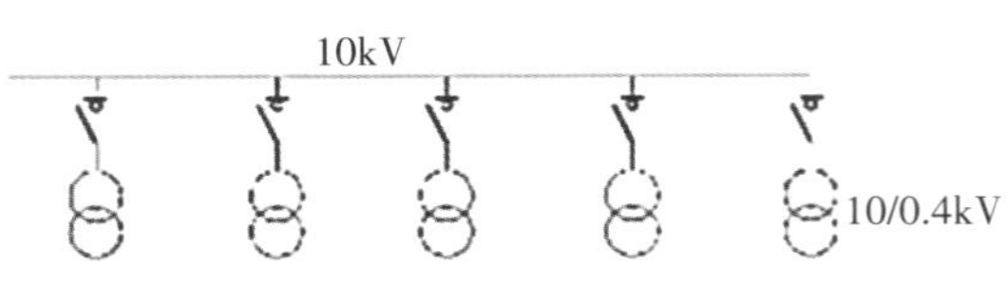

图 6–42　树干式接线

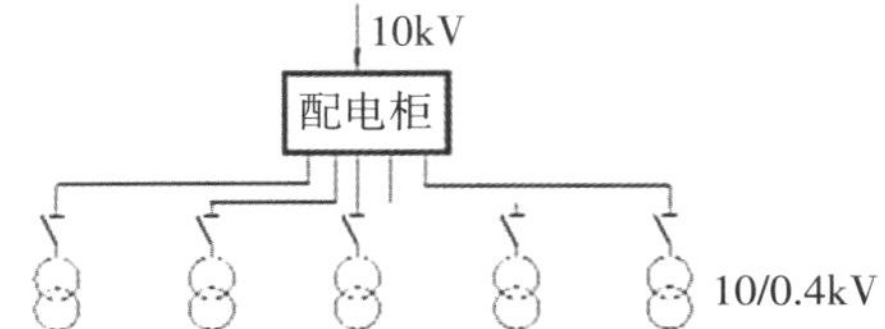

图 6–43　放射式接线

图 6–44　基地配电房

表 6–5　常见建筑用房负荷密度指标

建筑类别	负荷密度（W/m²）	建筑类别	负荷密度（W/m²）
住宅建筑	50 ～ 100	剧场建筑	50 ～ 80
公寓建筑	30 ～ 50	医疗建筑	40 ～ 70
旅馆建筑	40 ～ 70	展览建筑	50 ～ 80
办公建筑	30 ～ 70	演播室	250 ～ 500
一般商业建筑	40 ～ 80	大中型商业建筑	60 ～ 120
游客服务中心	40 ～ 80	汽车库	8 ～ 15
入口广场	5	露天停车场	3

注：入口广场及露天停车场为本院设计采用的经验数值，其余摘自《工业与民用配电设计手册》第三版。

表 6-6　常用照明用电设备需要系数 Kx

建筑类别	需要系数 Kx	建筑类别	需要系数 Kx
办公楼	0.70 ～ 0.80	体育建筑	0.70 ～ 0.80
设计室	0.90 ～ 0.95	集体宿舍	0.60 ～ 0.80
科研楼	0.80 ～ 0.90	医疗建筑	0.50
展览建筑	0.70 ～ 0.80	饭堂、餐厅	0.80 ～ 0.90
学校	0.60 ～ 0.70	商店	0.85 ～ 0.9
游客服务中心	0.75 ～ 0.85	旅馆	0.60 ～ 0.70

表 6-7　道路照明用电负荷指标

道路级别	单位用电负荷（W/m^2）	对应照度值（lx）
主干道	0.50	8
次干道	0.70	5
人行步道	0.80	3

注：本表数值为设计采用的经验数值。表中仅适用于高压钠灯，当采用金属卤素物灯时，应将表中对应的单位用电负荷值乘以 1.3。

6.5.2.5　380V/220V 低压配电系统

（1）380V/220V 低压配电系统制式。按带电导体的型式可分为单相二线制、两相三线制、三相三线制、三相四线制。森林康养基地一般都采用单相二线制和三相四线制供电，当线路电流 ≤ 30A 时，采用 220V 单相供电；＞ 30A 时，宜以 380V/220V 三相四线制供电。

（2）接地系统的型式。接地型式分为 TN-S、TN-C 、TN-C-S、TT、IT 等多种型式，通常主要采用 TN-S、TN-C-S、TT 三种接地型式，以下介绍这三种接地系统的应用特点。

① TN-S。电源端有一点直接接地，电气装置外露可导电部分通过保护导体（PE 线）连接到此点，中性导体与保护导体一直分开。当变压器设在本建筑物内时，宜采用本接地型式（图 6-45）。

② TN-C-S。电源端有一点直接接地，电气装置外露可导电部分通过保护导体（PE 线）或中性线连接到此点，系统中部分中性导体与保护导体是合一的。通常中性线与保护导体在建筑物的进户处重复接地，并由此分成独立的两根导线，不再会合。本接地型式适合于变压器不在本建筑物内，且供电距离较远的建筑单体（图 6-46）。

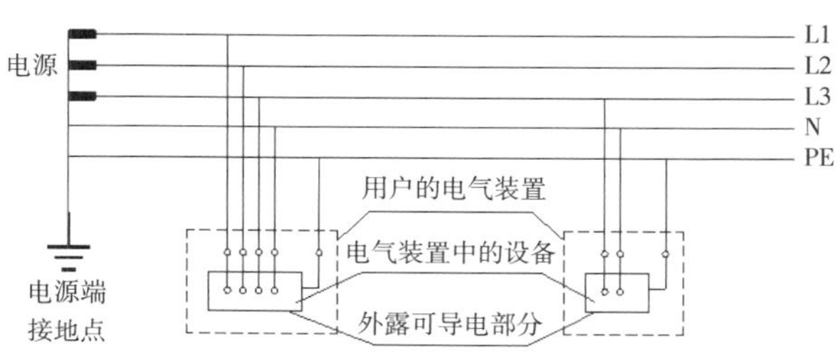

图 6-45　TN-S 系统

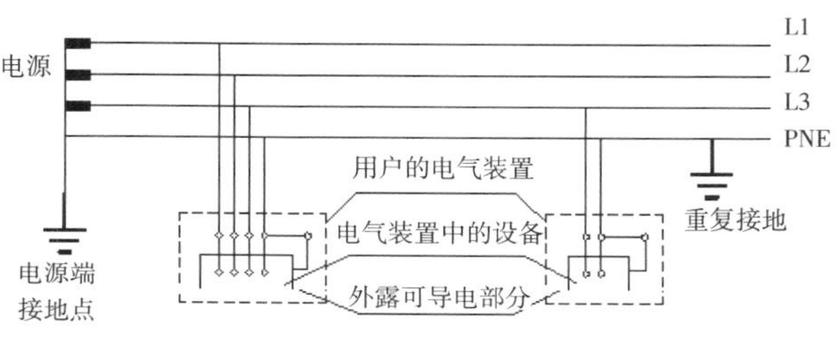

图 6-46　TN-C-S 系统

③ TT 接地型式。电源端有一点直接接地，电气装置外露可导电部分直接接地，此接地点在电气上独立于电源端的接地点。由建筑物内引至室外露天用电设备的供电线路，宜采用 TT 接地型式。由室内引至露天照明灯具（庭院灯、草坪灯等）、景观喷水泵等用电设备，大多采用此接地型式，并在出线侧安装剩余电流保护装置，作为接地故障保护电器（图 6–47）。

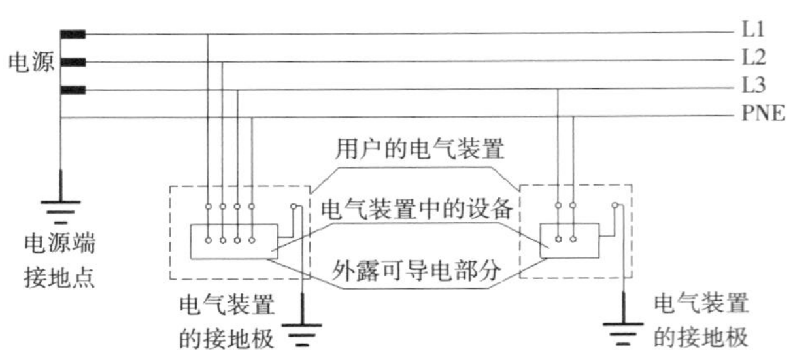

图 6–47　TT 系统

森林康养基地设计时，需注意选用不同的接地系统，应采用相应的接地故障保护方式和保护电器。

（3）低压接线方式。常用低压配电系统的接线方式有放射式、树干式、变压器干线式、备用柴油发电机组式、链式等形式。森林康养基地常用放射式、树干式和变压器干线式接线，以下是这三种方式的接线图。

①放射式接线：配电线路故障互不影响，供电可靠性高，配电设备集中，检修方便，但有色金属导体消耗多，投资大，适合容量大、负荷集中或重要的用电设备（图 6–48）。

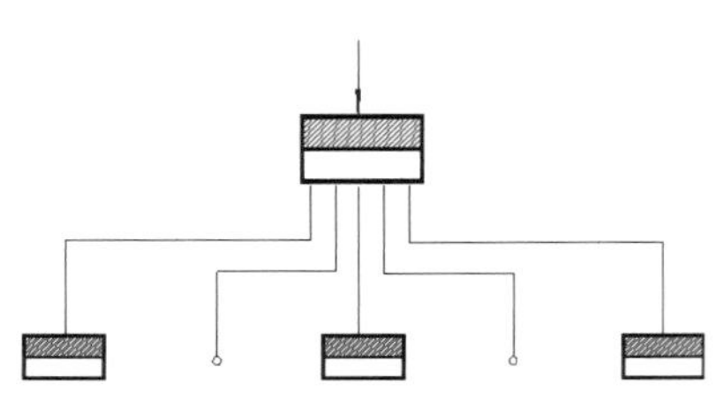

图 6–48　放射式接线

②树干式接线：配电设备及有色金属消耗少，系统灵活性好，但干线故障时影响范围大。适用于用电负荷不大、布置均匀，又无特殊要求的用电场所（图 6–49）。

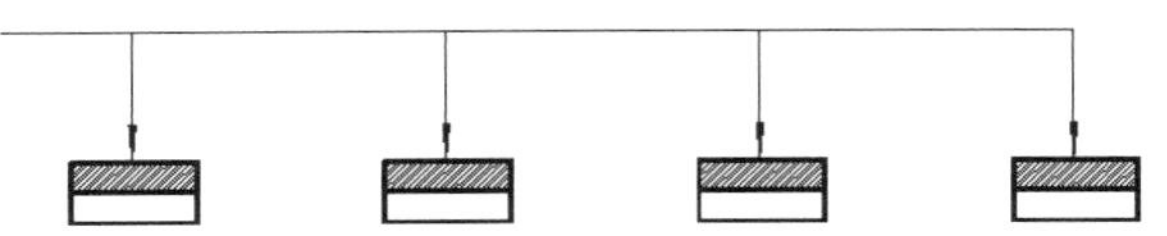

图 6–49　树干式接线

③变压器干线式接线：除了具有树干式系统的优点外，接线更简单，能大量减少低压配电设备，但不宜用在有较大冲击负荷或者有对电压质量要求严格的设备的线路上。在路灯照明、广场灯照明、厕所、小卖部等场所的供电线路，很适合采用这种接线方式（图 6–50）。

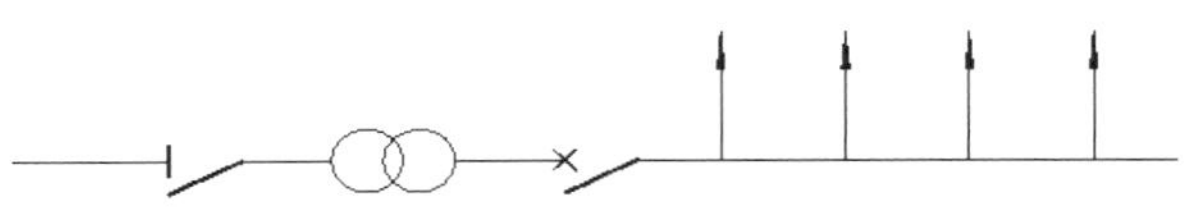

图 6–50　变压器干线式接线

6.5.2.6　供电线路的敷设方式

供电线路分为架空、电缆（电线）埋地、电缆沟、电缆浅槽、电缆隧道、电缆桥架等敷设方式，但康养基地出于对游人的人身安全、环境的美观及减少对生态环境破坏的考虑，除长距离高压进线的供电线路采用架空线路外，其余宜采用电缆（或电线）线路埋地敷设。

6.5.3　照明设计

森林康养基地照明可分为室内照明、道路和停车场照明、灯光疗法与景观照明等三大类。其中，室内照明包括入口值班室、森林绿色体验中心、森林酒店、森林度假屋、森林疗养康复中心、古村落民宿、林业科学研究中心、森林DIY体验馆、芬芳气味体验馆、药膳健康食疗中心、森林医学区、医疗救治站、小卖部、茶室、公共厕所、购物街、度假村、旅馆等配套建筑物的照明。恰当的照明，应该是以最小的照明功率满足人们夜晚正常生活的需求，同时能够完美地展示康养基地与白天不同的景色，给人们带来美的享受。而不合理的照明，不但浪费能源，还会带来光污染，给生态环境造成不良影响。在康养基地照明设计实践中，需结合康养疗法和景观需要，选择恰当的照明设计方案，以最小的照明能耗，使景观的亮点得到充分的展示。

6.5.3.1 基地照明设计的特点

森林康养基地是人类与大自然、与动植物友好相处的平台，在这个平台上，照明使白天得到延续，满足了人类休闲活动的需要，但破坏了动植物生息需要的暗环境。照明设计方案需兼顾两者的需求，尽可能减少照明，减少对生态环境的破坏。基地一般远离市区，供电线路较长，应尽可能减少照明电能的使用，以减少电能在输送线路上的损耗。基地面积较大，地形复杂，用电点分散，供电线路敷设困难。但基地一般具有较丰富的太阳能和风能可供利用，因此供电困难而具备利用太阳能或者风能的用电点，可考虑采用太阳能或风能作为供电能源（图6–51）。

图6–51 森林康养基地照明

6.5.4.2 道路和停车场照明设计

（1）森林康养基地道路照度值的选择。本书对康养基地通行机动车道路技术标准的指标作了规定，见表6–8。

参照《城市道路照明设计标准》，结合森林康养基地车行道及人行步道的照明特点，实际设计工作中按表6–9的照明指标数值，进行车行道及人行步道的照明设计。

表6–8 车行道及人行步道建设控制性技术指标

道路类别	公路等级	路面宽度（m）	路面要求	坡度（%）
主干道	林一、林二级	6.0～7.0	水泥或沥青	≤8
次干道	林三级	3.5	水泥或沥青	≤9
森林防火通道	林三、林四级	3.0～3.5	沥青或碎石	≤9～12
人行步道		0.8～3.0	毛石或碎石	≤12～18

表 6-9 车行道及人行步道的照明指标

道路类别	路面亮度		路面照度（lx）		眩光限制
	平均亮度 Lav (cd/m^2) 维持值	均匀度 U0 最小值	平均照度 Eav(lx) 维持值	均匀度 UE 最小值	
主干道	0.5	0.3	8	0.3	宜采用截光型灯具
次干道	0.3	0.25	5	0.25	宜采用截光型灯具
人行步道	–	–	3	–	宜采用截光型灯具

注：①表中平均亮度（照度）为维持值，新装灯具的初始亮度（照度）值应比表中数值高出 30% ～ 50%。具体数值应视灯具的密封性、环境污浊程度及灯具清扫周期等情况而定。②表中的平均照度值适用于沥青路面，若系水泥混凝土路面其平均照度值可相应降低 30%。

（2）停车场照明设计。康养基地停车场一般设在入口大门、园区服务中心、体验中心、医疗中心等附近，大多为露天园林式停车场，这类停车场目前尚没有制订国家或行业的照明设计标准。已建成的停车场，主要选用的灯具有高杆灯、路灯、庭院灯、草坪灯等。根据经验，大门及服务中心等较大型停车场建议采用庭院灯，道路旁临时港湾式停车场可采用草坪灯。这样的灯具既能满足泊车安全要求，节约运行费用，又避免高照度对周边环境造成光污染。停车场照度宜与附近道路相适应，平均照度可取 3 ～ 5lx。如重阳节等重大节日可能出现的特大车流，可临时性设置投光灯加以解决。

6.5.3.3 基地康养疗法与景观照明设计

基地康养疗法灯光设计要根据医学原理，请专业的灯光设计公司设计施工。景观照明的对象主要包括入口区及入口标志照明、标志性景点照明、雕塑小品照明、体验中心等主要建筑物立面照明等。景观照明是借助灯光对康养基地景观进行再创作，但应做到少而精，所选择进行景观照明的景点，能给游人留下深刻印象。景观照明方式主要有泛光照明、轮廓照明、内透照明、特种照明等。可以根据照明对象的风格、特点，选择一种或多种照明方式的组合灵活运用，以期达到理想的创作效果。

6.5.4 辅助电气系统设计

6.5.4.1 公共广播系统

（1）扬声器既有安装在室内的服务中心，也有安装在室外的广场、人行步道。

（2）背景音乐与广播合用扩音系统，平时播送背景音乐，发生紧急情况时，作应急广播用。

（3）康养基地面积大，扬声器数量多，传输线路距离长。

（4）对声压级的要求不高，音质要求以中音或中高音为主。

6.5.4.2 视频监控系统

视频监控系统能够扩大保安人员的视野，对确保游客的安全具有重要作用。视频监控系统由前端摄像设备、传输部件、控制设备、显示记录设备四个主要部分组成。对应的设备有各种摄像机、电缆或光缆及光端机等传输设备、矩阵切换器及云台 / 镜头控制器等控制设备、监视器及硬盘录像机等显示记录设备。

6.5.4.3 通信系统

为方便游人对外联系，确保游人安全，康养基地应为游客提供便利的通信条件和通信设施。通常最常见的是设置公共电话和确保足够强度的移动通信信号。

（1）公共电话的设置。通常在公园出入口、停车场、游客服务中心及其他人员集中场所，设置适当数量的插卡式公共电话机；有条件的公园，可在行车道路设置适当数量的报警电话机，可作为交通事故和森林火灾报警电话。

（2）移动通信机站的设置。康养基地由于地处郊野，又有山岭的阻隔，在某些山背和谷地，可能移动通信接收信号很弱，且不稳定，而这些谷地又往往景色优美，是游人常去的地方，因此在公园规划设计之前，需对公园范围移动通信信号覆盖的强度分布进行测试。并在测试基础上，结合旅游线路规划，在信号不良区域规划建设移动通信信号发射机站，以求最大限度保证游客对外通信的畅通。

6.5.4.4　电子巡查系统

电子巡查系统又称保安巡更系统，实际上是一套对保安人员巡查的电子记录系统。

6.5.4.5　停车场管理系统

停车场保管及收费系统一般包含管理主机、读卡器、出票机、栏杆机、控制器、地感线圈、车位显示器、摄像机等设备。基地是否设置停车场管理系统，可视车辆的数量、是否提供收费服务、投资额及当地治安条件等情况而确定。

6.5.4.6　网络智慧平台

开发专门APP、小程序、公众号等互联网，分为预约、服务中心、免费消费券、一站购买等板块。预约可实现康养预约、电子券预约等，服务中心实现网络远程问诊、电子预付、预付服务等，定期发放免费消费券、住3天送2天或者优惠措施。

6.5.5　康养基地电气工程的节能措施

地球气候变暖、冰川融化、海平面上升，给人类社会造成灾难性后果，已引起人们的重视。全世界所有国家都在采取措施，一方面，千方百计节约使用能源，减少二氧化碳的排放；另一方面，想方设法扩大森林面积，充分发挥森林的固碳作用，以减缓气候变暖的进程。

作为生态型休闲场所的森林康养基地，更应当发挥其生态建设的示范作用，在设计过程中，应精心做好节能设计，让人们在休闲、旅游的过程中，认识到节能减排的重要性，提高人们节约使用能源的观念和意识，自觉以实际行动为建设生态型可持续发展型社会而努力。

根据公园的自身特点和条件，在电气工程设计中，可采取如下相应的节能措施：

6.5.5.1　充分利用康养基地的自然条件

（1）建筑设计时，尽可能采用南北朝向，充分利用自然采光和通风以减少照明和制冷的电能消耗。

（2）尽可能利用康养基地高位自然水体作为公园内的灌溉用水，甚至作为生活用水，减少市政自来水的使用，从而减少自来水处理和输送过程的能源消耗。

（3）在屋顶上装设太阳能热水装置，为游客和工作人员供应必要的热水，可节省更多因长距离电力输送和燃油运输的能源消耗。

（4）在供电困难，而风力资源丰富的用电点，装设风能发电机组，获取清洁的风能。

6.5.5.2　供电系统设计的节能措施

（1）高压供电线路深入到用电负荷中心。康养基地具有用电负荷较分散、供电线路长的特点。供电系统设计时，尽可能把高压供电线路深入到用电负荷中心，缩短低压供电线路，从而减少输电过程的电能在供电线路损失，并提高供电质量。

（2）选用节能型供配电设备。近年来变压器和开关、接触器等供配电设备及电器的制造技术水平有了大幅度提高，使这些产品工作过程，其自身电能消耗得到大幅度的减低。设备选型时，应优先选择节能低损耗型产品。

（3）无功功率就地补偿。采取补偿措施将无功功率就地补偿，减少无功功率造成的电能损失。

6.5.6.3 照明设计的节能措施

（1）严格执行国家规范和标准。为了推进全社会的节能建设，国家规范和标准对各种照明场所允许的功率密度值，以强制性条文作了规定，设计时必须严格遵守。

（2）坚持选用绿色照明产品的原则。绿色照明产品是经济、节能、健康、安全、寿命长的产品。比如：电子型或低损耗型镇流器的荧光灯、紧凑型节能灯、LED 灯等都属绿色环保产品。设计时应优先选用，不得选用淘汰型照明产品。

（3）设计中应重视节能运行模式的运用。景观照明方案应具有节日模式，隆重节日模式和节电运行模式等运行模式，以达到节约用电、经济运行的目的。

（4）景观照明应从观念上走出片面追求光亮化、过度照明的误区。很长时间以来，人们对景观照明的认识有很大的误区，总认为把照明对象照得通亮，照得五光十色就是好的景观照明。无论城市景观照明，还是景区景观照明，一个比一个照度高，一个比一个照得亮，一个比一个能耗大，整个基地被照得如同白昼，以为这样就是国际大都市。殊不知如此一来，各城市各景点的照明雷同，毫无特色，也造成严重的光环境污染，有些景观照明甚至成为城市和景区沉重的经济负担。应追求经济、环保、节能的个性化景观照明，使景观照明步入可持续发展的正路。

参考文献

陈娟，劭景安，郭跃，2019. 森林康养基地配套设施建设 [J]. 南方林业科学，47(3): 52–55.

丁澄，陈楚文，2019. 自行车专用骑行道规划设计策略 [J]. 现代园艺（3）: 108–109.

秦国权，劭亚兰，2020. 关于森林康养基地设计的探讨 [J]. 园林与景观设计，17(352): 149–150.

全国电气安全标准化技术委员会，2008. 系统接地的形式及安全技术要求（GB 14050—2008）[M]. 北京：中国标准出版社 .

辽宁电力勘测设计院，2010. 66kV 及以下架空电力线路设计规范（GB 50061—2010）[M]. 北京：中国计划出版社 .

中国电力企业联合会，2018. 电力工程电缆设计标准（GB 50217—2018）[M]. 北京 . 中国计划出版社 .

中国联合工程公司，2010. 供配电系统设计规范（GB 50052—2009）[M]. 北京 . 中国计划出版社 .

中国航空规划设计研究总院有限公司，2016. 工业与民用配电设计手册 . 第四版 [M]. 北京：中国电力出版社 .

中国建筑科学研究院，2013. 建筑照明设计标准（GB 50034—2013）[M]. 北京 . 中国建筑工业出版社 .

中国建筑科学研究院，2015. 城市道路照明设计标准（CJJ45—2015）[M]. 北京 . 中国建筑工业出版社 .

中国中元国际工程公司，2011. 建筑物防雷设计规范（GB 50057—2010）[M]. 北京 . 中国计划出版社 .

中国建筑东北设计研究院有限公司，2019. 民用建筑电气设计标准（GB 51348—2019）[M]. 北京 . 中国建筑工业出版社 .

上海市建设和交通委员会，2019. 建筑给水排水设计规范（GB 50015—2019）[M]. 北京：中国计划出版社 .

上海市建设和交通委员会，2016. 室外排水设计规范（GB 50014—2006）[M]. 北京：中国计划出版社 .

上海市政工程设计研究总院（集团）有限公司，2019. 室外给水设计规范（GB 50013—2018）[M]. 北京：中国计划出版社 .

公安部天津消防研究所，2018. 建筑设计防火规范（GB 50016—2014）[M]. 北京：中国计划出版社 .

北京市园林绿化局，2016. 公园设计规范（GB 51192—2016）[M]. 北京：中国建筑工业出版社 .

第七章　环境监测与技术

7.1　负离子、芬多精、土壤及水质的检测

7.2　基地环境监测

7.3　防灾及应急管理

7.4　环境影响及对策

7.1 负离子、芬多精、土壤及水质的检测

7.1.1 空气负离子

7.1.1.1 空气负离子产生机制

空气负离子（negative air ion，NAI），顾名思义，是指空气中带负电的气体离子。空气中的气体分子在射线、受热及强电场的作用下会失去电子（即空气电离），自由电子与其他中性分子相结合，形成了空气负离子。由于空气中氧气（O_2）和二氧化碳（CO_2）俘获电子的能力较强，而在空气中 O_2 所占比例约为 21%，CO_2 仅占 0.03%，即 O_2 获得了大部分的自由电子，因此空气负离子常常被称作负氧离子（表 7–1）。

表 7–1　空气负离子来源

大气环境	大气受到紫外线、宇宙射线、放射性物质、雷电、风暴等因素的影响发生物质分子电离产生负离子
水环境	在瀑布冲击、海浪推卷及暴雨跌失等自然过程中，水在重力作用下高速流通，水分子裂解产生大量负离子
森林环境	树冠、树叶尖端放电及绿色植物光合作用形成的光电效应使空气电离，产生大量空气负离子
	植物释放的挥发性物质如植物精气（又叫芬多精）等也能促进空气电离，从而增加空气负离子浓度

7.1.1.2 空气负离子的功能

良好的空气质量对人类的生产、生活起着非常重要的作用，空气清新度是空气质量的一个重要指标，而空气负离子的浓度决定着空气清新度。2011 年，世界卫生组织规定空气清新标准的空气中负离子数为 1000 ～ 1500 个 /cm^3。台湾科技大学叶正涛教授在其研究中表明：负氧离子浓度与人体健康呈正相关关系。负氧离子被称为“空气维生素”，对人体的健康有着重要的意义（表 7–2）。

表 7–2　空气负离子对环境和人体的功能

对环境的净化功能	①空气负离子能吸附、聚集和沉降空气中的污染物和悬浮颗粒，使空气得到净化
	②空气正、负离子与未带电荷的污染物相互作用、复合，尤其对小于 0.01 μm 的微粒和在工业上难以除去的飘尘有明显的沉降效果
	③空气离子具有抑菌杀菌的作用，负离子可以抑制和杀灭大肠杆菌、绿脓杆菌等对人体有害的细菌
	④空气负离子能与空气中的有机物起氧化反应而清除产生的异味，因而具有去除臭味的作用
	⑤去除 $PM_{2.5}$ 以及甲醛等有害物质，净化空气，因此又被称为“环境清洁素”

（续）

对人体的保健功能（“生命长寿素”）	①调节神经系统和大脑皮层功能，加强新陈代谢，促进血液循环，改善心、肺、脑等器官的功能等
	②能调节人体生理机能、消除疲劳、改善睡眠、预防感冒和呼吸道疾病、改善心脑血管疾病、降压、促进新陈代谢

7.1.1.3 森林中空气负离子的衡量指标

在生态环境评价中，空气负离子浓度被列为衡量空气质量的重要指标。空气的负离子浓度一般以 1mL 空气中所含有的负离子个数来表示（个 /cm^3）。有资料表明，森林的空气负离子浓度比城市室内可高出 80 ～ 1600 倍，在旅游区，森林环境中高浓度的空气负离子已成为一种宝贵的旅游资源。在国内空气负氧离子浓度的测量主要靠空气负离子浓度测量设备来实现（韩明臣，2011）。

7.1.1.4 空气负离子检测仪

空气负离子测量仪是测量大气中负离子浓度或者检验各类负离子产生效果的专用仪器，它不但可以测量空气离子的浓度，分辨离子正负极性，并可依离子迁移率的不同来分辨被测离子的大小。

检测仪一般采用电容式收集器收集空气离子所携带的电荷，并通过一个微电流计测量这些电荷所形成的电流。测量仪主要包括极化电源、离子收集器、微电流放大器和直流供电电源 4 部分。根据收集器的结构不同，主流负离子检测仪可以划分为平行板式和 Gerdien 冷凝器式 / 双重圆筒轴式两种类型（毕鹏宇，2007），见表 7–3。

（1）Ebert 式 / 平行电板式离子检测仪。平行电板式离子检测仪是目前低端空气离子检测仪比较常用的一种方法（行鸿彦等，2016），如图 7–1。

（2）Gerdien 冷凝器式 / 双重圆筒轴式。双重圆筒轴式离子检测仪是目前中高端空气离子检测仪成熟的一种方法（王廷路，2016），如图 7–2。

表 7–3 两种类型负离子检测仪比较

	Ebert 式 / 平行电板式离子检测仪	Gerdien 冷凝器式 / 双重圆筒轴式
优点	检测仪技术比较成熟，造价成本也比较低	检测仪技术非常成熟，这种结构可以有效解决平行电板式结构固有的电解边缘效应，同时圆筒本身的结构及特殊的进气方式可以保持气流通过的平顺性，极大提高离子数量及大小的检测精确性
缺点	易受外部环境影响，另外这种结构自身的弱点容易导致电解边缘效应，容易造成气流湍流，造成检测结果偏移较大	由于内部复杂的结构及控制，造价成本高昂

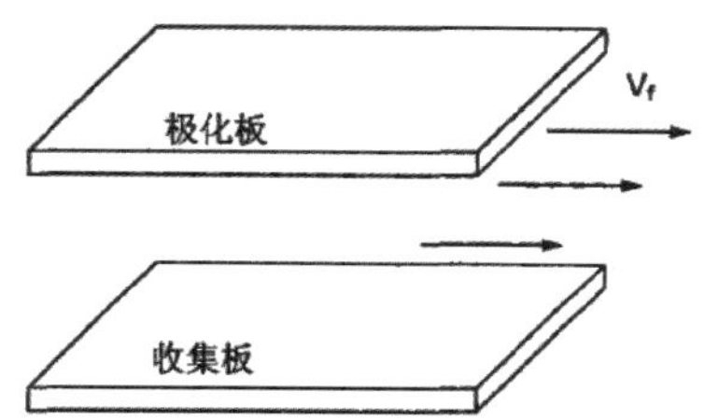

图 7–1 Ebert 式 / 平行电板式检测仪工作原理

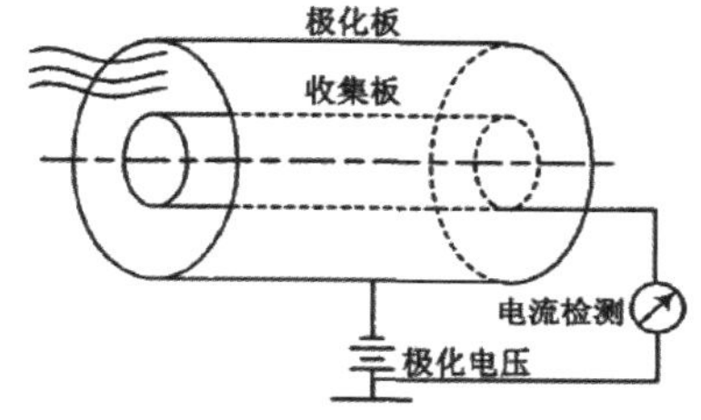

图 7–2 Gerdien 冷凝器式 / 双重圆筒轴式工作原理

7.1.1.5 空气负离子检测仪的选择

（1）环境检测站、研究机构、检测中心等使用人群对检测的精度、功能要求比较高，需要长期检测需要。应选择功能多、精度高的仪器（表 7-4）。

表 7-4 不同型号空气负离子检测仪

仪器型号	产地	特点	适用范围
COM-3200pro Ⅱ 空气负离子检测仪（图 7-3）	日本	对速度极快的小粒径离子收集效率达 80% 以上	特别适合于环境质量监测、研究等应用。适用于森林、瀑布、风景区、自然保护区检测、生活环境评估等
COM-3600F 专业型空气负离子检测仪（图 7-4）	日本	COM-3600F 的离子收集效率高效率达 95%，长期工作稳定性能更好	特别适合于环境质量监测、研究、负离子相关产品通用性鉴定等应用
COM-3800pro 双探头专业型空气负离子检测仪（图 7-5）	日本	准确度大幅提升，并附有专用分析软件，可轻松连接计算机进行记录下载、分析与打印	适应于各种功能性离子产品、森林景区、林业局、实验室、医院、疗养中心等场所，满足多种环境下精确检测的需要

（2）企业、高校、环保爱好人士等使用群体，适合便携、实用的经济型空气负离子检测仪（表 7-5）。

表 7-5 不同型号空气负离子检测仪

仪器型号	产地	特点	适用范围
AIC-1000 空气负离子检测仪（图 7-6）	美国	通过带电的平行极化电极板进行计数空气中的正，负离子（气体）浓度的，外侧二板保持极化（正，负）电势	可以测定有关机体的负离子浓度，如环境、空气净化器、电吹风、空调、负离子粉、等。适用于学术单位、环保系统、负离子发生器研发机构、相关展示单位
KEC-900 高精度空气负离子检测仪（图 7-7 KEC-900）	日本	携带式设计，体积小，重量轻，测试各种环境下空气中正、负离子的浓度与各种负离子相关产品的离子产生数量，方便好用	适用于生产负离子发生器（空气清新器、负离子空调、吹风筒）、环境（温泉、SPA、精油、瀑布、森林）测量及在线测量等

7.1.1.6 空气负离子浓度检测方法

（1）便携式设备测定方法。便携式负离子浓度测量仪适用于测量森林中小范围负离子浓度含量，其特点是操作简单、方便携带，一般用于户外实验调查。该类仪器大部分是采用平行板电容器作为离子采集器，通过抽风设备使空气离子通过采集器，捕获空气中的离子，再通过检测微电流或电压来确定空气中负离子浓度值。由于涉及微电流和微电压的测量，电信号的本底噪音难以克服等问题使得测量数据难以稳定、重复性差（王忠君，2013）。具体检测方法见表 7-6。

表 7-6 便携式设备测定方法及适用设备

检测方法	测量者一般是在相关测点选取具有代表性的地段进行测量，每个测点取 2 ～ 4 个方向，每个方向读取 3 ～ 5 个峰值，分析时取平均值（图 7-3）
适用设备	美国 Alphalab 有限公司生产的 AIR ION COUNTER、日本产的 KEC 系列空气离子测定仪以及国内上海申发检测仪器厂生产的大气离子浓度测量仪、福建漳州连腾电子有限公司产的 DLY 系列森林大气离子测量仪

图 7-3 便携式仪器检测

（2）景区监测系统测定方法。大范围的负离子浓度检测主要通过负氧离子监测系统进行测定，负离子监测系统主要用于景区、公园、林业、环保、气象、农业等领域的实时环境气象监测与发布。系统对大面积的空气质量进行监测记录，并将数据实时传输到 PC 机上，利用系统监测软件进行数据存储与分析，并通过安装有 GPRS 接收器的大屏幕 LED 显示屏接收并实时显示数据。负氧离子监测系统主要特点是监测环境不受距离、障碍物遮挡、海拔等影响，显示屏可以传输文字等数据信息，不受距离限制，应用广泛。具体测定方法及适用设备（表 7-7、图 7-4）。

表 7-7 景区监测系统测定方法及适用设备

检测方法	景区空气负离子监控点通常选取负氧离子浓度较高的位置进行布控，即丰富的植被茂密、覆盖面积大、有瀑布或者水流之地。监测仪与 LED 显示屏幕可独立分开安装，显示屏一般安装在基地入口处或显要位置（图 7-9）
适用设备	奥斯恩 /OSEN（型号：OSEN-FY、OSEN-FY、奥斯恩 OSEN-FY 系列）、风途 /fengtu（型号：风途—FY12、FT-JQ）、安耐恩 /anion（型号：AN-EMS1、AN-EM、AN-EMS6、AN-KQ、AN-EMS 型、AN-EMS2）、恒美 /hengmei（型号：HM-FY12）

图 7–4 景区负离子监测系统

7.1.1.7 空气负离子的检测标准

国内外对空气负离子检测方法尚未统一，各个国家甚至企业都有自己的一套检测方法和标准。利用在不同森林环境中测得的大量空气负离子浓度数据，采用标准对数正态变换法，制定出森林环境中空气负离子浓度的分级评价标准（王忠君，2013）。将森林环境中空气负离子浓度水平分为 6 个等级（表 7–8）。2011 年，世界卫生组织规定空气清新标准的空气中负离子数为 1000 ～ 1500 个 /cm^3（马云慧，2010）。

表 7–8 空气负离子浓度等级

等级	负离子浓度（个 /cm^3）	定义	环境	对人体的影响
I	>3000	特别清新	高山、海边	预防疾病发生
II	2000 ～ 3000	非常清新	高山、海边	预防疾病发生
III	1500 ～ 2000	较为清新	郊外、田野	提高免疫力
IV	1000 ～ 1500	一般	郊外、田野	提高免疫力
V	400 ～ 1000	不清新	城市公园	维持健康需要
VI	<400	特别不清新	城市	诱发某些疾病

7.1.2 植物芬多精

7.1.2.1 植物芬多精主要成分及其应用

植物芬多精也被称为“植物精气”（pythoncidere）或“植物杀菌素”，是植物的器官和组织在自然状态下分泌释放出的具有芳香气味的有机挥发性物质。萜类化合物是植物芬多精的主要成分，其中单萜类化合物的生理功效最有价值（陈欢，2007）。

自古以来，人们就对植物精气有了不同程度的利用。在我国古代就有应用花木治病的尝试，如在香囊中加入麝香治疗呼吸道疾病、止吐、止泻；焚烧艾蒿驱虫；柏叶煮水祛风湿等。19 世纪 40 年代，德国人创造的“气候疗法”中，就有利用森林环境来治愈疾病的方法，后广泛被世界各国加以利用。在 20 世纪，许多工业化国家为了应对环境特别是空气，兴起了“森林医院”“森林浴”“花木医院”等利用植物精气治疗疾病的疗养场所，国内称之为“森林康养”。在这种没有药品、没有病房的环境下通过休憩、散步和简单的运动来吸收植物精气从而达到治疗疾病的目的（粟娟，2005；杨利萍，2018；赵庆，2018）。

7.1.2.2 植物芬多精的保健功能

植物精气具有多种生理功效，植物依靠精气进行自我保护，并能阻止细菌、微生物、害虫等的成长蔓延。除此之外，植物精气对人体具有良好的保健功能，可以治疗多种疾病，对咳嗽、哮喘、慢性气管炎、肺结核、神经官能症、心律不齐、冠心病、高血压、水肿、体癣、烫伤等都有一定疗效，尤其是对呼吸道疾病的效果十分显著。同时，新鲜的植物精气可以增加空气中臭氧和负离子的含量，增强森林空气的舒适感和保健功能（吴楚材等，2005）（表 7-9、表 7-10）。

但是植物精气发挥保健功效的时效性、最佳浓度范围、有效成分及其是否有负面效应以及如何根据不同植物群落精气成分保健效应的差别和人们保健康复的不同需求进行植物群落的构建等方面的问题尚在研究之中（文野，2017）。

表 7-9　芬多精的成分及功能

类别	成分	功能作用
萜类	柠檬烯、蒎烯、月桂烯、水芹烯（单萜）	镇痛、杀菌消毒、使人镇静、抗病毒
	α－松油烯、大根香叶烯、金合欢稀、烩稀（倍半萜）	降低血压、抵抗炎症、杀菌消毒、镇痛、使人松弛
醇类	松油醇、薄荷醇、香叶醇、芳樟醇等	杀菌、抗病毒、抗感染、促进肝脏和心脏机能
酚类	异丁香子酚、香芹酚、水杨酸、百里香酚等	杀菌、刺激神经系统、抗感染、镇痛、愈伤、祛痰、促消化、提高人体免疫机能
酮类	樟脑酮、蒎莰酮、薄荷酮、松香芹酮等	抗真菌、镇痛、抗凝血、愈伤、抗炎症、促消化、祛痰、提高免疫机能、使人松弛
酯类	醋酸乙酯、庚炔羟酸甲酯、丙酸肉桂酯等	治疗皮肤发疹、抵抗炎症

表 7-10　部分植物—功效—有效挥发成分一览

有效挥发成分	功效	代表性分泌植物
杜松醇	预防龋齿	侧柏
樟脑	局部刺激、清凉	樟树
柠檬醛	降低血压、抗过敏	蔷薇
百里香酚	祛痰、杀菌	百里香
松节油	祛痰、利尿	松树
松醇	抗菌、生发	刺柏、台湾扁柏
冰片	提神、觉醒	冷杉、云杉
薄荷	镇痛、清凉和局部刺激	薄荷
柠檬烯	溶解胆固醇引起的胆结石	美国扁柏、橘子

7.1.2.3　森林中植物芬多精的测定方法

植物精气是在不断地释放的。同科不同种的植物，同一植物不同部位释放精气略有不同。在空间分布方面，由于植物精气密度比空气重，一般在森林中水平和垂直方向的分布特点：林中心密度比林缘密度高，地面附近密度比树冠层密度高（李瑞军，2019）。

植物精气具有含量低、易挥发、活性高、成分复杂等特点，加之植物活体的精气采集受植株形态、空气中挥发性有机物、植株生理作用等影响，一般仪器与方法检测难以达到其浓度水平。2005 年以后植物精气的测定方法均为将气态的挥发性有机物通过固态吸附剂或液态溶剂，将其吸附或溶解，进行后续的分析研究。即对植物精气进行前期收集和后期脱附分析两个方面（廖建军，2017）。

（1）植物精气的收集。主要有 3 种收集方法（表 7–11）。

表 7–11　植物精气常见的 3 种收集方法

方法名称	特点	具体操作
动态顶空采集法	①目前研究活体植物挥发性有机物时所广泛采用的一种方法，具有流程简便、结果精确的优点。 ②实验均在植株正常生长的状态下，采集的植物精气成分测定均为萜烯类，占比较大，能够较为真实地反映活体植物挥发物情况。 ③适宜长时间对植物活体精气采样，每次采样 60 min 左右	①抽气：抽空套在植物上采样袋里的空气，出气口位于植物上方，抽气仪器一般为 QC – 1 大气采样仪。 ②充气：关闭上方出气口，从植物下方入口通入过滤后空气，空气经装有活性炭的干燥塔过滤与 GDX – 101 二次过滤。 ③循环采气：上端出气口接有 Tenax – TA 吸附剂的吸附管，下方通入活性炭与 GDX – 101 二次过滤后的空气，在分子引力或化学键力的作用下，植物活体释放精气会富集在 Tenax – TA 吸附剂上
固相微萃取法	①顶空固相微萃取的分离集采集、萃取和浓缩于一体，原理是选择性萃取。 ②此方法所需溶剂与样品量均较小，操作简单。在对新鲜植物进行采样时，由于受空气影响，对于活体植株状态下的精气采集及其微量的植物精气定量与分析较难	①萃取头形似针管，内有一段熔融石英纤维可伸出收回，其上涂有气相色谱固定液，固定液的种类与涂抹厚度是萃取的关键。 ②采集植物精气时，将刚摘取的植物部分器官，如叶片、花剪碎置于萃取瓶中，将熔融石英纤维推出萃取头并静置于其顶空，保持使挥发物尽可能地吸附在固定液上达到最大值。 ③利用不锈钢毛细导管将样品注入气相色谱仪分析挥发物的种类与浓度
超临界流体萃取法	超临界流体通过温度和压力的综合调节，利用升温、减压或吸附将化合物提取分离出来。这种方法操作安全，可在低温下萃取热不稳定的化合物，提取的化合物纯度较高且回收率较高，多用于植物有效成分，如天然香料的提取，植物精气成分的测定	目前国内外通常采用提取剂中最为适合的 CO_2 作为超临界流体

（2）植物精气脱附与分析。

①脱附。脱附过程主要有溶剂洗脱附与热脱附两种方法。溶剂洗脱要求对挥发物收集物中所有成分都有良好的溶解性，溶剂的性能与选择较难实现。热脱附法通过温度的提升，利用植物精气中有机挥发物组分沸点不同，将其成分依次分离，是现在常用的脱附方法，较溶剂脱附更为精准。热脱附—低温捕集（TCT）是用于对吸附管中的挥发物进行加热脱附，被冷阱富集的装置（杨莉，2007）。

②成分分析。植物精气的成分与含量分析法有气相色谱法（GC）、气相色谱—质谱联用技术（GC/MS）、高效液相色谱法（HPLC）和膜导入质谱法等。其中，最常用的为气相色谱—质谱联用技术（GC/MS）。该技术最大限度地发挥了气相色谱仪的高效分离优点及质谱仪对有机物准确识别的优点，比单一的气相色谱法分析精度结果提高很多，能够同时对样品成分进行定性及定量分析，是目前无论高校或研究机构分析植物精气最常见、最有效的方法。

7.1.2.4　植物精气与空气负离子的关系

负氧离子和植物精气是森林环境的主要成分。植物精气与负氧离子二者为伴生关系，植物精气的浓度越高，空气负氧离子就越多，二者相辅相成（吴磊，2019）。植物能够在24h内不断地释放精气，并且不需要破坏植物任何的组织和器官，同时空气负离子浓度也会随之增加。把森林负离子及植物精气的保健功能作为旅游资源，为旅游产品的创新开拓了新的方向，二者结合其医疗保健作用更加显著。因此，许多国家大力提倡“森林浴”，鼓励人们到森林中进行“离子浴”，吸收“芬多精”（吴磊，2019）。我国自1998年起就开始将植物精气研究成果应用于森林生态旅游开发中，先后应用在广东，湖南，江西，福建，重庆等省份的4个国家级自然保护区，15个森林公园，4个生态旅游区，1个野营地以及2个地级市，4个县（市）的旅游规划建设中。

7.1.3　土　壤

7.1.3.1　土壤监测流程

我国关于土壤环境监测的标准有《土壤环境监测技术规范》（HJ/T 166—2004），其属于环境保护行业标准。土壤环境监测一般包括准备、布点、采样、制样、分析测试、评价等步骤。质量控制 / 质量保证应该贯穿始终。

（1）布点采样。布设样点方法见表7–12，图7–5。

表7–12　布点采样方法

简单随机	将监测单元分成网格，每个网格编上号码，决定采样点样品数后，随机抽取规定的样品数的样品，其样本号码对应的网格号，即为采样点。随机数的获得可以利用掷骰子、抽签、查随机数表的方法
分块随机	根据收集的资料，如果监测区域内的土壤有明显特征，则可将区域分成几块，每块内污染物较均匀，块间的差异较明显。将每块作为一个监测单元，在每个监测单元内再随机布点。在正确分块的前提下，分块布点的代表性比简单随机布点好，如果分块不正确，分块布点的效果可能会适得其反
系统随机	将监测区域分成面积相等的几部分（网格划分），每网格内布设一采样点，这种布点称为系统随机布点。如果区域内土壤污染物含量变化较大，系统随机布点比简单随机布点所采样品的代表性要好

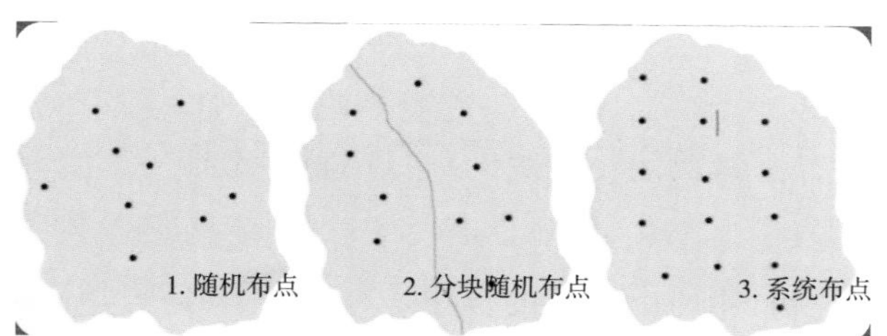

图7–5　布点方法

（2）布点数量。

①由均方差和绝对偏差计算样品数，公式如下：

$$N=\frac{t^2s^2}{D^2}$$

式中：N为样品数；t为选定置信水平（土

壤环境监测一般选定为95%一定自由度下的t值)；s^2为均方差，可从先前的其他研究或者从极差R［$s^2=(R/4)^2$］估计；D为可接受的绝对偏差。

②由变异系数和相对偏差计算样品数，公式如下：

$$N=\frac{t^2Cv^2}{D^2}$$

式中：N为样品数；t为选定置信水平（土壤环境监测一般选定为95%一定自由度下的t值）；Cv为变异系数（%），可从先前的其他研究资料估计；D为可接受的相对偏差（%），土壤环境监测一般限定为20%～30%。

土壤监测布点数量要满足样本容量基本要求，即上述由均方差和绝对偏差、变异系数和相对偏差计算样品数是样品数的下限数值，实际工作中土壤布点数量还要根据调查目的、调查精度和调查区域环境状况等因素确定。一般要求每个监测单元最少设3个点。区域土壤环境调查按调查的精度不同可从2.5km、5km、10km、20km、40km中选择网距网格布点，区域内的网格结点数即为土壤采样点数量。

网格布点公式计算如下：

$$L=(A/N)\ 1/2$$

式中：L为网格间距；A为采样单元面积；N为采样点数。

根据实际情况可适当减小网格间距，适当调整网格起始经纬度，避开过多网格落在道路或河流上，使样品更具代表性。

（3）样品采集。土壤剖面挖掘规格一般为长1.5m、宽0.8m、深小于2.0m，每个剖面采集A、B、C三层土样（图7-6）。过渡层（AB、BC）一般不采样。当地下水位较高时，挖至地下水出露时止。现场记录实际采样深度，如0～20cm、50～65cm、100～120cm。在各层次典型中心部位自下而上采样，切忌混淆层次、混合采样（表7-13）。

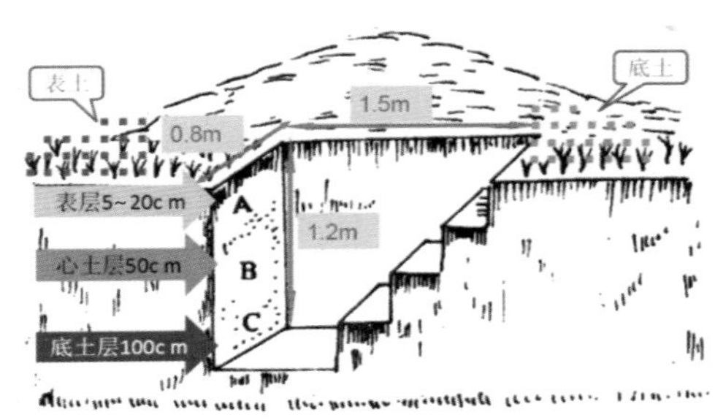

图7-6　土壤剖面挖掘示意

表7-13　样品采集的三个阶段

前期采样	根据背景资料与现场考察结果，采集一定数量的样品分析测定，用于初步验证污染物空间分异性和判断土壤污染程度，为制定监测方案（选择布点方式和确定监测项目及样品数量）提供依据，前期采样可与现场调查同时进行
正式采样	按照监测方案，实施现场采样
补充采样	正式采样测试后，发现布设样点没有满足总体设计需要，则要进行增设采样点补充采样

（4）采样量及注意事项。填写土壤样品标签、采样记录、样品登记表。1份放入样品袋内，1份扎在袋口。测定重金属的土壤样品，尽量用竹铲、竹片直接采集样品。

（5）样品加工。①制成满足分析要求的土壤样品。②测定不稳定的项目用新鲜土样（如游离挥发酚、NH_3-N、NO_3-N、Fe^{2+}）。③测定多数稳定项目用风干土样的程序是风干—磨细—过筛—混合—分装。

（6）样品保存。按样品名称、编号和粒径分类保存。

（7）预留样品。预留样品在样品库造册保存。

7.1.3.2 监测项目与频次

监测项目分常规项目、特定项目和选测项目；监测频次与其相对应。

土壤监测项目与监测频次见表7-14。常规项目可按当地实际适当降低监测频次，但不可低于5年1次，选测项目可按当地实际适当提高监测频次。

表7-14 土壤监测项目与频次

项目类别		监测项目	监测频次
常规项目	基本项目	pH值、阳离子交换量	每3年1次，农田在夏收或秋收后采样
	重点项目	镉、铬、汞、砷、铅、铜、锌、镍、六六六、滴滴涕	
特定项目（污染事故）		特征项目及时采样	根据污染物变化趋势决定监测频次
选测项目	影响产量项目	全盐量、硼、氟、氮、磷、钾等	每3年监测1次，农田在夏收或秋收后采样
	污水灌溉项目	氰化物、六价铬、挥发酚、烷基汞、苯并[a]芘、有机质、硫化物、石油类等	
	POPs与高毒农药	苯、挥发性卤代烃、有机磷农药、PCB、PAH等	
	其他项目	结合态铝（酸雨区）、硒、钒、氧化稀土总量、钼、铁、锰、镁、钙、钠、铝、硅、放射性比活动等	

7.1.3.3 分析方法

（1）标准方法（即仲裁方法）按土壤环境质量标准中选配的分析方法。

（2）由部门规定或推荐的方法。

（3）根据各地实情，自选等效方法，但应作标准样品验证或比对实验，其检出限、准确度、精密度不低于相应的通用方法要求水平或待测物准确定量的要求。

（4）分析报告。包括报告名称、实验室名称、报告编号、报告每页和总页数标识、采样地点名称、采样时间、分析时间、检测方法、监测依据、评价标准、监测数据、单项评价、总体结论、监测仪器编号、检出限（未检出时需列出）、采样点示意图、采样（委托）者、分析者、报告编制、复核、审核和签发者及时间等内容。

（5）土壤环境质量评价。土壤环境质量评价涉及评价因子、评价标准和评价模式。评价因子数量与项目类型取决于监测的目的、现实的经济和技术条件。评价标准常采用国家土壤环境质量标准、区域土壤背景值或部门（专业）土壤质量标准。评价模式常用污染指数法或者与其有关的评价方法。

7.1.3.4 相关检测机构

土壤检测项目可以交付当地土壤检测中心或高校进行操作。我国相关法律规定，土壤检测监测必须具有国家或者省级的检验检测机构资质（CMA）认定，且认可的检测项目需要包含所检测的项目。目前，在受认可的检测机构中，既有国家的事业单位，也有民营的第三方检测机构，如广东省内的基地土壤检测可以选择环保局下属检验检测中心、广东省林业科学研究院、华南农业大学、广东省土壤检测生态环境分析测试中心、广东省微生物分析检测中心、广州土壤检测中心等。

7.1.4 水质监测

水环境监测是以水环境为对象，运用物理、化学及生物等技术手段，对污染物及其有关的组成成分进行定性、定量和系统的综合分析，以探索研究水环境质量的变化规律。水环境监测的目的，是获取有关水环境方面的适时资料信息，为水环境模拟、预测、评价、规划、预警、管理和制定环境政策、标准等提供基础资料和依据（彭文启，2018）。

7.1.4.1 水质监测方案

水质监测方案制定见表 7–15。

表 7–15 水质监测方案

基础资料收集	①水体的水文、气候、地质和地貌资料
	②水体沿岸水资源现状及用途。如饮用水源分布和重点水源保护区，水体流域土地功能及近期使用计划等
	③历年水质监测资料、水文实测资料、水环境研究成果等
监测断面设置	①河流监测断面设置
	②湖泊（水库）监测断面设置
采样位置的确定	①饮用水源区、水资源集中的水域、主要风景游览区、水上娱乐区及重大水力设施所在地等功能区
	②断面位置应避开死水区及回水区，尽量选择河段顺直、河床稳定、水流平稳、无急流浅滩处
	③监测点应尽可能与水文测量断面重合；并要求交通方便，有明显岸边标志
采样时间与采样频率的确定	①饮用水源地：全年采样不少于 12 次，采样时间根据具体情况选定
	②河流：较大水系干流和中、小河流全年采样不少于 6 次，采样时间为丰水期、枯水期和平水期，每期采样两次。流经城市或工业区，污染较重的河流、游览水域，全年采样不少于 12 次。采样时间为每月一次或视具体情况选定
采样时间与采样频率的确定	③排污渠：全年采样不少于 3 次
	④底泥：每年在枯水期采样一次
	⑤背景断面：每年采样一次。在污染可能较重的季节进行
	⑥潮汐河流：全年按丰、枯、平三期，每期采样 2 天，分别在大潮期和小潮期进行，每次应当在当天涨潮、退潮时采样，并分别加以测定。涨潮水样应当在各断面涨平时采样，退潮时也应当在各断面退平时采样，若无条件，小潮期可不采样
	⑦湖泊、水库：设有专门监测站的湖、库，每月采样不少于 1 次，全年不少于 12 次，其他湖、库每年采样 2 次，枯、丰水期各一次。有废水排入、污染较重的湖、库，应酌情增加采样次数
采样及监测技术的选择	要根据监测对象的性质、含量范围及测定要求等因素选择适宜的采样、监测方法和技术
结果表达、质量保证及实施进度计划	对监测中获得的众多数据，应进行科学计算和处理，并按照要求的形式在监测报告中表达出来。质量保证概括了保证水质监测数据正确可靠的全部活动和措施

7.1.4.2　水样处理

水样处理要求见表 7-16。

表 7-16　水样处理要求

<table>
<tr><td colspan="2" rowspan="2">水样采集</td><td>①测定悬浮物、pH 值、溶解氧、BOD、油类、硫化物、余氯、放射性、微生物等项目需单独采样；在测定溶解氧、BOD 和有机污染物等项目的水样必须充满容器；测定 pH、溶解氧和电导率等项目宜在现场测定。采样时要同步测量水文和气象参数</td></tr>
<tr><td>②填写登记表</td></tr>
<tr><td rowspan="12">水样保存</td><td>保存要求</td><td>不发生物理、化学、生物变化；不损失组分；不玷污（不增加待测组分和干扰组分）</td></tr>
<tr><td>容器要求</td><td>选性能稳定、不易吸附预测组分、杂质含量低的材料制成的容器，如聚乙烯和硼硅玻璃材质的容器是常规监测中广泛使用的，也可用石英或聚四氟乙烯制成的容器，但价格昂贵</td></tr>
<tr><td>保存时间要求</td><td>即最长贮放时间，一般污水的存放时间越短越好。清洁水样 72h；轻污染水样 48h；严重污染水样 12h；运输时间 24h 以内</td></tr>
<tr><td rowspan="2">保存方法</td><td>①冷藏或冷冻法</td></tr>
<tr><td>②加入化学试剂保存法：加入生物抑制剂、调节 pH 值、加入氧化剂或还原剂</td></tr>
<tr><td rowspan="2">水样的运输</td><td>①塞紧采样器塞子，必要时用封口胶、石蜡封口；避免因震动、碰撞而损失或玷污，因此最好将样瓶装箱，用泡沫塑料或纸条挤紧</td></tr>
<tr><td>②需冷藏的样品，应配备专门的隔热容器，放入制冷剂，将样瓶置于其中；冬季应注意保温，以防样瓶冻裂</td></tr>
<tr><td rowspan="3">水样的消解</td><td>目的：破坏有机物，溶解悬浮性固性，将各种价态的欲测元素氧化成单一高价态或转变成易于分离的无机化合物</td></tr>
<tr><td>要求：消解后的水样应清澈、透明、沉淀</td></tr>
<tr><td>方法：消解水样的方法有湿式消解法和干式分解法（干灰化法）</td></tr>
</table>

7.1.4.3　检测指标

水质检测指标见表 7-17 至表 7-18。

表 7-17　水质监测指标

色度	饮用水的色度大于 15 度时多数人即可察觉，大于 30 度时人感到厌恶。标准中规定饮用水的色度应不超过 15 度
浑浊度	用以表示水的清澈和浑浊的程度，是衡量水质良好程度的最重要指标之一。浑浊度的降低就意味着水体中的有机物、细菌、病毒等微生物含量减少，这不仅可提高消毒杀菌效果，又利于降低卤化有机物的生成量
臭和味	水臭的产生主要是有机物的存在，可能是生物活性增加的表现或工业污染所致。公共供水正常臭味的改变可能是原水水质改变或水处理不充分的信号

（续）

肉眼可见物	主要指水中存在的、能以肉眼观察到的颗粒或其他悬浮物质
余氯	余氯是指水经加氯消毒，接触一定时间后，余留在水中的氯量。在水中具有持续的杀菌能力可防止供水管道的自身污染，保证供水水质
化学需氧量	化学需氧量是指化学氧化剂氧化水中有机污染物时所需氧量。化学耗氧量越高，表示水中有机污染物越多。水中有机污染物主要来源于生活污水或工业废水的排放、动植物腐烂分解后流入水体产生的
细菌总数	水中含有的细菌，来源于空气、土壤、污水、垃圾和动植物的尸体，水中细菌的种类是多种多样的，其包括病原菌。我国规定饮用水的标准为 1mL 水中的细菌总数不超过 100 个
总大肠菌群	总大肠菌群是一个粪便污染的指标菌，从中检出的情况可以表示水中有否粪便污染及其污染程度。标准是在检测中不超过 3 个 /L
耐热大肠菌群	在水的净化过程中，通过消毒处理后，总大肠菌群指数如能达到饮用水标准的要求，说明其他病原体原菌也基本被杀灭。它比大肠菌群更贴切地反映食品受人和动物粪便污染的程度，也是水体粪便污染的指示菌

表 7-18　地表水环境质量标准基本项目标准限值

序号	标准值 分类 项目	Ⅰ 类	Ⅱ 类	Ⅲ 类	Ⅳ 类	Ⅴ 类
1	水温（℃）	人为造成的环境水温变化应限制在： 周平均最高温度升≤ 1 周平均最高温度降≤ 2				
2	pH 值（无量纲）	6 ～ 9				
3	溶解氧≥	饱和率 90%（或 7.5）	6	5	3	2
4	高锰酸盐指数≤	2	4	6	10	15
5	化学需氧量（COD）≤	15	15	20	30	40
6	日生化需氧量（BOD 5）≤	3	3	4	6	10
7	氨氮（NH_3–N）≤	0.15	0.5	1.0	1.5	2.0
8	总磷（以 P 计）≤	0.02（湖、库 0.01）	0.1（湖、库 0.025）	0.2（湖、库 0.05）	0.3（湖、库 0.1）	0.4（湖、库 0.2）
9	总磷（以 P 计）≤	0.2	0.5	1.0	1.5	2.0
10	铜 ≤	0.01	1.0	1.0	1.0	1.0

7.1.4.4 水质检测机构

技术监督局下面的产品质量监督检测所、卫生局下面的卫生监督所或者市自来水公司水质检测中心均可以提供水质检测。在这个基础上，可以找到更高一级的省会城市的产品质量检测所或者是卫生监督所，城市等级越高，越权威。环保部门对于水质的检测也是比较靠谱的，如果想要比较准确且快速的检测，也可以去一些有资质的大学、科研机构进行检测。

7.2 基地环境监测

根据国家和各省份有关规定，森林康养基地的建设过程中，前期工作之一，就是要对森林资源条件（包括森林资源质量、环境资源质量、景观资源质量）的破坏影响进行评价与监测。

7.2.1 监测原则

（1）科学性原则。监测指标层次结构清晰，子监测指标概念明确，既能反映森林康养功能的要素机制又能反映森林康养功能的影响因素。监测方法正确、适宜、可操作，测算方法标准，统计计算方法规范，评估结果真实、客观。

（2）实用性原则。在满足监测要求的前提下，应选择较容易获取或测量、易于计算、具有普遍适用性和代表性的指标，使整个指标体系具有较高的使用价值和可操作性。

（3）可比性原则。指标选择能反映不同区域、不同森林类型的共同属性，指标尽可能采用国际通用的概念、名称与计算方法，做到与其他国家或国际组织制定的基于康养功能的森林监测指标体系具有可比性的同时，也要考虑与我国历史资料的可比性问题。

（4）动态性原则。森林康养是一个新课题，监测指标在保持全面性、稳定性的同时，又要根据森林康养的现状特点和发展趋势不断完善。

7.2.2 监测指标选择及其权重值计算

参照《森林康养基地质量评定》（LY/T 2934—2018）、《国家康养旅游示范基地标准》（LB/T 051—2016），并基于科学性、实用性、可比性、动态性原则，依据目标层（基于康养功能的森林资源监测指标体系）的构成要素和指标体系中各种指标的隶属关系，对指标进行级别划分，得到指标体系的递阶结构，归纳总结基于康养功能的森林资源监测指标（表 7–19）。

7.2.3 森林资源监测指标解释

森林环境对人体健康的有利因素主要是生物因素和景观因素。通过文献研究和专家咨询，提出基于康养功能的森林资源监测指标解释和初步评价方法，包括监测指标的康养作用和部分指标的评价参考标准，以供基于康养功能的森林资源监测与康养基地建设规划参考（表 7–20）。

表 7–19 基地森林资源监测指标及其权重值

目标层	准则层	指标层
基地森林资源监测指标体系 100 分	森林质量（A）24 分	基地及其毗邻区域的森林总面积（A_1）1/5
		平均森林郁闭度（A_2）1/5
		近成熟林比例（A_3）1/5
		基地森林覆盖率（A_4）1/5
		生物多样性（A_5）1/5

（续）

目标层	准则层	指标层	
基地森林资源监测指标体系 100 分	基地规模（B）10 分		
	指标体系 100 分	水质量环境	地表水环境质量（C_1）1/6
			地下水环境质量（C_2）1/6
		声环境（C_3）1/6	
		环境天然外照射辐射剂量水平（C_4）1/6	
		空气负离子、芬多精含量（C_5）1/6	
		大气环境质量（C_6）1/6	
	景观资源（D）20 分		
	交通状况（E）12 分		

表 7-20　基于康养功能的森林资源监测指标解释

评价指标	指标解释	监测方法
森林面积	森林的面积大小与缓压能力之间呈现正向变化，人们更容易在面积较大的森林环境中获得回归自然的心理感知；森林面积大小亦会影响游憩者的心理，更大的绿地面积可以带给人们情绪上的舒缓和更多的幸福感。森林面积不低于 $100hm^2$ 为宜	物理测量
郁闭度	合理的森林郁闭度，在保证森林采光的同时，能有效调节森林温度、湿度、风速和热辐射，提供适宜的康养环境。郁闭度以 0.6 ± 0.1 为宜	物理测量
绿视率	绿视率与景观立体视觉效果和人的寿命密切相关，绿色在人的视野中达到 25% 时，游憩者感觉最为舒适	物理测量
植物杀菌素含量	森林植物释放植物杀菌素（芬多精），可调节林内小气候形成特有的有利于人体健康的森林环境，具有舒缓心理紧张、提升免疫细胞活性、增长抗癌蛋白数量等作用	物理测量
空气负离子浓度	空气负离子能吸附、聚集和沉降空气中的污染物和悬浮颗粒、净化空气，对皮肤、呼吸、神经、消化循环系统等疾病有辅助疗效	物理测量
空气颗粒物浓度	空气颗粒物严重危害人体健康，森林植物叶片通过其表面截取和固定空气中的颗粒物使其脱离大气环境，是净化空气的重要过滤体。通常以乔木为主的乔灌草复层结构滞尘效果最好，空气颗粒物浓度更低 $PM_{2.5}$ 的 24h 平均值为 0.35，达到国家一级标准；年平均值为 0.15，达到国家一级标准。PM_{10} 的 24 小时平均值为 0.50，达到国家一级标准；年平均值为 0.40，达到国家一级标准	物理测量
氧气浓度	氧是人体生命活动的关键物质，森林植物通过光合作用吸收 CO_2，并释放大量的 O_2	物理测量
热辐射	热舒适性与人的积极情绪显著相关，森林中树木树冠通过反射和吸收热辐射，能显著降低热辐射效能	物理测量

（续）

评价指标	指标解释	监测方法
温度	森林适宜的温度会使人们表现出更积极的态度和更少的负面情绪，森林中树叶和土壤通过蒸腾和排放，会从周围环境中吸取大量的热量，降低了环境空气的温度	物理测量
湿度	森林较大的湿度在夏季有明显的降温降暑功效，植物通过蒸腾作用从土壤中吸收水分，同时向环境散失水分，增加了周围环境的湿度	物理测量
风速	森林中适宜的微风可供游憩者恢复和更新注意力，在夏季有降温降暑作用	物理测量
声环境	人们对于森林的低噪声环境感觉舒适，自然的声音（如蝉鸣声、溪流声、落叶声），即使在噪音水平相对较高也不会给人不舒服的感觉	物理测量
树种组成结构	不同的树种组成结构，提供不同的感官刺激和植物杀菌素康养效果，针叶树植物杀菌素含量白天较低，夜间较高；阔叶树树植物杀菌素含量白天较高，夜间较低	专家评分
垂直空间结构	较开阔、较少林下灌木的森林给人一种舒适良好的感觉，减少游憩者紧张情绪	专家评分
植物形态	合理的乔灌草和色叶树种搭配，能增加景观美景度，并提升游憩者视觉的享受	专家评分
空间位置	森林空间位置会影响人们参与活动的程度，良好的可达性更方便人们参与其中	专家评分

7.3 防灾及应急管理

7.3.1 地质灾害预防

7.3.1.1 山体滑坡防治

坡度大于 30° 的坡面禁止农耕以及种植草坪，需种植根系发达的乔灌来进行水土保持。步道、停车场、房屋修建位置需要远离易发生山体滑坡位置，以免造成人员伤亡以及财产损失。

7.3.1.2 地震防治

目前地震无法预测，对于地震灾害只能未雨绸缪。房屋以及其他设施修建需要质量达标，具有一定的抗震效果。在人群密集场地，修建空旷广场，在地震发生时使广场发挥避难场地作用。

7.3.2 气象灾害预防

7.3.2.1 风灾雪灾防治

风口地带绿化时，选择栽植深根性树种，提高树木的抗风害能力；游步道路边、公路旁、停车场附近、服务点和景点边树木加强护理及时修剪、清理枯枝、断枝和易倒树木，防止树枝、树木砸伤、压伤游客；大风前、暴雪天气前对生长不稳固树木架支架防风倒；如果有阻碍森林公园交通的风倒树、雪压倒树，尽快移除，保证交通顺畅。做好各类建筑物防风灾工作；修建防风屋顶，竖立、悬挂的标牌需抵抗台风袭击。

7.3.2.2 洪涝灾防治

地下排水设施完善，修建游步道停车场，采用透水地砖、草坪地砖混合模式。借鉴海绵城市的成功之处，将康养中心的饱水量提高最大；应在地势较高地区修建洪涝避难区域，如果发生洪涝可以保障游客生命安全。

7.3.2.3 雷击防治

应该根据国家建筑防雷规范《雷击森林火灾调查与鉴定规范》（LY/T 2576—2016）、《降低户外雷击风险的安全措施》（GB/Z 33586—2017）在各种建筑设计避雷装置以及做好雷击森林火灾调查。

7.3.3 生物灾害预防

对松毛虫、舞毒蛾等以生物防治为主，在高

发区以化学防治为主。对新植林地内的鼠害主要是利用其天敌进行防治，结合化学防治和人工防治。对樟子松、红松疱锈病的防治，主要是通过抚育间伐和卫生伐，清除传染源，提高林木的抗病能力。对大面积发生区域施放烟雾弹等，进行防治。对重点防控地区进行动态监测，切实抓好预测预报工作，建立健全林业有害生物的监测体系，按时上报。积极开展林业检疫工作，加强自产苗木和木材检疫工作，杜绝疫苗、病苗上山，严禁从疫区调运种苗，以防止检疫对象和外来有害生物的侵入与传播，种苗产地检疫率必须达到100%。

坚持生物防治为主、化学防治为辅的原则，加强天敌保护，发挥生物控制作用，将林业有害生物灾害的发生控制在较低的水平。积极采用先进的防治技术，进一步做好生物防治工作，使林业有害生物的无公害防治率达 85% 以上。

7.3.4 人为灾害预防

森林火灾防治。防火是林区大事，森林公园开发以后，游客用火增多，火险等级升高，随时都有火灾发生的危险。因此要建立健全森林防火制度，巩固森林防火联络组织的成果，严格管理野外用火，各分园、景点订好防火责任状，专人负责。坚持“预防为主，积极消灭”的方针，做到防范与扑救并举，发现火情立即出击，真正做到“打早、打小、打了”。

购置高频跨段中转台、对讲机、防火车、风力灭火机等防火灭火设备和扑火工具。组织快速专业灭火队，加强培训，一旦有火情能迅速出动。防火瞭望塔上设有专职瞭望员，发现火警，及时报告。在人为活动较多、容易引发山火的重点防火区的林区公路、林道两侧和重点防护林区周围开设防火隔离带，隔离火源，预防火灾。

加强森林防火宣传力度，防火期间在人员流动频繁区域张贴标语和公告，在主要道口设置防火预警旗，通报火险等级和防火戒严令；在每个防火期前印发防火宣传单和张贴防火宣传标语，增强区域内所有人员的森林防火意识，使林区群众和外来入山者都明白森林防火规定。

7.4 环境影响及对策

康养基地总体规划应当按照国家有关规定，编写该规划实施的环境影响评价内容。包括森林康养基地环境现状，规划实施对环境可能产生影响的分析、预测和评估，以及避免、消除或减轻负面影响的对策、措施。

基地工程建设主要指基础设施建设，包括步道、建筑、停车场、通讯、水电等设施建设，这些建设项目的实施难免要清挖和平整土地、移动和损伤植物。同时开发建设还会带来建筑废弃物，包括泥土、石块、混凝土块、废木材、废管道及电器废料等。这些建筑垃圾如果不及时进行处理，就会对周围的生态环境产生不良的影响。缺少必要的污染防治和环境监测措施，将会导致基地内森林环境污染和生境退化。建立森林环境保护体系是森林康养基地旅游开发的前提条件，是基地持续发展的必要保障。

7.4.1 对植被影响分析

康养基地开发建设期，项目建设对植被资源的影响主要表现在施工期和设施对资源的破坏，而施工期项目建设对植被资源的影响可分为项目占地、施工造成的直接破坏性影响以及施工活动对环境干扰和再塑所造成的间接性生境影响。

施工区域的植被受项目占地、施工破坏等的直接影响较为明显，原有自然植被难免遭到干扰破坏，通过人工生态恢复性重建等措施，较小区域的植被可得到一定程度的恢复，但旅游设施建设用地为永久性用地，建设用地较大区域的植被无法恢复，项目实施前后的综合生态功能有所降低，但旅游设施建设面积评价范围占比较小，对保护区植物植被的影响在可接受范围之内。

7.4.2　对野生动物影响分析

康养基地建设旅游区对陆生动物的影响主要表现为施工过程造成动物栖息地的破坏以及施工过程中人为活动对动物的惊扰、阻隔效应等。

7.4.3　对区域生态系统完整性的影响

通过对系统的构成要素分析，形成的结构—功能—组成指标体系，既综合了生态系统的多项指标，又反映了生态系统的过程，从生态系统的结构、功能和常规演替过程等角度来衡量生态系统完整性，同时又把评价对象置于不同的尺度上分别给出相应的指标。

7.4.4　生态影响保护与恢复措施

7.4.4.1　建设方案优化措施

制定项目建设方案过程中，需重点考虑增设生态防护措施，减缓因工程建设造成的不利影响，在项目方案实施阶段，需遵循以下原则：

（1）项目施工期间，禁止在保护区内设立生活区、石料堆放区、取弃土（碴）场等临时工程，最大程度保持保护区原貌，降低水土流失程度。

（2）水泥、砂、石灰等易洒落散装物料在移动程中须采取防风遮盖措施，施工单位需对沿线施工便道和进出堆场的道路经常洒水，以减少扬尘。

（3）施工营地、建材堆场、灰土拌合站等应尽量远离地表水体，并于四周挖明沟、沉沙井，设挡墙等，严禁将沥青、油料、化学品等建材堆放在水体附近，产生的污水需经过处理达标后再排放。

（4）尽量采用低噪音机械，施工期间安装隔音屏障进行降噪。

（5）施工期应尽量避开 4 ～ 6 月动物的繁殖期，限制车辆运行时速，以免惊扰动物。

（6）施工阶段须边施工边复绿。

（7）进行野生动植物知识的宣传教育，提高人们对野生动植物的保护意识。

7.4.4.2　生态环境保护措施

基础设施尽量选建在生态敏感度低的地方，在建设施工时，应尽量缩短施工期，减少噪音和减小开挖面积，其建筑废弃物不能乱堆乱放，并及时清理、运走，建设完工后及时做好植被的恢复工作等，在进行基础设施的规划设计时，设备设施要生态化，达到清洁化生产。如交通道路尽量少用水泥硬化，且尽量远离生态敏感区；建立生态饭店，尽量利用当地的材料，做到本土化，使之建筑风格与周围的环境相协调，并提倡利用软技术，如太阳能光电照明、可堆肥卫生间、屋顶雨水收集装置、生态厕所。

生态化管理是指基地经规划建设完毕投入运营后，为实现预订的目标，对康养区域、游憩活动进行组织、协调、控制的一系列科学而有利于环境保护的管理措施。可通过分区管理、景点轮休、容量控制等手段对游憩区进行管理，从时空角度减轻环境压力；通过规范化管理对游憩者进行引导，从游憩行为上控制对环境的侵害。实行功能分区管理，对其分区赋予特定的目标并加以分别使用和管理，它是保护生态敏感区域的一项有效手段。通过合理的功能分区从空间上实现游客对森林资源合理的利用格局，从而使游憩对生态环境的影响控制在生态系统可调节的范围之内。实行景点轮休管理，景点轮休是对景区内的“疲劳”景点采取定期停止接待的措施，让其恢复生态活力，做到休生养息。控制环境容量，森林康养基地作为一种森林游憩区大都是由多种多样结构复杂程度不同的生态系统构成的，其生态敏感性强。游憩活动或多或少会给此生态系统带来干扰，要减少游憩带来的生态冲击，维持生态平衡，一个重要的措施就是把游憩活动量控制在生态容量之内，防止超载现象。可根据景区内环境承载力的状况，利用升降门票价位、订票预报等手段来控制游客量，并通过游憩道设计分散游客。

7.4.4.3 生态环境监测措施

施工期间定期调查生态资源、环境变动情况，分析项目对评价区域生态资源和自然环境的影响。

运营期的生态环境监测，可考虑自工程完成后每年按季度固定时间开展监测工作。建议在项目所在位置专门建立一个保护监测点，对附近的野生动植物进行定期、连续的监测，获得第一手资料，为科学保护和管理提供可靠的依据（表 7-21）。

表 7-21 生态监测

定位监测	通过定位监测，揭示评价区域生态系统的结构与功能、生态系统与生态环境间的相互作用与规律
物种监测	监测评价区域内物种的种群数量的动态变化，为保护管理提供决策依据。摸清野生动物的生存方式、栖息地状况和适应环境能力及其活动规律、生活习性，为野生动物资源尤其是国家重点保护动物种群的重建及其栖息地恢复提供依据
生态环境因子监测	为分析生态环境的主导影响因子提供基础数据，也为自然保护提供依据，有必要对评价区域内的生态资源进行各方面综合监测
运营期间污染因子的监测	制定监测规范，并及时对运营期间项目的噪声、大气进行抽样监测，记录核查数据，保证各监测数值符合《声环境质量标准》等相关规定或标准

7.4.5.4 生态文化宣传教育措施

将生态和环保理念融入日常管理、服务和经营活动中，建设生态型垃圾处理系统、水质监测系统、空气质量监测点、植被监测站、森林康养解说系统。森林康养具有生态教育功能，而生态环境教育常常通过产品解说而深入人心。产品解说不仅与学习、欣赏、享受和体会森林游憩产品有关，而且与提高游憩者的生态意识和培养游憩者的可持续性行为也息息相关。通过推行无垃圾游览区、赠送环保手册、发放环保纪念品、设立环保标识牌、组织义务环保宣传员等活动鼓励旅游者爱护环境，树立生态意识。

参考文献

柏智勇，吴楚材，2008. 空气负离子与植物精气相互作用的初步研究 [J]. 中国城市林业，6（01）: 56-58.

陈欢，章家恩，2007. 植物精气研究进展 [J]. 生态科学 (03):281-287.

《内蒙古林业》编辑部，2005. 国外植物精气的应用 [J]. 内蒙古林业 (05):47.

简毅，林静，刘偲，等，2020.5 个林分内芬多精成分和相对含量的时间动态特征 [J]. 四川林业科技，41（01）:44-50.

马云慧，2010. 空气负离子应用研巧新进

展 [J]. 宝鸡文理学院学报：自然科学版，30(1)：42–51.

李萍，2004. 森林环境健康因子的研究综述 [J]. 中国城市林业 (06):45–49.

李瑞军，蒲洪菊，龙午，2019. 浅论植物精气在森林康养产业中的应用 [J]. 贵州林业科技，47(01):41–44.

廖建军，师亚栋，2017. 植物活体状态精气成分测定方法与估算模型 [J]. 环境保护与循环经济，37(08):24–32+35.

林静，简毅，骆宗诗，等，2018.5 种康养植物芬多精成分及含量研究 [J]. 四川林业科技，39 (06):13–19.

粟娟，王新明，梁杰明，等 ，2005. 珠海市 10 种绿化树种“芬多精”成分分析 [J]. 中国城市林业 (3): 43–45.

王慧丽，2015. 园林植物挥发物气相色谱实验技术与方法综述 [J]. 安徽农学通报，21(05):20–21.

文野，潘洋刘，晏琪，等，2017. 森林挥发物保健功能研究进展 [J]. 世界林业研究，30(06):19–23.

文野，潘洋刘，晏琪，等，2017. 森林挥发物保健功能研究进展 [J]. 世界林业研究，30(6)：19–23.

吴楚材，郑群明，2005. 植物精气研究 [J]. 中国城市林业 (04): 61–63.

吴磊，2019. 园林植物精气的检测方法及高效健康植物的筛选 [D]. 长春：长春师范大学 .

吴章文，2015. 植物的精气 [J]. 森林与人类 (09):178–81.

吴章文，吴楚材，陈奕洪，等，2010.8 种柏科植物的精气成分及其生理功效分析 [J]. 中南林业科技大学学报，30(10):1–9.

行鸿彦，周慧萍，2006. 负氧离子收集器的分析及设计 [J]. 电子测量与仪器学报，30(04):621–628.

邢高娃，李宇，林金明，2019. 空气负离子产生方法及其检测技术的研究进展 [J]. 分析试验室，38(01):112–118.

杨利萍，孙浩捷，黄力平，等，2018. 森林康养研究概况 [J]. 林业调查规划，43(2):161–166+203.

曾曙才，苏志尧，陈北光，2006. 我国森林空气负离子研究进展 [J]. 南京林业大学学报 (自然科学版)(05): 107–11.

曾艳玲，2009. 动态法测定空气负离子浓度的研究 [J]. 绿色建筑，11(06)):43–45.

朱丽娜，温国胜，王海湘，等 ，2019. 空气负离子的研究综述 [J]. 中国农学通报，35(18):44–49.

周慧萍，2016. 空气负氧离子浓度检测方法及其系统设计 [D]. 南京：南京信息工程大学 .

占爱瑶，由香玲，詹亚光，2010. 植物萜类化合物的生物合成及应用 [J]. 生物技术通讯，21(01):131–35.

张薇，程政红，刘云国，等，2007. 植物挥发性物质成分分析及抑菌作用研究 [J]. 生态环境 (05):1455–1459.

张俊，2006. 空气离子产生变化机理及其对生物体作用初步研究 [D]. 合肥：中国科学院合肥物质科学研究院 .

赵庆，钱万惠，唐洪辉，等，2018. 广东省云勇森林公园 6 种林分保健功能差异比较 [J]. 浙江农林大学学报，35(4):750–756.

第八章　康养技术与产品

8.1　康养技术概念

8.2　康养产品与技术

8.3　康养课程和设计

8.1 康养技术概念

8.1.1 康养技术索源

自古以来，人们就崇尚森林浴类似的活动。一些风俗习惯也孕育森林浴的雏形，如从古代就有“修禊”之礼，即每年三月三上巳日，必到水边沐浴以去除身上不祥之气，到后面慢慢演变成群众性的郊野春游活动。书圣王羲之在浙江绍兴兰渚山，《兰亭集序》中写道：“暮春之初，会于会稽山阴之兰亭，修禊事也……此地有崇山峻岭，茂林修竹，又有清流激湍，映带左右……虽无丝竹管弦之盛，一觞一咏，亦足矣畅叙幽情。”这应该是我国古代森林浴的雏形，有目的性地去郊野调节身心，愉悦心情。

我国对森林和自然亲近源于三个思想：天人合一思想、君子比德思想、神仙思想。天人合一思想即要利用大自然的各种资源造福人类，同时要尊重、保护自然生态；君子比德思想认为大自然山林川泽的形象能表现出与认定高尚品德相类似的特征，比如山的流动象征智者的探索，山的稳重象征仁者的敦厚，水的清澈象征人的明智，“高山流水”象征品德高尚；神仙思想是原始神灵、山岳崇拜与道家老、庄学说融糅混杂的产物。这三个思想促使了人们亲近自然、走进自然，从而很早就有进行森林浴类似的活动。

3000多年前人们就利用艾蒿沐浴焚熏，以洁身去秽和防病。自古有佩戴香囊的做法；西汉名士枚乘在《七发》中写道：楚太子有疾，吴客为之说“游涉于云林，周池于兰泽，弭节于江寻”，可以“陶阳气，荡春心”“山林异兴，可以延年”；明代医学家龚运贤在《寿世保元》中说：“山林益兴，可以延年”。明代李时珍的《本草纲目》，清代浸土辑的《水边树木养生》等都是古代医学与森林浴相联系的实例。我国自古就有隐士，即抱负不为统治者所重视或者不愿意取媚于流俗，避开社会，跑到山林里长期隐居起来，追求心灵洁净的有识之士，他们应该是最早的居住型森林浴的体验者。

唐代有一种郊野别墅园，建在郊野地带的游憩园，面积一般都非常大且环境优美，相当于现在的森林公园（图8–1）。为满足达官显贵们平时游宴生活的需求，或者是满足退隐后安享山林的愿景，天然山水别墅园大致分三种：①单独建置在离城不远、交通往返方便，风景比较优美的地带；②单独建置在风景名胜区内；③依附于庄园而建。郊野别墅园是森林浴场的古代雏形。

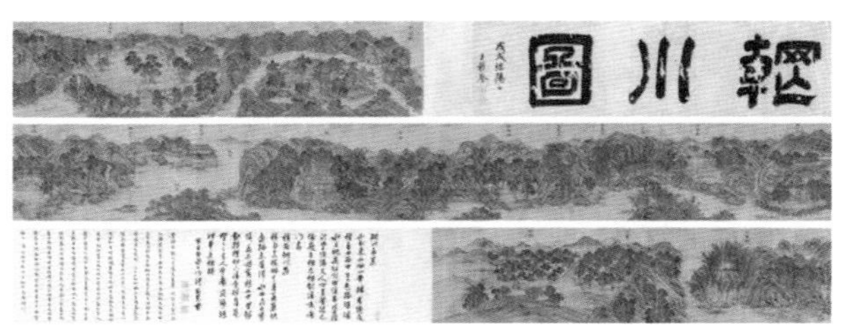

图8–1 辋川图

位于陕西蓝田县的辋川别业是王维修建在山岭环抱、川水汇流的森林里，形成一处规模不小的庄园别墅，建成后有20处景点，从建筑选址、设计形式、建设内容及建设所使用的材料与现代森林浴场的要求相契合，这便是森林浴场的雏形。后续出现的写意山水画，也是我国古代人进行森林浴的证明。其中，王维的一首："空山不见人，但闻人语响，返景入深林，复照青苔上。"写景写意诗词，说明自古人们就有到森林进行游憩放松心情的爱好和追求，特别是文人墨客、知识分子。

8.1.2 康养技术的内容

"健康"主要指无病、康健、康泰、康复。"养"主要有"抚养""培养""使身心得到滋补和休息"之意。"使身心得到滋补和休息"主要指养病、养心、养性、休养、营养、养精蓄锐。因此，从字面上理解，"康养"就是维持、保持和修复、恢复身心健康的活动和过程的总称。森林康养技术是指在森林康养中用来恢复人类健康所用到的各种疗法，如水疗、温泉疗法、膳食疗法、园艺疗法、音乐疗法、作业疗法等。

8.2 康养产品与技术

8.2.1 水 疗

利用各种形态(即液体、蒸汽或冰)、不同温度、压力、溶质含量的水，以不同的方式作用于人体以保持或恢复健康的治疗方法。根据不同的操作方法，一般分为局部热敷疗法、局部冷敷疗法、洗浴、热气浴、淋浴、身体包裹等。康养活动中的水疗，指在森林中利用泉水、河流、瀑布、温泉等水源进行辅助治疗。

5000年前，就有人类运用矿泉水来预防和治疗疾病的记载，而考古学家们推测人类在60万年之前，就已经掌握利用矿泉治疗疾病的技术。公元前4500年，美索布达美亚平原宫殿的浴室中就设有陶土浴缸。

古埃及人在距今4000～5000年之前就已经学会了榨取植物中的香油和香膏，并把洗浴作为一种驱除病菌、强身健体的手段。公共浴室，最早出现于公元前6世纪的希腊，由于雅典人对体育的热爱，浴室通常紧邻运动场，以满足人们运动之后通过沐浴清洁身体、放松肌肉的需要。而罗马人更是将沐浴推到了极致，其最初设立的目的则是为了预防和治疗疾病，后来浴室逐渐演变成为流行的社交场所。

作为西方"医学之父"的希波克拉底认为洗浴不仅具有清洁提神的作用，也有治疗的作用，其曾用冷水浴和摩擦法治疗了一些急慢性疾病，其学说为："清水浴滋润而凉爽，盐水浴温暖而干爽，饭前热浴使人开胃而凉快，饭后热水浴使身体干爽。"另外，同时期也有记载显示人们利用水的镇静作用治疗某些精神失常性疾病。

到19世纪中期，水疗法在美国得到了迅速的发展，乔尔·舒最早提出了水疗的概念，因其工作过度接触汞、碘、镍等化合物而患病，但经过几年水疗后，身体状况得到了明显改善。尼科尔斯根据当时的水疗原则创建了水疗学院，并作为教育学院。同期，奥地利的文森特·普利斯尼茨为水疗法集大成者，并发明了户外冷水浴及冷湿敷布的方法，其在西方水疗史的成就影响深远。之后，最具影响力的莫过于被称为欧洲"水疗之父"的塞巴斯蒂安·克奈圃，他在25岁时患上当时被认为不治之病的肺结核，采用冷水浴治疗的方法后奇迹般康复。

19世纪末，水疗由盛转衰，医学院校的课程开始将重点转移为药物的应用。直到1927年，水疗在美国仍是主流的治疗方法，美国医疗协会认识到水疗的治疗作用：如长期温水治疗兴奋性精神疾病，冷水浴用于治疗年轻人的气管炎、急性感染慢性疾病。另外，1936年《美国医学会杂志》还报道了水疗对于霍乱、淋病的确切疗效。

8.2.2 温泉疗法

根据温泉养生功效分为三个层级。第一层级：温泉修养，即集合温泉为核心的休闲旅游相关产业，提供综合性旅游度假服务，达到放松身心、休闲娱乐的作用，目前国内90%以上的温泉项目属于此种。第二层级：温泉保养，即以温泉为介质，综合东西方各种养生方法的保健养生体系，取得维护健康、保持青春、美容美体的功效，例如东南亚安缦居、悦榕庄、阿南达等一些较好的项目，如将SPA、植物精油、针灸、药熏、饮食等与泡汤进行结合，对游客进行调理。第三层级：温泉疗养，即温泉核心功能，充分利用温泉矿物元素的医疗功效，以现代医学和水疗技术为基础的温泉治疗康复体系，主要有预防疾病、恢复健康、治疗疾病等功效。此类产品在欧洲发展得较好，一些国家已经将泡温泉纳入到了医保范围。人们泡温泉前会先进行体检，根据游客身体状况，建议合适的温泉疗程。在有温泉资源的森林康养基地中，应该提升康复治疗功能，将第三层级的温泉疗养功能，作为基地温泉服务的内容来建设。

8.2.2.1 案例分析——广州碧水湾温泉

广州碧水湾温泉属于珍稀的低氡小苏打温泉，富含20多种有益人体矿物质与微量元素。具有风格迥异、各具特色的温泉池，其大型露天温泉占地2.5hm^2，拥有33个大小不一的温泉游泳池、戏水池和药浴池，国医馆、沐足廊、按摩廊设施齐全。还有多功能会展中心、购物商场、足球场、羽毛球场等设施。

（1）休养温泉。以放松身心、休闲度假产品为主题，以大众化，易接受的温泉沐浴文化为基调，设置园林温泉、棋牌娱乐、文体活动、推拿按摩、小食餐饮等业态。其特色温泉包括：①三叠泉。掩映在层荫曲径之中，蕴育着浪漫的温泉感受。以多重诗意溶注于同一温泉，让您体验“温泉三叠”的别样温馨，沉醉于曼妙的诗意情怀。②茶浴池。茶道弯弯，芳香四溢。感茶之灵气，吸茶之清香。弥漫着清新宜人的茶温泉，浸润着浴者全身肌肤，营造迷人浪漫情调，更能提神醒脑，润泽肌肤，使人精神焕发。③会议观景池。此池不仅可饱览流溪河秀美风光和荔枝园怡人风景，使您心旷神怡，还可在池内召开会议，洽谈商务。

（2）保养温泉。以保持健康、美容美体为主题，以中医艾灸、SPA瑜伽体现养生文化，设置主题养生温泉、SPA美容美体、瑜伽塑身、艾灸养生、营养配餐等产品。其特色温泉包括：①泡泡泉。通过池底气泵打出空气，在池内形成密集气泡群，凭借气泡对人体的冲击，达到按摩美容、改善血液循环的功效。②土耳其鱼疗、印尼鱼疗。通过不同的温泉热带鱼啄食人体的老化皮质、细菌和毛孔排泄物，刺激您的末梢神经，从而保持人体毛孔畅通，加速新陈代谢，起到生物保健的功效，美容养颜、延年益寿。③浮力按摩池、梦幻水疗池。超音波躺浴活力健身池，鹅颈冲击、逍遥养生池调节身体机能、消除全身疲劳。

（3）疗养温泉。以预防疾病、康复疗养为主题，引进西方泉疗文化，充分利用温泉矿物功效和先进水疗技术，设置水疗康复温泉、健康管理、水疗运动、康复理疗、医养配餐等产品（图8-2至图8-4）。其特色温泉包括：①酒温泉。以香醉迷人的醇正名酒溶入优质温泉水，能够改善人体的血液循环，对风湿病患者也有很好的疗效。②冰火池。炎炎三伏热如火，冰泉一浴彻心凉。沐浴完火泉池，再沐浴冰泉池，使人体接受不同强度的冷热刺激，能够活络血管、兴奋神经、强身健体。③香薰浴。可以加速血液循环，具有提神、健脑功效。另外，对呼吸道感染、心血管病有一定的疗效。④艾叶浴。艾叶是养生用途较多的一种中草药，在温泉中加入适量艾叶，具有帮助身体行气、活血、安眠作用。

图 8-2　休养温泉，置于风景迷人处，放松身心

图 8-3　保养温泉——香薰温泉与冰火温泉

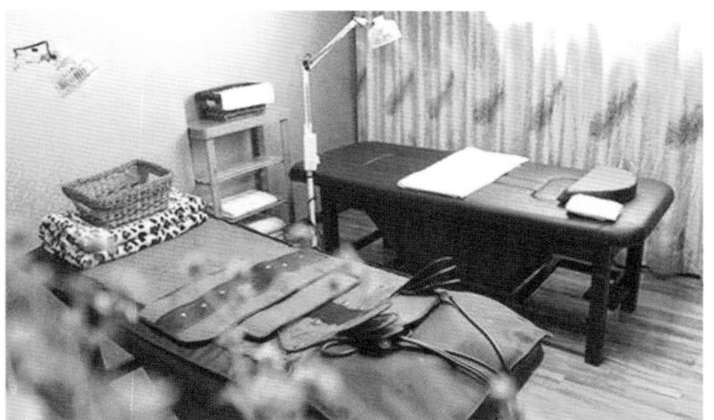

图 8-4　疗养温泉

（4）冷水池。碧水湾设有大型泳池用于水上活动，适合温泉沐浴前期准备活动。炎炎夏日，也可开展亲子水上活动和夏季清凉感受。

8.2.2.2 案例分析——德国温泉浴场

（1）德国黑森州奥卡姆塔尔温泉浴场。

①温泉浴场的浴池。温泉浴池有4400m²，分室内浴池和室外浴池，其中室内浴池为435m²，分1.20m深的浅水区域和1.80m深的深水区域，室内浴场和室外浴场通过一条泳道相连。池水温度终年保持在32℃，借助强力背部冲浴水、按摩喷嘴、卧式按摩喷嘴和一个带灯光变幻的涡流按摩池，让泡温泉的客人享受到身心的超然放松。浴池共有6种不同形式的桑拿浴，还有冷水淋浴和花样淋浴设备。该浴场为行动不便者或残疾人配备了专门的更衣室，并配有无障碍配通道（图8-5、图8-6）。

图8-5 温泉浴池

图8-6 运动泳池

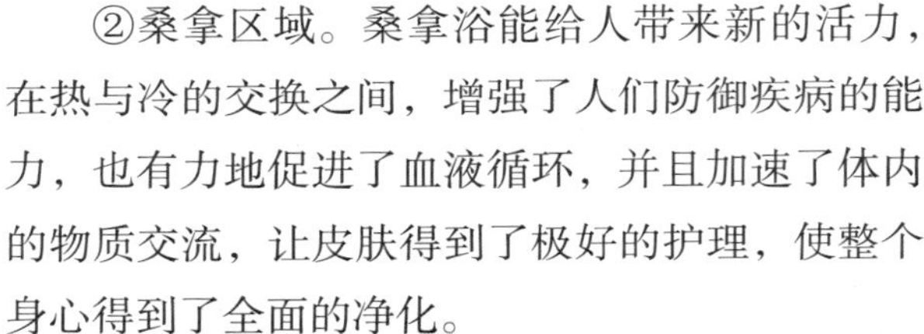

②桑拿区域。桑拿浴能给人带来新的活力，在热与冷的交换之间，增强了人们防御疾病的能力，也有力地促进了血液循环，并且加速了体内的物质交流，让皮肤得到了极好的护理，使整个身心得到了全面的净化。

③运动浴池。80m²的运动浴池水深0.90～1.20m，主要是水上健身操、水中背部体操和水中器械操的活动场所。除此之外，众多的按摩理疗和中医治疗可以有针对性地为客人提供服务，确保了每个来温泉浴场的客人得到全身心的彻底放松。

（2）日本——箱根温泉小镇。

日本——箱根温泉小镇，是日本最著名的“温泉之乡”“国民温泉保养地”，也是东京都市圈的“后花园”。各类型的汤宿和温泉酒店有200多家，还有300多家疗养院和500多家的温泉设施。据统计，箱根温泉小镇一年的接待游客量超过2000万人次。

箱根依托其资源优势，以温泉和休闲度假作为核心产品，辅助温泉观光疗养产品，并且配套体育娱乐设施，形成了集自然、文化、运动等于一体的多元化产品体系。其中，温泉观光活动有火山遗迹大涌谷、温泉公园、温泉博物馆；温泉疗养可在箱根原别墅、温泉旅馆、疗养宿舍、浴场实现；自然景观芦湖、富士山、飞龙瀑布等田间气息浓厚；更有箱根佛群、箱根神社、早云寺、美术馆、博物馆等独具特色的小镇体验；特别的，高尔夫球场、游泳池（夏季开放）网球场等娱乐休闲活动，为都市人群逃离钢筋水泥的丛林，提供了心灵栖息之地。

8.2.3 膳食疗法

8.2.3.1 食疗的概念

食疗是在中医理法方药(食)理论指导下，以食物性味(功能)理论为依据，以辨证论治为法则，选用适合食(饮)者体质的食物或食药调配成食疗配方，然后选用合适的烹调方法加工烹制成药膳，并在食疗食法食忌理论指导下饮用食用的一种防病治病、养生保健方法。森林食疗，是指利用森林食品药品制作的养生药膳食品进行辅助治疗。

食疗是中华民族最原始、最基本的养生保健、防病治病手段。医疗与食疗有着不可分割的血缘关系，食疗食养孕育了医疗的产生，中医是在食疗食养基础上形成和发展起来的。中医药物的性味理论和理法原则，都是在食养食疗实践中产生并总结而成的。如“阴盛则阳病，阳盛则阴病”“阳盛则热，阴盛则寒”，实际是对食疗病因病理的概括、总结和提升。食疗与医疗相比，既有共性，也有差别。食疗可以单独使用，也可以配合医疗使用。医疗必须得到食疗的配合才能发挥作用，离开食疗，医疗将收效甚微。

8.2.3.2 岭南食疗文化

岭南地处我国南疆边陲，北隔五岭，南阻大海，现今包括广东、广西、海南和南海诸岛，地跨中亚热带、南亚热带和热带地区，气候湿热，四季不明。因气候利于药材生长，岭南中药资源不仅品种多、分布广、产量大，而且有不少质量上乘的道地药材驰名中外，素有“南药”“广药”之称，如化橘红、广陈皮、广藿香、广佛手、春砂仁、巴戟天、何首乌、五指毛桃、牛大力等。为岭南药膳提供了丰富的药膳素材，同样受湿热地理气候的影响，岭南药膳在功效上多重视除湿、清热，在形式上则多为汤饮和粥，能够补充水分且容易吸收营养(图 8-7)。

银杏百合炒芦笋

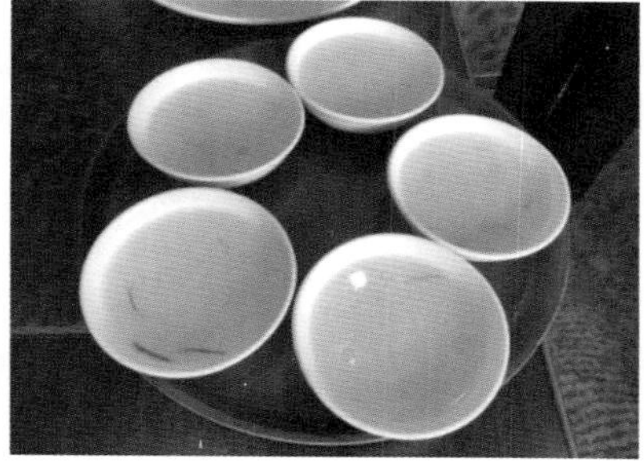

陈皮银杏粥

首乌酱香骨

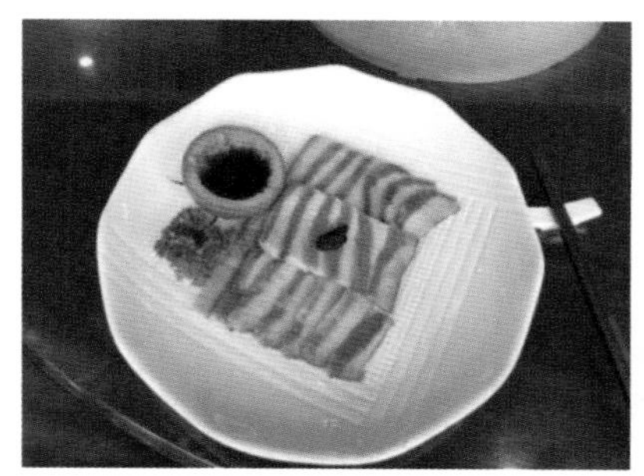

熟地炭烧爽肉

当归咸香鸡

乌鸡白凤鸡汤

图 8-7 膳食疗法的药膳食品

岭南药膳源远流长，随岭南医学的发展而发展。东晋著名医学家、养生家葛洪著的《肘后备急方》中便已记载有独具岭南特色的药膳方。此外，祖国许多中医药、养生、饮食文化方面的历史古籍中都记载有岭南特色的药膳，只不过较为分散，没有系统成册。岭南药膳形式丰富、品种多样，按原料性质和制作方法，大致可分为米面食、菜肴、粥食、糕点、汤羹、饮料、蜜饯等多个种类。其中，最具代表性、最有影响力的品种，首推凉茶和老火汤。

8.2.4 园艺疗法

8.2.4.1 园艺疗法的概念

园艺疗法（horticulture therapy）是指通过参与和园艺有关的活动，如花卉及蔬果的种植、治疗性园林设计等，使参加者获得社交、情绪、身体、认知、精神及创意方面的益处，从而达到促进生理、心理和精神恢复的疗法，是一种与自然对话、交流的日常活动（图 8–8）。

早在远古时期，园艺疗法就有了萌芽，从产生到发展，贯穿了几千年历史。中国与埃及的医师都对治疗者提出了到户外山水散步的建议，并且埃及医师记载了患者由于庭院带来的效应使心情逐步改善的记录。几百年的时间里，各个国家都不同程度地对园艺疗法有了研究和发展，并丰富了这一学科。

图 8–8 园艺疗法

园艺疗法起源于美国，后由本杰明医生在 18 世纪第一次提出了通过在花园中的操作活动对患者的病痛有减轻的效果，1806 年欧洲也展开了这项活动。李树华教授首次在我国对园艺疗法进行定义，认为园艺疗法是通过植物、植物的生长环境以及与植物相关的各种活动，恢复、保持和增强人们的身体和精神活力从而达到提高生活质量的有效疗法。园艺疗法除具有环境、健康、心理、精神、技能、社会、教育性等诸方面对人的功效以外，对于高龄老人、残疾人、精神病患者、智力低能者亚健康人群等也具有保健效果（表 8–1）。

表 8–1 园艺疗法发展过程

	时间	代表案例	总结
萌芽期	远古至 16 世纪	古埃及御医为法老开下了在花园行走的处方	我国很早就开始用植物进行医疗辅助
初始期	16 至 20 世纪	①精神病学先驱公开宣布挖掘土壤，从事栽植、伐木工作对精神病患有医疗效果。 ②西班牙的医院、美国费城的私人精神机构 Friends 医院积极开展园艺疗法	英国、美国对各国园艺疗法有了初步的认识、探究，证实了园艺疗法对病人有显著的疗效

（续）

	时间	代表案例	总结
质变期	20 世纪	①二战后对于那些心灵受到创伤的采用园艺疗法治疗，效果颇佳； ②在 MilwankeeDowner 学院开设园艺课程，并诞生了研究生； ③英国对于生理障碍的人们提出园艺治疗的新内容，倾向于弱势群体的帮助	①大学课程的设立； ②相关书籍的出版； ③学院的成立； ④植物园的应用； ⑤园艺治疗师与心理学家的结合
发展期	20 世纪末至今	①美国各州的植物园开展与园艺治疗有关的设施和定期活动； ②日本京都召开第 24 次国际园艺治疗学会会议（IHC）； ③中国也开始了对园艺疗法的初步探讨，发表了相关论文	园艺疗法的逐步完善：由于人们逐步感受到了园艺疗法带来了生机，对该领域的认识也越来越深入，各国开始招收博士型人才，不断地开展相关的会议进行探讨

8.2.4.2 园艺疗法的治疗方式

1）静态治疗（植物治疗、水景治疗）

（1）植物治疗。在近距离接触花草树木的同时，我们能够感受到来自大自然的力量，这种感受能够带领我们逃离城市的压力与束缚，人们的情绪会得到释放，也不再会有过多的焦虑与紧张，这就是植物的魅力。而植物在其不同属性的情况下对人们发挥着不同的作用。

①色彩治疗。暖色调的植物能够鼓舞着人们，带给人精神振奋的感觉会对人的心里活动有强烈的刺激性。红色系的花给人带来的联想是温暖、活泼。而冷色的植物则会使人心情平静，带给人安静祥和之感。观赏蓝色系的花卉，可使病人降低血压、减少脉搏跳动次数，带给人沉静、沉着的联想。绿色系的花卉是在任何时候都不会让人感受到压力，能让精疲力尽的人感受到宁静，设计师可根据不同人群的需求来对植物颜色进行分区。

②芳香疗法。芳香疗法主要是指利用植物所释放出来的挥发性物质，通过闻香、按摩、涂敷、沐浴等，达到治疗和减轻不舒服的症状的目的。

③味觉疗法。据统计，能够用于药物的植物就有 5000 多种，这些药用植物的味道各异，如甘草味道甜；菊花味道清香等，对人体的保健都有重要的贡献。

④听觉疗法。植物在大自然的作用下也会发出自己优美的声音，如在风雨中树枝、叶子经过碰撞发出萧瑟之音，另外通过鸟儿在树上的停留与飞翔而产生的植物声响，也能让人们感受到美感、消除烦恼。

⑤触觉疗法。通过触摸能够让育人区分不同的物质，不仅增强了辨识能力，同时还能树立自信。

（2）水景治疗。湖泊宽广而安静，可以让人们浮躁的心宁静下来；瀑布落下来撞击岩石的声响，又可以让人产生希望的联想；涌泉的精致活泼，能够给人的生活带来激情。空气与水珠的结合能够产生对人体有好处的大量的负氧离子。

2）动态治疗（栽培治疗、玩耍治疗、记忆治疗）

（1）栽培治疗。可参与性是园艺疗法的一大特点，园林中让使用者自己耕耘植物，从翻土、播种到浇水修剪，可以是草坪也可以是树木，通过园艺操作，能最大限度地使人从病痛等自身不良状态中释放出来，分散由于病痛导致身心不适的注意力，对于健康的恢复有着积极的意义。同时，让人们参与园林中的景观管理，并且享受劳动所带来的成就感、责任感，同时也能培养忍耐力。

（2）玩耍治疗。玩耍治疗的对象主要是针对儿童，通过在安全、舒适、宜人的自然环境中嬉戏、打闹，使儿童变得开朗活泼，同时也增进了儿童之间、儿童与长辈之间的互相信任以及亲切感，从中获得自信来消除内心的恐惧感，是促使儿童有利的成长的一种好方法。

（3）记忆治疗。记忆治疗针对主要是老年人，这是基于美国景观设计师 Hoover Robert 的设计模型而提出来的，适合为老年人提供一些带有趣味挑战的园林项目，让他们内心充满积极向上心理，或者在园林中为他们放置一些安全度较高的健身器材等此类设备作为“挑战”，让他们在健身过程中满足其冒险的欲望，并且勾起他们的陈年记忆。

3）园艺疗法的作用与功效

（1）精神方面的效果。

①减轻压力。当身体处于优美的坏境中，并且在自然中可以自由的支配自己的活动，此时治疗者的心情、身体都会在大自然中得到放松，是减轻压力精神得到解放的极佳场地。

②恢复精神。欣赏自然的时候，不自觉注意则会对人精神疲劳的恢复有着显著效果。

③陶冶情操。插花或者花坛的制作等各种园艺活动，让治疗者体会到一种来自大自然的能量，它可以陶冶人们的情操。

④提高自信心。通过种植植物这种方式，患者能看到自己的成就，并且会得到周围朋友的赞许，这个过程无疑能增强治疗者的自信心。

⑤培养观察能力及耐性。在园艺劳作的过程中要求治疗者具有高度的观察能力以及耐性才能照顾好植物，比如说浇水的分量根据植物的大小和植物生长的过程时期而定，以及在修建花草树枝的时候要细心以免剪掉了新长的嫩芽部分，这些过程都能培养治疗者观察事物的能力以及耐心。

⑥增强社会感。灌输他们这是服务人群、社会贡献的理念，让治疗者对其所做的事情感到神圣，赋予自己最大的限度去照顾植物，这个过程能够让治疗者增强社会感，体现自己的存在价值。

⑦促进交流。培养与他人的协调性，甚至能认识到自身价值的存在，从而改变部分的人生观。

（2）身体方面的效果。

①绿色植物对眼睛保护的影响。

②蓝色花卉对高烧患者的影响。经研究证明，发高烧的病人在观赏浅蓝色的花卉之后，对病情起着镇静效果。

③茉莉花对头疼、头晕等患者的影响。夏天盛开洁白的茉莉花（*Jasminum sambac*）不仅有观赏的效果，其中花香中所含有的花素挥发出来的物质具有解郁、理气和中和避秽等作用，对于感冒引起的头晕目眩、鼻塞等人群经常闻这类花香可以减轻病痛症状。

④菊花具平肝明目、清热祛风之功效。经研究证明，菊花（*Flos chrysanthemi*）中所含的龙脑、菊花环酮等挥发性香味具有平肝明目、清热祛风的功效。

（3）社会方面的效果。

①社会贡献。通过培养教学，让人们投入社会劳动中去，即使是老人、残疾人也可以对公园绿地或者街道的花坛进行管理，如街道打扫、摘除花坛枯枝花朵、扫除落叶等劳动，同时还能提供园林技工就业（图 8-9）。

图 8-9 栽培疗法

②经济效益。园艺业是乡村振兴战略中具有发展前途的新兴产业。不仅包括供应新鲜的花卉树木，同时也可以提取它们中可食用的部分，将其酿造成食品或者酒作为销售。

8.2.5 作业疗法

作业疗法是采用有目的有选择性的作业活动(工作、劳动以及文娱活动等各种活动)，使患者在作业中获得功能锻炼，以最大限度地促进患者身体、精神和社会参与等各方面障碍的功能恢复。在长期的劳动生活当中，人们早就在实践中采用适当的工作、劳动和文娱活动等来调节某些患者的身心状况，并获得治疗的效果。森林中的作业疗法包括体力和智力的，但更侧重于精神方面，比如充实生活、稳定情绪、提高交流和自我掌控能力等。作业疗法活动包括在森林中开展植树、锯木头、除草、砍树、扛木头和森林抚育等(图 8-10)。

美国 1917 年 3 月成立了国家作业疗法促进会，1923 年更名为“美国作业疗法协会”。此后，作业疗法在欧洲、美洲、澳大利亚、日本等地开始广泛推行，成为康复治疗技术的一个重要组成部分。作为一门专业，各国纷纷建立作业疗法科治疗患者，并积极开展业务交流、职能培训班等，提高专业水平；还建立了作业疗法学校，培养专业人材；国家设立注册考试制度，以保证作业疗法师人员质量。近年来作业疗法发展很快，在基础理论、作业的分析和选择、新技术的开拓、新的治疗性作业理论研究、作业疗法的纵向分科发展，以及作业疗法在保健和康复中的应用等许多方面都有了显著的进步。

图 8-10 作业疗法

在我国古代早已有施行作业治疗的记载。近几十年来，在许多医院、疗养院及其他医疗机构不同程度地开展了一些作业疗法工作，如肢体的功能训练、简单的工艺劳动、园艺、日常生活活动训练等。2001 年，教育部正式批准首都医科大学、中国康复研究中心开办（合办）PT、OT 专业本科生教育，并授予学士学位，这是我国开办的首届具有大学本科学历的作业疗法专业正规教育，极大地促进了作业疗法技术在我国的开展，这一专业的建立标志着我国作业疗法的发展开始了一个新的里程。但从我国作业疗法工作的开展情况来看，与国际先进水平相比，仍较落后，差距较大。

8.2.6 音乐疗法

音乐疗法，有人称其为音乐医学，是一门集音乐、医学、心理学为一体的新兴的边缘交叉学科。音乐治疗是新兴的边缘学科。它以心理治疗的理论和方法为基础，运用音乐特有的生理、心理效应，使求治者在音乐治疗师的共同参与下，通过各种专门设计的音乐行为，经历音乐体验，达到消除心理障碍，恢复或增进身心健康的目的。生理学上，当音乐振动与人体内的生理振动（心率、心律、呼吸、血压、脉搏等）相吻合时，就会产生生理共振、共鸣。这便是《黄帝内经》所提出的“五音疗疾”的身心基础。一年一度举行的柏林森林音乐会和深圳森林音乐会是世界上著名的高质量音乐会。在森林里现场聆听音乐演奏，更有助于亚健康人群的疗愈功效。

8.2.6.1 音乐治疗类型

（1）单纯聆听型式：超觉静坐法、音乐处方法、音乐冥想法、名曲情绪转换法。

（2）主动参与式：简单乐器训练、音乐知识学习、乐曲赏析、演唱歌曲、音乐游戏等。

8.2.6.2 常用音乐疗法曲目

中西方传统和古典音乐疗法。本文所论述的曲目，可以在不同的场合不同的场景下，选择欣赏各种类型音乐，以达到辅助治疗的目的。有条件者可配合练习其所爱好的某些乐器，以使手脑并用，相辅相成，达到修心养性、振奋精神、增智益思之辅助治疗目的（表 8–2）。

表 8–2 音乐辅助疗法曲目

音乐类别	序号	效果	曲目
中医传统音乐	1	缓解偏激	《春江花月夜》《月夜》《南渡江》《平湖秋月》《病中吟》《催眠曲》《渔光曲》
	2	缓解抑郁	《流水》《喜相逢》《赛马》《光明行》《喜洋洋》《假日的海滩》《百鸟朝凤》
	3	养心益智	《阳关三叠》《春江花月夜》《江南丝竹》《空山鸟语》《十面埋伏》
	4	安神益寿	《梅花三弄》《良宵》《醉翁吟》《平沙落雁》《高山流水》《百鸟行》《空山鸟语》
西方古典音乐	1	抑郁焦虑	德沃夏克《安魂曲》，维瓦尔第《四季》，西贝柳斯《第二交响曲》，贝多芬《第二浪漫曲》，克莱斯勒《维也纳随想曲》，柴可夫斯基《忧郁小夜曲》，李斯特《第二匈牙利狂想曲》，门德尔松《乘着歌声的翅膀》，普罗科菲耶夫《彼得与狼》，巴赫《弥撒曲》，肖邦《第一诙谐曲》，亨德尔《竖琴协奏曲》《水上音乐》，斯美塔那《我的祖国》
	2	精神疲倦	萨拉萨蒂《吉普塞之歌》，舒伯特《小夜曲》，贝多芬《小提琴协奏曲》，亨德尔组曲《水上音乐》，比才《斗牛士之歌》，维瓦尔第小提琴协奏曲《四季》，勃拉姆斯《小提琴协奏曲》，德彪西钢琴协奏曲《水中倒影》，马斯涅《沉思》，巴赫《小步舞曲》，莫扎特《小步舞曲》，德沃夏克《诙谐曲》，肖邦《幻想即兴曲》
	3	悲伤抚慰	莫扎特《安魂曲》，李斯特《叹息》，瓦格纳《葬礼进行曲》，约翰·施特劳斯《蓝色多瑙河》舒伯特《魔王》，巴伯《弦乐柔板》，柴可夫斯基《悲怆交响曲》，莫扎特《第十四交响曲》
	4	嫉妒疑惑	西贝柳斯《芬兰颂》，巴赫《马太受难曲》，肖邦第六波罗奈兹《英雄》，勃拉姆斯《第五匈牙利舞曲》，柴可夫斯基《1812 年序曲》；肖邦《第十二练习曲革命》；舒曼《第四交响曲》第一乐章
	5	净化心灵	克莱斯勒《爱的欢乐》，莫扎特《德国舞曲》，舒伯特《军队进行曲》，勃拉姆斯《A 大调圆舞曲》，柴科夫斯基《如歌的行板》，西贝柳斯交响诗《芬兰颂》，罗西尼《威廉·退尔》序曲，约翰·施特劳斯《电闪雷鸣波尔卡》，亨德尔《皇家烟火音乐》，柴可夫斯基《1812 年序曲》

（续）

音乐类别	序号	效果	曲目
西方古典音乐	6	消除寂寞	安德森《蓝色探戈》《跳蚤之歌》《乘雪橇》《钟表店》，杜卡《小巫师》，圣桑《动物狂欢节》，肖邦《小狗圆舞曲》，莫扎特《音乐的玩笑》，柴可夫斯基《四小天鹅舞曲》
	7	缓解头痛	舒曼《幻想曲》，格里格《钢琴协奏曲》，克莱斯勒《爱的欢乐》《美丽的罗丝玛琳》，西贝柳斯《悲伤圆舞曲》《图内拉的天鹅》，德沃夏克《幽默曲》
	8	有效催眠	德彪西《梦》《月光》，肖邦《摇篮曲》，巴赫《萨拉班德》，莫扎特《长笛与竖琴协奏曲》，拉威尔《水之游戏》，贝多芬《浪漫曲》，肖邦《前奏曲》，门德尔松《“仲夏夜之梦”中的“夜曲”》，舒曼《梦幻曲》
	9	肠胃不适	莫扎特《第四十交响曲》第一乐章，门德尔松《e 小调小提琴协奏曲》第一乐章，约翰·施特劳斯《蓝色多瑙河》，舒伯特《小夜曲》
	10	降血压	马斯涅《沉思》，约翰·施特劳斯《维也纳之春》，贝多芬第六交响曲《田园》第二十三钢琴奏鸣曲《热情》第八钢琴奏鸣曲《悲怆》第一乐章，柴可夫斯基《胡桃夹子》花之圆舞曲，德沃夏克第九交响曲《新世界》第一乐章
	11	心脏悸动	海顿第 101 交响曲《时钟》，奥芬巴赫《霍夫曼的船歌》，格里格《抒情小曲集》，门德尔松《乘着歌声的翅膀》《E 小调小提琴协奏曲》

8.3 康养课程和设计

8.3.1 广州碧水湾森林康养体验课程

广州碧水湾森林康养体验课程见表 8-3。

表 8-3　广州碧水湾森林康养体验课程

日期	时间	活动名称	活动内容	活动地点
17 日	11：30	报到、体验	报到、入住	酒店大堂 /2 号会议室
	12：00	森林初体验	森林初体验	酒店后花园
	12：30	午餐	营养午餐	德啤广场包房
	15：00	一见倾心	树棍舞、我的生命树、流水冥想	酒店后花园
	18：00	晚餐	营养晚餐	德啤广场包房
	20：00	禅茶会 + 温泉	闻香、品茶、森林冥想	5 号会议室 / 温泉区
18 日	7：00–8：30	早餐	中西式自助餐	荔香园
	9：00	再见如故	照相机、森林呐喊、与自然同频呼吸	户外（下雨则羽毛球场）
	12：00	午餐	营养午餐	德啤广场包房
	15：00	抚阳温泉泡浴	朝阳冥想、伸筋、打开身心、温泉冥想	温泉池
	18：00	晚餐	营养晚餐	德啤广场包房
	20：00	森林夜探	暗夜聆听、观星、月光冥想	酒店后花园

（续）

日期	时间	活动名称	活动内容	活动地点
19 日	7：00–8：00	早餐	中西式自助餐	荔香园
	8：00–9：00	森林告别	与自然谈心、藏头诗会	森林
	9：00–11：30	内部探究	客户内部探讨会	2 号会议室
	12：00	体验	问卷、肺功能检测、自律神经检测	2 号会议室
	12：20	午餐	营养午餐	德啤广场包房
	13：30	离店	办理退房手续	酒店大堂

8.3.1.1 活动简介

碧水湾温泉郊野公园背倚飞鹅山，公园内种植许多油松，所分泌的芬多精，具有较好的康养作用。三天两晚的森林疗养活动可以有效缓解身心压力，释放不良情绪，提高人体自然杀伤细胞数量和活力，增强免疫力。

呼吸，是指机体与外界环境之间气体交换的过程。一个呼吸分为三个部分：呼气、屏息、吸气。养生要养气，治病要治气，健康长寿都离不开对气的保养。“气是中国古人对宇宙、生命的感知和认识……中医学引入古代哲学的概念，并结合医学的内容加以发展，使之成为贯穿于整个中医理论体系的核心范畴。”而在森林中空气特别清新——森林植物分泌的精气能杀灭细菌，让空气清新爽洁。在森林里呼吸，人们会感到心旷神怡，疲倦一扫而光，森林空气中的负氧离子沁入心肺，会让人们获得更多的氧，带来充沛的精力，故在森林中开展呼吸功能的锻炼是最佳场所了。

8.3.1.2 活动安排

时间：9 月 17 ～ 19 日。

地点：从化碧水湾康养基地。

人数：15 人。

8.3.1.3 活动目标

（1）放松身心、释放不良情绪、促进心理健康，缓解压力和提高活力。

（2）森林“氧肺”，提高肺功能，改善微循环。

（3）打开五感，提高参与者的自然感知力。

（4）深度体验森林康养模式，从中获得身心健康。

（5）疏经络、补正气，提高身体免疫力。

8.3.1.4 适合人群

适合预防疾病人群、亚健康人群、慢性病人群、痛症困扰人群。

8.3.1.5 温泉水疗的作用

碧水湾温泉是含氡小苏打温泉，含有 30 多种人体必需的微量元素，具有美容养颜、抗衰老、抗炎症等辅助功效。

8.3.1.6 评估工具

肺功能检测仪 、活动前后 HADS 量表检测、自律神经检测仪 、血压计、身高体重一体仪、HRV 检测。

8.3.1.7 结果分析

比较活动前后肺活量、血压、HRV 指数、HADS 分值来评估效果。

8.3.2 瑶琳国家森林公园康养菜单

瑶琳国家森林公园位于杭州市桐庐县瑶琳镇，公园始建于 1993 年，森林覆盖率达 95%，以山、水、洞为主要特色。2019 年，编制了国内首个森林疗养菜单。

8.3.2.1 菜单类型与定位

（1）品牌定位：逸・度假森林疗养。

（2）服务人群：40～60岁人群（男女不限）。

（3）市场定位：以温泉疗法为特色，服务中高收入人群。

8.3.2.2　菜单设计原则

（1）三因制宜原则——因时、因地、因人制宜。

（2）五感统合原则——对五感的多元化运用。

（3）循证医养原则——以森林医学为依据。

8.3.2.3　菜单设计

菜单以瑶琳森林公园自然资源条件、综合服务设施以及基地的市场定位、服务人群为编制依据，突显“山林、温泉、花果、中医”四大核心内容，包含了运动疗法、水疗、芳香疗法、园艺疗法、作业疗法、食疗等多种促进身心健康的疗养方式，在森林疗养通用菜单的基础上，融入基地特色资源。森林疗养菜单包括必选课程、可选课程及套餐课程三部分，共3大项14中项37小项目，其中套餐课程为专项设计（表8–4）。

表8–4　瑶琳森林公园课程菜单

A	必选菜单	参考时长	活动简介	适合地点	推荐季节
A1	森林漫步	60min	在森林疗养师的引导下，沿着森林疗养步道领略经医学认证的自然疗愈力	森林疗养步道	四季
A101	五感漫步		五感统合		四季
A102	赤足漫步		触觉		夏、秋
A103	正念漫步		自我觉察		四季
A104	森林夜游		探索发现		春、夏、秋
A2	森林静息	30min	让心安静下来，闭上眼睛，放松身体，做几次深呼吸，感受当下森林赋予的美好	森林疗养步道沿线适合的场地	四季
A201	森林坐观	30min	鸟瞰森林	高处观景平台	春、夏、秋
A202	森林浴	60min	专业的森林浴法，让皮肤沐浴在森林芬多精中，提高身体免疫力	森林浴场	春、夏、秋
A203	放松练习	30min	在森疗师或专业老师的指导下，有选择性和针对性的进行放松	森林疗养步道沿线合适的场地（需现场踏勘）	春、夏、秋
A205	正念呼吸	30min	觉察呼吸与自我接纳，是对抗压力的技能里，所能拥有的最为强大压力管理工具（包括平衡呼吸、腹式呼吸、左右鼻孔交替呼吸等）	可躺可坐的场地或配套设施	春、夏、秋
B	**可选菜单**	**参考时长**	**活动简介**	**适合地点**	**推荐季节**
B1	森林运动	60min	森林体操和运动	活动平台	
B101	森林太极	60min	传统太极拳、太极操习练		四季

（续）

B	可选菜单	参考时长	活动简介	适合地点	推荐季节
B102	健身气功八段锦	60min	传统八段锦习练		四季
B103	森林瑜伽	60min	养生瑜伽习练		春、夏、秋
B104	森林徒步	60min	有一定的运动量与难度		春、夏、秋
B2	森林冥想	60min	通过各种冥想方式，在森林中调整身心平衡	森林疗养步道沿线合适的场地（需现场踏勘）	春、夏、秋
B201	呼吸冥想	60min	所有冥想中最基础最通用的内容，因此呼吸冥想非常适合初学者		
B202	步行冥想	60min	通过体验行走的步态，感受自己的身体与大地的密切联系		
B203	身体扫描	30min	有意识地将注意力集中在某一身体部位上，全身上下逐一扫描，在有意识地放松身体的同时也将放松大脑		春、夏、秋
B3	逸水水疗	60min	瑶琳天然温泉	温泉中心	四季
B301	逸水温泉浴	60min	逸水温泉来自瑶琳森林疗养基地的高山温泉井的天然温泉，含有对人体健康有益的微量元素。浸浴在温泉中，让身体充分的接触，享受舒适温暖的同时达到养生保健的作用（请在专业人员指导下进行）		
B302	青桐水疗	60min	凝脂香汤浴（花） 鲜果维C浴（果） 养生茶浴（茶） 古方药浴（药）	青桐水疗馆	四季
B303	芳香抚触	30min 60min	结合芳香精油，由专业人员提供全身、后背、手臂以及足部的抚触	青桐水疗馆 手臂抚触可在森林中进行	春、夏、秋
B4	果蔬时光	60min	体验劳动和收获的愉悦	美庐菜道 水果基地	四季
B401	时果采摘	60min	绿色有机水果	水果基地	秋
B402	时蔬采摘	60min	体验农艺与园艺的完美结合	可食用花园（拟建）	四季
B403	四季DIY厨房	60min	自制当季果蔬食品、酵素等	美庐菜道	四季
B404	果蔬农事		自己动手种植果蔬，打造心灵花园	水果基地、 可食用花园（拟建）	春季
B5	花事锦盒	60min	各种与花相关的体验活动	芳香园	四季
B501	叶拓	30min	花艺体验		春，夏、秋

（续）

B	可选菜单	参考时长	活动简介	适合地点	推荐季节
B502	押花	60min	花艺体验		春，夏
B503	花事 DIY	60min	DIY 精油、纯露、香皂伴手礼	森林工坊	四季
B504	插花艺术	60min	鲜花、干花插花体验		四季
B505	花事园艺	60min	借由实际接触和运用园艺材料，维护美化植物或盆栽和庭园，接触自然环境而舒解压力与复健心灵		四季
B6	洞穴浴		主要针对 60 岁以上年龄段的访客，主要是用于哮喘、气管炎的辅助疗效。对其他疾病如慢阻肺、鼻炎、咽炎、支气管炎也有辅助效果	溶 洞	四季
B7	森林宝藏	60min	森林就是一个大宝藏，等着人们去探索与发现		
B702	森林疗养科普知识	30min	通过讲解和体验，了解森林疗养，掌握相关的科普知识	森林康养步道沿线	
B701	森林好朋友		主要面向儿童、青少年	无动力森林乐园（拟建）	
B702	动植物科普 / 观察 / 解说		自然教育课堂	自然体验径（拟建）	
B8	森林心理	60min	心理咨询与梳导	室外	四季
B801	森林咨商	60min	专业心理咨询师 1 对 1 服务		
B802	我的树	60min	自我咨商		
B803	森林纾压	60min	情绪释放疗法		
B804	艺术疗法	60min	由专业心理咨询师提供服务		
B805	团体咨商	60min	3 人以上，由专业心理咨询师提供服务。		
B9	森林中药养生食疗		利用森林中的有机食物来影响机体各方面的功能，从而获得健康或愈疾防病的功效	美庐莱道	四季
B901	桐君古法养生食膳		订制营养食膳	美庐莱道	
B902	桐君古法养生药膳		订制营养药膳	美庐莱道	

8.3.2.4 使用方法和使用建议

（1）使用方法。①由森疗师根据体验者诉求、身体健康状况及体验时间等具体情况给出活动建议。②体验者在建议的基础上进行调整和确认。③由森林疗养师根据最终确定的内容编制完整的课程实施计划指导活动的开展。

（2）使用建议。①每次开展的活动内容不宜多，不宜满，要给体验者留出自由时间。②进入森林里的活动，谨记环保理念，尽量做到无痕山林要求。③最大限度地利用森林里的资源（材料），体验感更丰富。

8.3.3 心因性疼痛人群的森林疗养课程

8.3.3.1 活动简介

心因性疼痛是一种表现为一个或多个解剖学部位疼痛的障碍，由于心理因素所引起，且病人的主要注意力均被这种疼痛所吸引，并能导致严重的紧张和功能残疾。慢性疼痛作为一种病症，已引起全世界的高度重视，世界疼痛大会将此疼痛确认为继呼吸、脉搏、体温和血压之后的“人类第五大生命指征”。属于中医情志致病的范畴，即喜、怒、哀、乐、悲、恐、思，情绪太过就会让身体气血不通、淤堵，不通则痛，情绪是因，疼痛是果。疼痛障碍相当常见，其确切的发病率不详，但在美国，仅心因性背痛所致的某种程度的工作能力丧失估计每年就占成人人群的 10% ～ 15%；在中国，心因性疼痛占成人人群的 67%，而现在的医院大部分都是针对疼痛去治疗，而没有关注情绪，治标不治本。

该方案利用现在康复治疗学的 PT、OT 技术和中医技术，结合森林中的特殊环境，利用植物为媒介，设计针对性的运动疗法、森林冥想、森林手作等活动，可以有效缓解参与者的疼痛感症状、缓解身心压力等，还可以学会正确的日常保健、护理的方法，在森林中获得身心健康。

8.3.3.2 活动安排

（1）时间：11 月 3 日 14:00 ～ 17:00（霜降）。

（2）地点：丽水白云森林公园。丽水白云国家森林公园位于丽水城北，公园总面积达 2587.33hm^2，海拔在 51.2 ～ 1073.2m 之间，森林覆盖率高达 97.38%。园区内林木葱郁，风景如画，以奇山、秘洞、怪石、幽林、古树、秀水等自然景观为主，兼有寺、观、庙、庵及动人神话、美妙传说等人文景观，可供旅游观光、休疗康复、避暑度假、野营狩猎、森林沐浴和林中采奇。公园内群山环绕、千峰屏立、沟壑纵横、谷深坡陡、水雾缭绕、气候宜人，是一座林木葱郁、绿意盎然、溪流清沏、风景秀丽的城市森林公园。公园内有华东地区城市中保存最好的次生阔叶林，浙江省年代最久远、树体最大的古樟和众多古树名木，被誉为天然的“动植物基因保护库”，是丽水城郊森林植被面积最大、景观资源最丰富的绿色生态屏障和最大的“森林氧吧”。地级市中拥有如此规模城市型森林公园的，浙江绝无仅有，在全国也十分罕见。

（3）对象：可能是心因性疼痛的人群（因是比赛项目，时间紧，未做好详尽面谈）。

（4）入选标准：①患者疼痛时间持续 3 个月以上，但经各项临床检查如 B 超、CT、内窥镜检查均无器质性病变；②患者疼痛原因存在器质性病变可能，但却无法根据器质性病变原因进行解释；

（5）人数：8 人。

8.3.3.3 活动目标

（1）缓解参与者颈、肩、腰、腿疼痛的症状（面谈过程中得到的共性需求）。

（2）缓解参与者的身心压力、释放不良情绪。

（3）学会一些有针对性、可操作、易实现的日常防护手段。

8.3.3.4 理论依据

（1）森林医学。森林环境和森林浴，可以起到生理放松和改善睡眠的作用，可以降低心理压力、提高活力（朴范镇等，2013）。同时，对内分泌系统、免疫系统、血液系统、神经系统等有积极的改善或提高作用（南海龙等，2016）。

（2）运动医学。根据我国哲学“动则生阳，静则生阴”的理论，选择在向阳处做升阳功、撞背、太极球、八段锦为热身运动。

①升阳功。提升阳气，通经络，能疏通胆经、促进代谢功能，刺激关元穴、肾腧穴、腋窝、百会穴等穴，同时通过拍打促进手部血液的循环，通过屈膝促进腿部的血液循环。

②撞背。中医学认为，背为阳，腹为阴，人体背部分布的基本上都是人体的阳经。其中，督脉、足太阳膀胱经尤为重要。督脉沿脊柱分布在腰背部正中，它能总督一身阳脉，蓄积气血，以备全身经脉之用。解剖学也表明，在背部脊柱的两旁，分布着一些调节内脏的自主神经节。在人体背部进行一定节律的拍打、敲击，能提升阳气，有利于人体气机顺畅，阴阳调达，使人体的脏腑功能更加协调，气血更加通畅（黄坛，2011）。

③揉太极。此运动是有氧运动，以腰为轴带动全身气血循环，使身体缓慢发热，逐渐出汗，汗而不喘，是一项平衡、协调、持续的运动，双手或双脚有规律的运动，自然调节四肢百骸的平衡性和协调性。

（3）道家呼吸吐纳功法。吐纳者，呼吸也。庄子云："吹嘘呼吸，吐故纳新，为寿而已矣。"意思即吐出浊气，纳入人体所需之清气，以帮助培蓄人体内部之元气，达到养生长寿之目的。

（4）森林阅读。英国银河巧克力读书俱乐部委托萨塞克斯大学的心智实验室国际咨询公司进行这项研究，以支持俱乐部举办的不可抗拒的阅读活动。受调查对象先通过测试提高压力水平和心率，随后参与各种活动缓解压力。研究结果表明，阅读放松效果最佳，6min 内就能够降低压力水平 68%。听音乐能够降低 61%的压力，喝茶或咖啡降低 54%，散步降低 42%。心理学家认为，阅读时人们的思绪会集中在文字上，进入文学世界，紧张的身体和大脑可以因此得到放松。选取一些跟森林、跟自然相关的文章，让参与者先阅读，然后进行朗诵。

（5）"天人相应"。"天人相应"理论涉及了中医学对人体生理功能节律"五脏应时"的认识（郭霞珍等，2016；张和韩等，2016）。人体发病遵循着"旦慧、昼安、夕加、夜甚"的规律（曹宪姣和张伟，2016；金亚明，1998；陈阳春等，1994），还包括了对"择时"治疗（梁小利等，2019；杨海侠，2012；郭延东和吕云玲，2010）和"顺时"养生应用（李雨欣等，2018；刘长林，2008；廖冬燕，2007）。现代时间生物学以现代的科学技术，深入研究生命节律，发现了生命活动呈现出一定的周期性变化，揭示了生命的动态演变。故不同的节气、季节森林中的阴阳变化是不一样的，森林疗养活动需要应时而变。

（6）后溪穴防治疼痛。后溪穴出自《灵枢・本输》，为手太阳小肠经腧穴，又是八脉交会穴之一，通于督脉，具有疏通经络气血，治疗急、慢性疼痛。在古今文献中，后溪穴广泛用于治疗急性腰扭伤、落枕、肩周炎、偏头痛、坐骨神经痛、足跟痛、胸胁痛、咽喉肿痛等多种痛症。

（7）中医情志理论。情志即"七情""五志"。《黄帝内经・素问・阴阳应象大论》与《黄帝内经・素问・五运行大论》提出："怒伤肝，悲盛怒""喜伤心，恐胜喜""思伤脾，怒胜思""忧伤肺，喜胜忧""恐伤肾，思胜恐"。据统计，人类疾病的 50% ～ 80% 是与精神失调有关，情志致病的种类涵盖也很广，包括情志内伤所致的以神志症状为主的一类疾病。情绪太过或不及都会影响体内气机的变化，而"不通则痛""痛则不通"，说明了气机与疼痛的关系，故人的情绪与疼痛互为影响。

8.3.3.5　活动道具

活动道具：森林疗养记录表、沉香、打火机、铅字笔、A4 纸若干张、朗读文本、唱诵文本，一次性雨衣、弹弓、急救包、哨子，同时为每一位体验者购买保险。

8.3.3.6　课程设计

课程设计见表 8-5。

表 8-5　课程设计

序号	时间	活动主题	活动简介	物品准备
1	13:30 ～ 13:50	破冰、热身	通过语音冥想的形式，引导参与者找到对自己生命中最重要的一种植物	沉香、打火机
2	13:50 ～ 14:30	我的生命树	找一颗你最喜欢的树—拥抱祈福—撞背、摇头摆尾去心火—树画	绳子
3	14:30 ～ 15:10	溪边水疗	树叶船、玩弹弓	干毛巾、弹弓
4	15:10 ～ 15:50	我的秘密森林	森林礼物：用杉树皮当画纸、作画，做一幅画送给你最重要的人 森林唱诵：清唱《小草》《问茶》 森林阅读：寻找一块独立、静谧的空间，静静地阅读 6min，然后邀请愿意朗读的人朗读出来	朗读文本、唱诵材料
5	15:50 ～ 16:30	听水冥想	收集水的声音，冥想	
6	16:30 ～ 17:00	结束，分享心得		

（1）破冰、热身。“今天我们是一颗松树，因为松树的芬多精对我们的呼吸道疾病有益，气顺则体健。大家来想想，一颗松树由什么组成呢？松泥、松树根、松树干、松树枝、松针、松果、松鼠，大家可以商量一下，你想扮演哪个角色呢？好，大家都选好了哈，恭喜我们的松树家族成立了，我今天呢就是松树周围的空气，陪伴大家走进这片森林。看看我们今天在路上遇到的第一颗松树在哪里，自己是松树的哪一部分？”

“请大家轻轻地触摸这颗松树，想象自己是松树的一部分。”

（2）我的生命树。在一片松树林的小平台上，利用反手扣后背、瑜伽天地人式、蚂蚁上树三个动作，检测颈肩腰腿关节的活动度。并做升阳功，热身、打开毛孔和经络。

在周围找一颗属于你的松树，观察它的树冠、树形、树叶、树皮的触感等，观察松针的性状、针刺感，体会古代中医取类比象的思维。树就是一个天然的千手观音，引导参与者数数它到底有多少只手呢？树上有多少颗松果呢？通过数树枝、松果的环节，加强与生命树的链接，同时抬头、抬肩，活动颈肩关节。简单分享后，回到生命树底下做撞背、摇头摆尾去心火的动作。呼吸你生命树的味道，祈愿它能带给我们健康。

在生命树上比自己高的位置选择一块画布，用生命树周围的素材装饰这块画布，并给自己的作品取名。分享后作画心得后，拥抱、感恩生命树。

（3）溪边水疗。在瀑布处用清澈的山泉水洗手、洗脸。梳理最近生活、工作中的烦恼，选对应尺寸的石头，每一颗石头就代表了一个烦恼，在水面空旷处，让弹弓带着你的烦恼脱离自己。同时，在拉弹弓的过程中，可以锻炼斜方肌、背阔肌等，可以缓解颈肩综合征。同时，将烦恼分类，让大家理清生活中的小烦恼、大烦恼、分清轻重缓急，更加有效地释放情绪。启示大家，小烦恼需要花费小力气，大烦恼需要花费大力气，要防微杜渐，及时处理好我们的不良情绪。

成人体内含水量是 65% ～ 70%，所以人类天生具有亲水性，在跟水接触的过程中可以找到本我、释放本我，放松压力，敞开心扉，链接自然。中医认为心为五脏六腑之大主，打开心神之后，五感能变得更加的敏感。而玩水是打开心觉的快速、有效的途径之一。

把心里的情绪垃圾排空后，才能装进阳光。引导松树家族成员利用周围的素材做一辆树叶船，写上你此刻最想要说的话，然后，放走小船，目送其远航，带着满满的心愿、美好，开启接下来的疗愈之旅。

（4）听水冥想。选一处水流声音比较大的区域，坐在石头上，静看流水，可以做树叶船，静听水声，录一段水的声音。然后选一块安全、平摊的石头，坐着，听水冥想。

引导词如下（缩减）：

现在请您闭上眼睛，选一处您最喜欢的水声，静静地聆听一会，这股水流通过您的耳朵，您的嘴巴，进入了你的大脑，你的脸上，跟这里的水互换、融合，你慢慢地感受到了一股清凉从头入脚，贯穿了你的胸腔……你的腹部……你的双手……你的每一个手指头……你的大腿……小腿……每一个脚指头……最后停留在你最疼痛的位置，让这股水流轻柔地、温暖地、微笑地按摩着这个部位，持续地按摩着，按摩着……此刻，请你用所有的力量紧紧地拥抱这个部位，静静地跟它待一会，10……感谢它虽然疼痛但依然全心全意地支持你……9……8……这个部位慢慢地舒展开了……7……6……5……我爱你……4……3……辛苦了，我的伙伴……2……1……如果你觉得你与疼痛的部位融为一体了，请你慢慢地睁开眼睛……如果还没有，请你继续拥抱他，告诉他，以后你会好好爱惜他，如果可以，也请你睁开眼睛，接受此刻还不完美的自己。

（5）我的秘密森林。

①森林唱诵。结合中国传统呼吸功法开展森林唱诵，可以调理呼吸、打开脉轮，传递能量，跟森林进行深层互动。静心感受森林的一切，清唱了《小草》《问茶》，更能感受到对方传递出来的能量。

《小草》

没有花香 没有树高
我是一颗无人知道的小草
从不寂寞 从不烦恼
你看我的伙伴遍及天涯海角
春风呀春风你把我吹绿
阳光呀阳光你把我照耀
河流呀山川你育哺了我
大地呀母亲把我紧紧拥抱

《问茶》

浪漫 幸福 喜悦 彩虹 真爱 甘露 开悟
银河 宇宙 真善美
风华再现 返璞归真

②森林阅读。点一根沉香，许一个健康的心愿，感恩这片走过的森林。选一篇文章阅读（都是跟自然相关的文本），先静静地浏览，然后每个人根据自己的理解，朗读出来，通过森林阅读释放压力，放松身心。设计一个阅读舞台，位于高处，倾听者可以抬头倾听，加强颈椎的主动运动。通过朗读，更能感受到字里行间想要传递的情感、讯息，会在脑海中形成自然映像，在家里就可以通过阅读走进自己的秘密森林。

③滑坡处。选一块山体滑坡比较严重的位置，只有滑落的石头，没有植被，大家看了都觉得很难受，引导大家思考，这片山林是不是也会因为这处滑坡而不开心？大家说是的，引导大家换位思考，如果我们心里有烦恼了，不开心了，身体是不是也会觉得难受？也会觉得很堵？在这里做一个情绪释放，跟我们的不开心做一个切断。

④被白蚁蛀空的树根。树的表皮是完好的，但是树根内部已经千疮百孔了，导致整棵树都倒了。观察蚁洞是部分大的、部分小的，当蚂蚁越来越多的时候，蚁洞就越来越密集、越来越小了，引导大家思考当身体有疼痛感的时候不要忽视，这是身体给我们的求救信号。

（6）分享。分享今天让你记忆最深刻的一个环节，还有自己的体会。同时，手拉手，闭着眼睛回想今天走过的路，触摸到的植物，最好感受一下松树家族的泥、树根、树干、树枝、松针、松花、松果、松树，感谢彼此的陪伴。

（7）规则与要求。

①活动前的准备。对象前测及沟通：收集体验者背景资料，询问个人健康问题；体验者装备：防滑运动鞋、运动衣（长袖长裤）、防晒霜、防蚊虫喷雾、饮用水（注意保持水分摄入）、常用药品；森林疗养师应急准备：急救包；做好各项风险应急措施。

②实施过程中的要求。自我介绍，破冰；向参加者说明当日行程和活动安排，减少焦虑和不安。在各活动开始前，请及时使用卫生间；全程不要随地吐痰，乱扔废弃物，不要损坏森林植被，采集凋落、掉落的自然物，爱护大自然，尽可能遵守 LNT 的原则；活动场所较多，场地较大，不易随处乱跑，容易迷失。注意水系的地区。请跟随组织者的引导，通过吹响口哨，集合组织队伍，方便森林疗养师管理团队；注意安全标示，清晰辨别出入口和地图引导，聆听园内广播安全提示；园内水系水深危险，请勿戏水。禁止攀爬假山及园区内危险、陡峭山体；森林疗养师和工作人员定时清点人数，确保所有成员均在。

③注意事项。户外环境变幻莫测，请做好防雨防晒防寒工作；请保管好自身携带物品，对个人安全负责。意外风险性无法预测，计划行程有不确定因素，如发生意外，责任自负，组织者不承担赔偿责任。

（8）森林疗养效果评估方法及结果分析。

①评估工具：初始面谈表、终了面谈表、中医望闻问切四诊、疼痛量表、HADS 量表（医院用焦虑抑郁量表）、匹兹堡睡眠质量指数量表（PSQI 调查表）、满意度问卷。

②结果分析：根据中医望闻问切四诊，观察参与者活动前后心态、面色、舌象、脉象、语言等方面的变化；根据量表观察疼痛和 HADS 量表、PSQI 调查表等指标的变化情况；通过特定动作的检测，观察参与者颈椎、肩关节、腰关节活动度的变化。

（9）提示与建议。

①提示。森林疗养以人为中心、以森林为治疗素材，需要在活动前清晰地知道参与者的疗养诉求、健康情况，在此基础上充分勘测场地、熟悉场地，有针对性地设计疗养方案，并耐心地给参与者讲解活动的意义和作用，让参与者放松身心，能跟上森林疗养师的频率。

②建议。活动前需要有充足的时间考察场地，再熟悉的场地都要做到一团一查森林疗养师要时刻关注参与者的状态，及时调整方案。白云山森林公园涉水的平台要考虑安全性和可达性，建议可以提供一些可以坐着的亲水平台。

（10）活动反思。

①活动总结前应该适当休息，先上卫生间后再开展活动。

②森林唱诵的环节，可以多准备几首歌，大家比较喜欢清唱的环节。

③弹弓没有充分准备，人数从 6 到 8，影响部分人员的体验感，但及时用打水漂将烦恼抛出去，救场了。

④要有所收获才可以打动参与者的心，吸引参与者再来，同时，能引导日常生活习惯的改变。

8.3.4 颈肩综合症森林疗养方案

8.3.4.1 活动简介

本次活动针对颈肩综合征人群，是以颈椎退行性病变为基础（椎间盘突出、骨质增生等）以及由此引起的颈肩部酸麻、胀痛症状的总称。典型症状：颈痛，肩背痛，是神经根型颈椎病患者常见的临床表现，但可以不局限于颈肩痛，颈部活动痛性受限，颈项压痛，叩痛。其他症状：有时伴发头枕痛，上肢痛，还可以有酸胀、僵硬、沉重、麻木和刺痒感觉。

该症多因坐姿不正、长时间操作电脑、手臂经常悬空、颈部受寒、长期枕头不适等引起。利用现在康复治疗学的 PT、OT 技术和中医理论，结合森林中的特殊环境，利用植物为媒介，设计针对性的运动疗法、森林手作等活动，可以有效缓解参与者的不舒适症状，缓解身心压力，用眼疲劳等，还可以学会正确的日常保健、护理的方法，在森林中获得身心健康。

8.3.4.2　活动安排

（1）时间：1 月 15 日 9:00 ～ 12:00。

（2）地点：格氏栲森林公园。三明格氏栲国家森林公园是国家 AAAA 级景区，位于三明市西南 30km 的莘口楼源小湖村，距市区约 20km，景区主要有迎客栲，栲林禅院、腾龙阁等旅游景点。景区内已调查到的维管束植物有 102 科 228 属 425 种，而格氏栲则以“珍贵稀少、材质良好、全身是宝”享誉八闽内外，景区内有格氏栲森林一万亩，已有 200 多年历史，是世界上最大的格氏栲天然林区之一。景区内还伴生有樟、楠、榛、建柏、黄杞、黄楮、山肉桂等多种树木樟、楠、木荷、建柏、黄杞、山肉桂等木本植物，麦冬、砂仁、金线莲、七叶一枝花等中草药材上百种。

（3）对象：颈肩综合征人群。

（4）人数：10 人。

8.3.4.3　活动目标

（1）缓解参与者颈肩不适的症状。

（2）缓解参与者的身心压力。

（3）森林教育启蒙，森林生活方式引导。

（4）学会一些有针对性、可操作、易实现的日常防护手段。

8.3.4.4　活动道具

森林疗养记录表、肺功能仪、铅字笔、A4 纸若干张、一次性雨衣、防水鞋套、急救包、哨子，同时为每一位体验者购买保险。

8.3.4.5　课程设计

（1）初始访谈、树棍舞。活动开始前进行肺活量的监测。可以快速链接参与者，了解参与者的需求，调整方案。用竹竿开展树棍舞，进行森林疗养前的热身，并有效破冰，让参与者快速互动，并利用格氏栲的特殊树种，取对应的自然名。

（2）止语漫步。引导参与者从上台阶开始，将手机调整为震动或者静音，开始止语漫步，在漫步过程中发现最让你心动的风景，并用手机记录下来，在栲树王平台处分享自己最喜欢的 3 张照片。格氏栲森林公园中的格氏栲树高约 10m 以上，林下灌木稀疏，漫步路段为爬坡路段，故前进过程中会自觉抬头，大多数参与者选择的拍照角度都为抬头 30° ～ 90° 之间，有效活动了颈椎。在分享了止语漫步的心得体会后，引导参与者利用平台附近的自然物开展“大地曼陀罗”活动，进一步打开“五感”，引导参与者与自然产生深度链接，分享自己的自然创作。

（3）我的生命树。在栲树山庄处利用室内休息平台以及平坦的地势较多的栲树、松树、椴木等，开展寻找我的生命树活动，让参与者在附近找一颗自己最喜欢的树，与自己有一定相似之处的一棵树，并在 A4 纸上画下来，然后分享自己的故事，最后利用一棵栲树与一棵松树树干相交形成的自然之门，设计森林 T 台秀，与“我的树”来一场欢快的 T 台秀，展示自我，在笑声中释放压力，释放不良情绪。

（4）终了面谈、“五感”笔记。怀着感恩之心，沿着缓缓的石子路下山，感受脚底的不同触感，全身心感受自然。终了面谈，让大家分享自己的感受和收获，表达感谢。发放“五感”笔记，大家可以写上自己这几个小时的所见所闻，并做肺功能的体检。

8.3.4.7 规则与要求

（1）活动前的准备：①对象前测及沟通：收集体验者背景资料，询问个人健康问题。②体验者装备：防滑运动鞋、运动衣（长袖长裤）、防晒霜、防蚊虫喷雾、饮用水（注意保持水分摄入）、常用药品。③森林疗养师应急准备：急救包。④做好各项风险应急措施（表 8–6）。

表 8–6 应急措施配置清单

序号	配置清单	数量	序号	配置清单	数量
1	破窗锤	1 把	17	退热贴	1 贴
2	自发应急手电	1 个	18	乳胶手套	1 副
3	卡扣止血带	1 个	19	三角绷带	1 包
4	冷敷冰袋	1 袋	20	急救毯	1 包
5	人工呼吸面膜	1 片	21	急救口哨	1 个
6	酒精棉球	25 枚	22	大号创口贴	2 贴
7	碘伏棉球	25 枚	23	棉签	20 支
8	小药盒	1 个	24	清洗盐水	1 支
9	多功能军卡刀	1 个	25	一次性口罩	1 只
10	水银温度计	1 支	26	紫草膏	1 瓶
11	创口贴	6 片	27	弹性绷带	1 卷
12	酒精消毒片	6 片	28	纱布片	4 片
13	剪刀	1 把	29	无纺胶布	1 个
14	镊子	1 个	30	曲别针	5 枚
15	紧急联系卡	1 张	31	毫针	50 枚
16	紫铜刮痧板	1 个			

（2）实施过程中的要求：①自我介绍，破冰。②向参加者说明当日行程和活动安排，减少焦虑和不安。在各活动开始前，请及时使用卫生间。③全程不要随地吐痰，乱扔废弃物，不要损坏森林植被，采集凋落、掉落的自然物，爱护大自然，尽可能遵守 LNT 的原则。④活动场所较多，场地较大，不随处乱跑，容易迷失。注意水系的地区。请跟随组织者的引导，通过吹响口哨，集合组织队伍，方便森林疗养师管理团队。⑤注意安全标示，清晰辨别出入口和地图引导，聆听园内广播安全提示。⑥园内水系水深危险，请勿戏水。禁止攀爬假山及园区内危险、陡峭山体。⑦森林疗养师和工作人员定时清点人数，确保所有成员均在。

（3）注意事项：①户外环境变幻莫测，请做好防雨防晒防寒工作。②请保管好自身携带物品，对个人安全负责。意外风险性无法预测，计划行程有不确定因素，如发生意外，责任自负，组织者不承担赔偿责任。

（4）森林疗养效果评估方法及结果分析。

①评估工具：初始面谈表、终了面谈表、肺活量测量仪和满意度问卷。

②结果分析：观察参与者活动前后心态、面色、舌象、脉象、语言等方面的变化；根据设备检测，监测活动前后参与者的肺活量变化情况。通过特定动作的检测，观察参与者颈椎、肩关节、腰关节活动度的变化。

（5）提示与建议。

①提示：森林疗养以人为中心、以森林为治疗素材，需要在活动前清晰地知道参与者的疗养诉求、健康情况，在此基础上充分勘测场地、熟悉场地，有针对性的设计疗养方案，并耐心地给参与者讲解活动的意义和作用，让参与者放松身心，能跟上森林疗养师的频率。

②建议：活动前需要有充足的时间考察场地，再熟悉的场地都要做到一团一查；森林疗养师要时刻关注参与者的状态，及时调整方案。

参考文献

陈阳春，李震生，候勇谋，等，1994. 从天人相应学说探讨郑州地区脑卒中发病、死亡与时间节律关系 [J]. 中医研究 (01):18–21.

郭延东，吕云玲，2010. 论中医择时用药 [J]. 中华中医药杂志，25(12):2038–2040.

梁小利，王红艳，韩丽欣，等，2019. 子午流注择时穴位贴敷在老年功能性便秘(气阴两虚型)患者中的应用研究 [J]. 中国疗养医学，28(03): 239–240.

李雨欣，施娜，许筱颖，2018. 浅议中医顺时养生与治未病 [J]. 中医药学报，46(04): 5–8.

刘长林，2008. 中医以时为正，顺时为道 [A] 中华中医药学会、中国哲学史学会，全国中医学方法论研讨会论文集 [C]. 中华中医药学会、中国哲学史学会 : 中华中医药学会 : 2.

廖冬燕，2007. 顺时摄生 – 中医“治未病”之源 [A]. 中华中医药学会、广西中医学院、广西壮族自治区卫生厅、昆仑一炎黄公司 . 第三届泛中医论坛·思考中医 2007 中医“治未病”暨首届扶阳论坛论文集 [C] 中华中医药学会、广西中医学院、广西壮族自治区卫生厅、昆仑一炎黄公司 : 中华中医药学会 : 2.

南海龙，刘立军，王小平，等，2016. 森林疗养漫谈 [M]. 北京 : 中国林业出版社 .

朴范镇，恒次祐之，李宙营 , 等，2013. 森林医学 [M]. 北京 : 科学出版社 .

杨海侠，2012. 中医择时服药治疗围绝经期失眠探讨 [J]. 中国中医基础医学杂志，18(01): 80–81.

张和韓，马淑然，田甜，2016. 关于五脏应时理论内涵的探讨 [J]. 中华中医药杂志，31(05):1764–1766.

Manfredini R，Bossone EA，2017.Journey into the Science of CardiovascularChronobiology [J]. Heart Failure Clinics，13(4): 15–18.

Suzanne Pears，Angela Makris, Annemarie Hennessy, 2018. The chronobiology of blood pressure in pregnancy[J]. Pregnancy Hypertension: An International Journal of Women's Cardiovascular Health,12: 104–109.

D. Martin, H. Mckenna. H Galley, 2018. Rhythm and cues: role of chronobiology inPerioperativemedicine[J]. British Journal of Anaesthesia, 121(2): 344–349.

Daniel Leite Goes Gitai, Tiago Gomes de Andrade, Ygor Daniel Ramos dos Santosetal, 2019. Chronobiology of limbic seizures: Potential mechanisms and prospects of chronotherapy for mesial temporal lobe epilepsy[J].Neuroscience and Biobehavioral Reviews,98:122–134.

第九章　投资分析与项目保障

9.1 投资估算

9.1.1 估算范围

估算范围主要包括康养基地建设的工程费用、工程建设其他费用和预备费。

（1）工程费用。工程费用主要包括基础设施建设、服务设施建设和康养设施建设的工程费用。其中基础设施建设主要包括出入口出入口、道路、停车场、公共厕所、给水设施、排水设施、供电设施和通讯设施等建设项目的工程费用；服务设施建设主要包括森林康养接待设施、住宿设施、餐饮设施和购物设施等建设项目的工程费用；康养设施建设主要包括森林医院、康养步道、康复中心、康养文化馆、康复植物园、药膳中心等建设项目的工程费用。

（2）建设工程其他费用。主要包括建设单位管理费、可行性研究费、专项评价费（环境影响评价费、安全预评价费、地质灾害危险性评价费等）、勘察设计费、监理费和招标费等费用。

（3）预备费。主要包括基本预备费和价差预备费。

9.1.2 估算依据

森林康养基地的投资估算是在进行广泛物价和费用调查的基础上，参照国内类似工程的费用水平，并考虑地方现行的物价水平，以及建设条件对工程投资带来的影响因素等综合分析后进行的，各类费用估算的具体依据：《广东省森林康养基地建设指引》《广东营造林工程定额与造价标准》《建设项目前期工作咨询收费暂行规定》《关于规范环境影响咨询收费有关问题的通知》《基本建设财务管理规定》《工程勘察设计收费管理规定》（2002 年）、《建设工程监理与相关服务收费管理规定》（2007 年）、《招标代理服务收费管理暂行办法》（2002 年）、《林业行业调查规划项目收费指导意见》（2018 年）。

9.1.3 投资估算

9.1.3.1 投资估算原则

（1）坚持“全面规划、分期实施、重点投放、经济合理”的原则。

（2）坚持分期投入的原则。

9.1.3.2 投资估算说明

根据建设项目内容确定建设期限，建设投资构成分为工程费用、工程建设其他费用和预备费。

（1）工程费用。主要执行依据《广东省建筑与装饰工程综合定额（2018）》《广东省安装工程综合定额（2018）》《广东省市政工程综合定额（2018）》《广东省园林工程综合定额（2018）》《广东省传统建筑保护修复工程综合定额（试行）（2018）》《广东省南粤古驿道保护与修复费用计价指引（试行）》《广东省城市地下综合管廊工程综合定额（2018）》《广东省装配式建筑工程综合定额（试行）》《广东省建设工程施工机具台班费用编制规则（2018）》《广东省房屋和市政修缮工程综合定额（2012）》。技术经济指标采用项目所在地造价部门当季所发布的市场价。

（2）工程其他费用。可研报告编制费按《建设项目前期工作咨询收费暂行规定》（计价格〔1999〕1283号）或《林业行业调查规划项目收费指导意见》（林建协〔2018〕15号）执行；环境影响报告书的编制和评估费用按照《关于规范环境影响咨询收费有关问题的通知》（计价格〔2002〕125号）的相关规定计列；建设单位管理费按财政部《基本建设财务管理规定》（中华人民共和国财政部令81号令）执行；勘察设计费按《工程勘察设计收费管理规定》（计价格〔2002〕10号）或《林业行业调查规划项目收费指导意见》（林建协〔2018〕15号）执行；工程监理费按《建设工程监理与相关服务收费管理规定》（发改价格〔2007〕670号）执行；招投标费按《招标代理服务收费管理暂行办法》（计价格〔2002〕1980号）执行。

（3）基本预备费。基本预备费按基础建设投资和建设工程其他费用之和的1%～5%计算。

9.1.4 建设投资

按估算确定森林康养基地建设项目的总投资额度，并说明各分项费用及占总投资的比重。

9.1.4.1 广东森林康养基地

广东森林康养基地康养基地投资估算见表9-1。

表9-1　广东森林康养基地投资估算

序号	项目建设内容	单位	数量	单价（万元）	投资（万元）	分期投资（万元）	
						前期投资（2020—2024年）	后期投资（2025—2029年）
一	工程费用				89733.10	36609	53124.10
1	基础设施建设				17351.10	5754	11597.10
2	游览安全保障系统				542	235	307
3	康养设施建设				66540	28720	37820
4	森林景观工程				5300	1900	3400
二	工程建设其他费用				6281.32	2562.63	3718.69
1	建设单位管理费	工程费用 ×1%			897.33	366.09	897.33
2	勘察费	工程费用 ×1.5%			1345	549.14	1346
3	工程设计费	工程费用 ×3%			2691.99	1098.27	2691.99
4	审图、招标代理等	工程费用 ×0.5%			448.67	183.05	448.67
5	工程监理费	工程费用 ×1%			897.331	366.09	897.33
三	预备费	工程费用 ×3%			2691.99	1098.27	2691.99
四	总投资	一＋二＋三			98706.41	40269.90	58436.51

9.1.4.2 广东国家森林康养示范县

广东国家森林康养示范县分区投资估算见表 9-2。

表 9-2 广东国家森林康养示范县投资估算

序号	分区名称	总投资（亿元）	第一期(2019—2022 年)	第二期(2023—2025 年)	第三期(2026—2029 年)	备注
	合计	105.2	40	39.2	26	
1	竹海森林康养区	52.5	21.5	20	11	
2	南药种植体验区	13.2	5	5.2	3	
3	竹林康养度假区	16.7	5	6.7	5	
4	乡村农园观光区	13	4.5	5.5	3	
5	特色森林产品体验区	9.8	4	1.8	4	

9.1.4.3 广东森林公园

广东森林公园投资估算见表 9-3。

表 9-3 广东森林公园投资估算

序号	项目	内容	投资小计（万元）	备注
总投资（一＋二＋三）			39988.07	
工程直接费			36188.30	
工程建设其他费用		管理、勘察、设计、监理等费用	2714.12	
不可预见费		工程直接费的 3%	1085.65	
一	工程直接费		36188.30	
1	道路工程	车行道、步行道等新建与改造	6296.30	
2	管理服务区	相关配套建筑、景点、绿化	2120.00	
3	山林运动区	相关配套设施、景点、绿化	2320.00	
4	花海观赏区	相关配套设施、景点、绿化	2455.00	
5	森林康养区	相关配套设施、景点、绿化	10025.00	
6	湿地科普区	相关配套设施、景点、绿化	3555.00	
7	彩叶林景区	相关配套设施、景点、绿化	1550.00	
8	民俗文化区	相关配套设施、景点、绿化	3462.00	
9	水库游览区	相关配套设施、景点、绿化	1520.00	
10	核心景观区	相关配套设施、景点、绿化	880.00	

（续）

序号	项目	内容	投资小计（万元）	备注
11	森林景观工程	林相改造	800.00	
12	环卫工程	公共厕所等	390.00	
13	市政公用工程	环卫、排水、给水、供电等	1335.00	
14	其他配套设施工程	庇护点、标识系统等	360.00	

9.2 效益分析

9.2.1 经济效益分析方法

森林康养基地的建设，是当地相关产业链的源头，产生直接和间接的经济效益。

9.2.1.1 直接经济效益

根据森林康养基地投资情况，确定项目财务评价周期年限，分别为项目建设期和项目运营期，总投资在项目建设期均匀投入。森林康养基地建成后将带来直接的经济效益，此经济效益也是康养基地建设的投资回报。根据森林康养疗程和森林康养产品的销售额计算营业收入，核减相关营业成本，如人员工资、水电费、工程摊销费、设备折旧费、维护费、管理费等；扣除相关税费，如增值税、城市维护建设税、教育费附加、企业所得税等，即得直接经济效益。计算方法为直接经济效益 = 营业收入 - 营业成本 - 税费（表 9-4、表 9-5）。

表 9-4　森林康养基地营业收入

序号	收入项目	单位	数量	单价	月收入	年收入	备注
1	体检套餐 A	份	X1	Y1	X1 × Y1	X1 × Y1 × 12	
2	体检套餐 B	份	X2	Y2	X2 × Y2	X2 × Y2 × 12	
3	体验产品 A	份	X3	Y3	X3 × Y3	X3 × Y3 × 12	
4	体验产品 B	份	X4	Y4	X4 × Y4	X4 × Y4 × 12	
5	康养疗程 A	个	X5	Y5	X5 × Y5	X5 × Y5 × 12	
6	康养疗程 B	个	X6	Y6	X6 × Y6	X6 × Y6 × 12	
	…						
	合计				SUM 函数	SUM 函数	

表 9-5　森林康养基地营业成本

序号	成本项目	单位	数量	单价	月支出	年支出	备注
1	人员工资	人均	x1	y1	x1 × y1	x1 × y1 × 12	
2	水费	m^3	x2	y2	x2 × y2	x2 × y2 × 12	
3	电费	度	x3	y3	x3 × y3	x3 × y3 × 12	
4	工程摊销费	项	x4	y4	x4 × y4	x × y4 × 12	按平均年限法计算

（续）

序号	成本项目	单位	数量	单价	月支出	年支出	备注
5	设备折旧费	项	x5	y5	x5×y5	x5×y5×12	按平均年限法计算
6	维护费	项	x6	y6	x6×y6	x6×y6×12	按折旧费 10% 计算
7	管理费	项	x7	y7	x7×y7	x7×y7×12	按营收 2% 计算
8	其他费用 项 x8 y8				x8×y8	x8×y8×12	按营收 5% 计算
	…						
	合计				SUM 函数	SUM 函数	

表 9-6　森林康养基地相关税费

序号	税目	税率（%）	基数	税费	备注
1	增值税	3	营业收入	Z1	
2	城市维护建设税	7	增值税	Z2	
3	教育费附加	3	增值税	Z3	
4	企业所得税	25	利润	Z4	
	…				
	合计			SUM 函数	

表 9-7　森林康养基地项目利润

序号	项目	合计	年度	年度	年度	年度	年度	…	备注
1	营业收入								
2	总成本费用								
3	增值税及附加								
4	利润总额								1–2–3
5	企业所得税								4×0.25
6	净利润								4–5

9.2.1.2　盈利能力分析

（1）盈亏平衡点又称“零利润点”，通常是指全部销售收入等于全部成本时（销售收入线与总成本线的交点）的销售额。以盈亏平衡点为界限，当销售收入高于盈亏平衡点时企业盈利；反之，企业就亏损。森林康养基地以当年实现盈亏平衡的产品销售额与预测当年能达到的产品销售额的百分比表示盈亏平衡点。

计算方法如下：

盈亏平衡点 = 固定成本 /（营业收入 − 变动成本 − 税费）

（2）投资回收期又称“投资回收年限”，是指投资项目投产后获得的收益总额达到该投资项目投入的投资总额所需要的时间（年限）。森林康养基地前期投入较大，回收周期一般较长。

计算方法如下：

投资回收期 = 投资总额 / 投资利润

（3）投资回报率是指通过投资而应返回的价值，即企业从一项投资活动中得到的经济回报，涵盖了企业的获利目标。森林康养基地实现盈亏平衡后，能持续稳定地带来投资回报。

计算方法如下：

投资回报率 = 投资利润 / 投资总额 ×100%

9.2.1.3　间接经济效益

森林康养基地的建设和运营，还将带动周边地区餐饮、住宿、娱乐和特色产品等相关产业链的发展，为当地经济带来间接效益。同时，伴随着森林康养资源的增长和生态环境的改善，森林资源功能型转变和升级会提供更多的康养产品及其衍生产品，森林康养与旅游、休闲、度假、娱乐、运动、医疗、养生、养老等相关产业深度融合发展，将为当地带来巨大的经济效益。

计算方法如下：

间接经济效益 = 餐饮收入 + 住宿收入 + 娱乐收入 + 特色产品收入 +⋯

9.2.2　社会效益分析重点

森林康养基地建设是多重社会效益相结合，产业共融、业态相生的商业综合体，其生态功能还有广泛的社会公益属性。

9.2.2.1　改善人居环境，提升生活质量

新时期，人们对清新的空气、干净的水、健康的食品期望值愈来愈高。森林康养基地的建设为当地居民和外来游客提供了一处放松身心、休闲游憩的好去处，既改善了人居环境，也提升了生活质量。重点分析森林康养基地的交通条件、资源禀赋、自然风貌、空气质量及负离子含量、植物精气及芬多精成分等评价因子，起到愉悦和保健身心的作用，从而满足人们休闲、度假、医疗、养生等方面的需求。

9.2.2.2　提供就业机会，实现精准脱贫

我国大部分的扶贫开发工作重点县分布在山区和林区，大力发展森林康养产业是促进农民工就业和实现精准脱贫的有效途径，也是振兴乡村的重要抓手。森林康养基地建成后，在保健、医疗、康复、养生方面需要专业的康养导游员、森林疗养师、康养医师等执业人员，在运营上也需要较多管理人员和服务人员，为当地提供了大量就业机会。据测算，每增加 1 名直接就业人员，可增加 5 名间接就业人员。

9.2.2.3　促进经济发展，提高收入水平

森林康养既提升了人们利用森林进行游憩、度假、保健、疗养的意识，也满足人们食、住、行、游、购、娱等多方面的需求，以森林康养为平台聚集多种产业共同发展，将培育出我国新的国民经济支柱产业。森林康养基地的建设带动了相关产业的融合发展，对活跃当地休闲旅游市场、提高居民收入水平具有重要意义。据有关研究表明，休闲旅游支出每增加 1 元，可带动 GDP 增长 4.7 元（张杰，2019）。

9.2.2.4　践行健康理念，增加民生福祉

据统计，目前城市各类人群亚健康比例高达七成，处于过度疲劳和高度紧张状态的接近六成。党的十九大报告提出了“健康中国”的发展战略，人民健康是民族昌盛和国家富强的重要标志。森林康养基地依托优越富饶的自然资源，营造诗意栖居的康养环境，展示健康丰富的疗养产品，是“健康中国”理念的重要实践，森林康养基地的建设，目的是增进人们身心健康，增加普惠民生福祉，提升人民幸福指数。

9.2.2.5 打造民族品牌，弘扬中医药文化

中医药作为中华民族传统文化的瑰宝，一直是世人保健养生、防疾治病的强大工具，广东地区更是南药的重要生产地。森林康养基地的建设，可以充分发挥中医药优势特色，大力开发中医药与森林康养服务相结合的产品，推动药用野生动植物资源的保护、繁育及利用，通过对森林康养食材、中草药材种植培育，森林食品、饮品、保健品等研发、加工和销售，打造民族品牌，弘扬中医药健康养生文化。

9.2.2.6 助力养老产业，应对老龄化形势

根据国家统计局公布的统计数据，2019 年我国 60 周岁及以上人口占总人口的比例超过 18%，正加速步入深度老龄化社会，养老问题正由家庭问题逐渐转变成为社会问题。森林康养基地的建设，依托良好的生态环境，通过设计生态养老方案、开发生态养老产品，提供生态养老服务，找到生态养老产业的突破口，必将助力我国养老产业多元化发展，应对社会老龄化的严峻形势（孙碧竹，2019）。

9.2.3 生态效益编制方法

根据《森林生态系统服务功能评估规范》（GB/T 38582—2020），对森林康养基地保育土壤、林木养分固持、涵养水源、固碳释氧、净化大气环境、森林防护、生物多样性、林木产品供给、森林康养等方面的服务功能价值进行了量化计算。

9.2.3.1 保育土壤

保育土壤的价值包括固土价值和保肥价值。

（1）固土价值计算公式如下：

$$U_{固土}=G_{固土}\times C_{土}/\rho$$

式中：$U_{固土}$为评估林分年固土价值（元/a）；$G_{固土}$为评估林分年固土量（t/a）；$C_{土}$为挖掘和运输单位体积土方所需费用（元/m^3）；ρ 为土壤容重（g/cm^3）。

（2）保肥价值计算公式如下：

$$U_{肥}=G_{N}\times C_1/R_1+G_{P}\times C_1/R_2+G_{K}\times C_2/R_3+G_{有机质}\times C_3$$

式中：$U_{肥}$为评估林分年保肥价值（元/a）；G_N 为评估林分固持土壤而减少的氮流失量（t/a）；C_1 为磷酸二铵化肥价值（元/t）；R_1 为磷酸二铵化肥含氮量（%）；G_P 为评估林分固持土壤而减少的磷流失量（t/a）；R_2 为磷酸二铵化肥含磷量（%）；G_K 为评估林分固持土壤而减少的钾流失量（t/a）；C_2 为氯化钾化肥价值（元/t）；R_3 为氯化钾化肥含钾量（%）；$G_{有机质}$为评估林分固持土壤而减少的有机质流失量（t/a）；C_3 为有机质价格（元/t）。

9.2.3.2 林木养分固持

林木养分固持的价值包括氮固持价值、磷固持价值和钾固持价值。

（1）氮固持价值计算公式如下：

$$U_{氮}=G_{氮}\times C_1$$

式中：$U_{氮}$为评估林分氮固持价值（元/a）；$G_{氮}$为评估林分年氮固持量（t/a）；C_1 为磷酸二铵化肥价值（元/t）。

（2）磷固持价值计算公式如下：

$$U_{磷}=G_{磷}\times C_1$$

式中：$U_{磷}$为评估林分磷固持价值（元/a）；$G_{磷}$为评估林分年磷固持量（t/a）；C_1 为磷酸二铵化肥价值（元/t）。

（3）钾固持价值计算公式如下：

$$U_{钾}=G_{钾}\times C_2$$

式中：$U_{钾}$为评估林分钾固持价值（元/a）；$G_{钾}$为评估林分年钾固持量（t/a）；C_2 为氯化钾化肥价值（元/t）。

9.2.3.3 涵养水源

涵养水源的价值包括调节水量价值和净化水质价值。

（1）调节水量价值计算公式如下：

$$U_{调}=G_{调}\times C_{库}$$

式中：$U_{调}$为评估林分年调节水量价值（元 /a）；$G_{调}$为评估林分年调节水量（m^3/a）；$C_{库}$为水资源市场交易价格（元 /m^3）。

（2）净化水质价值计算公式如下：

$$U_{净}=G_{净}\times K_{水}$$

式中：$U_{净}$为评估林分净化水质价值（元 /a）；$G_{净}$为评估林分年净化水质量（m^3/a）；$K_{水}$为水的净化费用（元 /a）。

9.2.3.4　固碳释氧

固碳释氧的价值包括固碳价值和释氧价值。

（1）固碳价值计算公式如下：

$$U_{碳}=G_{碳}\times C_{碳}$$

式中：$U_{碳}$为评估林分年固碳价值（元 /a）；$G_{碳}$为评估林分生态系统潜在年固碳量（t/a）；$C_{碳}$为固碳价格（元 /t）。

（2）释氧价值计算公式如下：

$$U_{氧}=G_{氧}\times C_{氧}$$

式中：$U_{氧}$为评估林分年释放氧气价值（元 /a）；$G_{氧}$为评估林分释氧量（t/a）；$C_{氧}$为氧气价格（元 /a）。

9.2.3.5　净化大气环境

净化大气环境的价值包括提供负离子价值、吸收气体污染物价值和滞尘价值。

（1）提供负离子价值计算公式如下：

$$U_{负离子}=5.256\times 10^{15}\times A\times H\times F\times K_{负离子}\times(Q_{负离子}-600)/L$$

式中：$U_{负离子}$为评估林分年提供负离子价值（元 /a）；A 为林分面积（hm^2）；H 为实测林分高度（m）；F 为森林生态系统服务修正系数；$K_{负离子}$为负离子生产费用（元 / 个）；$Q_{负离子}$为实测林分负离子浓度（个 · cm^{-3}）；L 为负离子寿命（min）。

（2）吸收气体污染物的价值包括吸收二氧化硫价值、吸收氟化物价值和吸收氮氧化物价值。

①吸收二氧化硫价值计算公式如下：

$$U_{二氧化硫}=G_{二氧化硫}\times K_{二氧化硫}$$

式中：$U_{二氧化硫}$为评估林分年吸收二氧化硫价值（元 /a）；$G_{二氧化硫}$为评估林分年吸收二氧化硫量（t/a）；$K_{二氧化硫}$为二氧化硫的治理费用（元 /kg）。

②吸收氟化物价值计算公式如下：

$$U_{氟化物}=G_{氟化物}\times K_{氟化物}$$

式中：$U_{氟化物}$为评估林分年吸收氟化物价值（元 /a）；$G_{氟化物}$为评估林分年吸收氟化物量（t/a）；$K_{氟化物}$为氟化物治理费用（元 /kg）。

③吸收氮氧化物价值计算公式如下：

$$U_{氮氧化物}=G_{氮氧化物}\times K_{氮氧化物}$$

式中：$U_{氮氧化物}$为评估林分年吸收氮氧化物价值（元 /a）；$G_{氮氧化物}$为评估林分年吸收氮氧化物量（t/a）；$K_{氮氧化物}$为氮氧化物治理费用（元 /kg）。

（3）滞尘的价值包括滞纳 TSP 价值、滞纳价值 PM_{10} 和滞纳价值 $PM_{2.5}$。

①滞纳 TSP 价值计算公式如下：

$$U_{滞尘}=(G_{TSP}-G_{PM_{10}}-G_{PM_{2.5}})\times K_{TSP}+U_{PM_{10}}+U_{PM_{2.5}}$$

式中：$U_{滞尘}$为评估林分年潜在滞尘价值（元 /a）；G_{TSP} 为评估林分年潜在滞纳 TSP 量（t/a）；$G_{PM_{10}}$ 为评估林分年潜在滞纳 PM_{10} 量（kg/a）；$G_{PM_{2.5}}$ 为评估林分年潜在滞纳 $PM_{2.5}$ 的量（kg/a）；K_{TSP} 为降尘清理费用（元 /kg），$U_{PM_{10}}$ 为评估林分年潜在滞纳 PM_{10} 的价值（元 /a）；$U_{PM_{2.5}}$ 为评估林分年潜在滞纳 $PM_{2.5}$ 的价值（元 /a）。

②滞纳 PM_{10} 价值计算公式如下：

$$U_{PM_{10}}=C_{PM_{10}}\times G_{PM_{10}}$$

式中：$U_{PM_{10}}$ 为评估林分年潜在滞纳 PM_{10} 的价值（元 /a）；$C_{PM_{10}}$ 为 PM_{10} 清理费用（元 /kg）；$G_{PM_{10}}$ 为评估林分年潜在滞纳 PM_{10} 量（kg/a）。

③滞纳 $PM_{2.5}$ 价值计算公式如下：

$$U_{PM_{2.5}}=C_{PM_{2.5}}\times G_{PM_{2.5}}$$

式中：$U_{PM_{2.5}}$ 为评估林分年潜在滞纳的价值 $PM_{2.5}$（元 /a）；$C_{PM_{2.5}}$ 为清理 $PM_{2.5}$ 费用（元 /kg）；$G_{PM_{2.5}}$ 为评估林分年潜在滞纳量 $PM_{2.5}$（kg/a）。

9.2.3.6　森林防护

森林防护的价值包括防风固沙价值和农田防护价值。

（1）防风固沙价值计算公式如下：

$$U_{防风固沙}=K_{防风固沙}\times G_{防风固沙}$$

式中：$U_{防风固沙}$为评估林分防风固沙价值（元/a）；$K_{防风固沙}$为固沙成本（元/t）；$G_{防风固沙}$为评估林分防风固沙物质量（t/a）。

（2）农田防护价值计算公式如下：

$$U_{农田防护}=K_a\times V_a\times m_a\times A_{农}$$

式中：$U_{农田防护}$为评估林分农田防护功能的价值（元/a）；K_a为平均1hm^{2}农田防护林能够实现农田防护面积19hm^2；V_a为农作物、牧草的价格（元/kg）；m_a为农作物、牧草平均增产量[kg/（hm^2·a）]；$A_{农}$为农田防护林面积（hm^2）。

9.2.3.7 生物多样性

生物多样性的价值为物种资源保育价值。

物种资源保育价值计算公式如下：

$$U_{生}=\left(1+\sum_{m-1}^{x}E_m\times 0.1+\sum_{n-1}^{y}B_n\times 0.1+\sum_{r-1}^{z}O_m\times 0.1\right)\times S_{生}\times A$$

式中：$U_{生}$为评估林分年物种资源保育价值（元/a）；E_m为评估林分（或区域）内物种m的珍稀濒危指数；B_n为评估林分（或区域）内物种n的特有种指数；O_r为评估林分（或区域）内物种r的古树年龄指数；x为计算珍稀濒危物种数量；y为计算特有种物种数量；z为计算古树物种数量；$S_{生}$为单位面积物种资源保育价值[元/（hm^2·a）]；A为林分面积（hm^2）。

9.2.3.8 林下康养产品供给

林下康养产品价值计算公式如下：

$$U_{非木材产品}=\sum_{j}^{n}(A_j\times V_j\times P_j)\ (j=1,\ 2,\ \cdots,\ n)$$

式中：$U_{非木材产品}$为区域内年林下康养产品价值（元/a）；A_j为第j种产品种植面积（hm^2）；V_j为第j种产品单位面积产量[kg/（hm^2·a）]；P_j为第j种产品市场价格（元/kg）。

9.2.3.9 森林康养

森林康养价值计算公式如下：

$$U_r=0.8U_k$$

式中：U_r为区域内年森林康养价值（元/a）；U_k为各行政区林业旅游与休闲产业及森林康复疗养产业的价值，包括旅游收入、直接带动的其他产业的产值（元/a）；k为行政区个数；0.8为森林公园接待游客量和创造的旅游产值约占全国森林旅游总规模的80%。

9.3 项目保障

以广东省为例，介绍相关政策保障和资金支持情况。

9.3.1 政策保障

森林康养作为一个新兴产业，近年来政府出台了一系列政策支持各地大力发展森林康养产业，为森林康养产业的健康发展提供了坚实的政策保障。

2019年，国家林业和草原局、民政部、国家卫生健康委员会、国家中医药管理局联合印发了《关于促进森林康养产业发展的意见》（林改发〔2019〕20号）提出要培育一批功能显著、设施齐备、特色突出、服务优良的森林康养基地，构建产品丰富、标准完善、管理有序、融合发展的森林康养服务体系。到2022年，建成基础设施基本完善、产业布局较为合理的区域性森林康养服务体系，建设国家森林康养基地300处，建立森林康养骨干人才队伍。到2035年，建成覆盖全国的森林康养服务体系，建设国家森林康养基地1200处，建立一支高素质的森林康养专业人才队伍。到2050年，森林康养服务体系更加健全，森林康养理念深入人心，人民群众享有更加充分的森林康养服务。

2020年广东省林业局、省民政厅、省卫生健康委员会、省中医药局就推进全省森林康养产业发展联合印发《关于加快推进森林康养产业发展的意见》，逐步构建产品丰富、标准完善、服务优质、融合发展、效益明显具有岭南特色的广东省森林康养产业体系。加大政策扶持，在依法依规的前提下，争取将森林康养基地建设用地纳入优先审批。争取将符合条件的以康复医疗为主的森林康养服务纳入医保范畴，费用按医保支付报销。

2020年6月，广东省林业局发布《广东省林业局关于促进林业一二三产业融合创新发展的指导意见》提出“积极发展森林康养产业。科学利用森林生态环境、景观资源、食品药材和生态文化资源，加快发展以森林疗养、森林保健、森林养老、森林休闲、森林游憩、森林度假、森林文化为主的森林康养产业，推动实施森林康养基地质量评定标准，突出打造一批经营管理水平高、经济社会效益好、示范带动作用强的森林康养基地，为人民群众提供更优质、更丰富的森林生态产品。到2020年认定30个省级森林康养基地（试点）以上，争取到2025年建成国家级、省级森林康养基地100个以上，将森林康养产业打造成我省林业产业发展新引擎。”

9.3.2 用地保障

根据自然资源部权威发布产业用地政策实施工作指导，对养老服务设施、康养产业用地等进行了明确，依法依规满足森林康养产业用地需求，保障康养产业用地需求。

国家林业和草原局、民政部、国家卫生健康委员会、国家中医药管理局《关于促进森林康养产业发展的意见》明确提出利用好现有法律和政策规定，对集中连片开展生态修复达到一定规模的经营主体，允许在符合土地管理法律法规和土地利用总体规划、依法办理建设用地审批手续、坚持节约集约用地的前提下，利用一定比例治理面积从事康养产业开发。在不破坏森林植被的前提下，可依据《国家级公益林管理办法》（林资发〔2013〕71号）利用二级国家级公益林地开展森林康养活动。依据《国家级公益林管理办法》第十七条规定：“在不破坏森林生态系统功能的前提下，可以合理利用二级国家级公益林的林地资源，适度开展林下种植养殖和森林游憩等非木质资源开发与利用，科学发展林下经济。”

2018年，全国绿化委员会、国家林业和草原局印发《关于积极推进大规模国土绿化行动的意见》（全绿字〔2018〕5号）提出在保障生态效益的前提下，允许利用一定比例的土地发展林下经济、生态观光旅游、森林康养、养生养老等环境友好型产业，并依法办理建设用地审批手续。

依据《国务院办公厅关于进一步激发社会领域投资活力的意见》（国办发〔2017〕21号）的规定，各地要将医疗、养老、教育、文化、体育等领域用地纳入国土空间规划和年度用地计划，农用地转用指标、新增用地指标分配要适当向上述领域倾斜，有序适度扩大用地供给。

依据《国务院办公厅关于推进养老服务发展的意见》（国办发〔2019〕5号）、《国务院办公厅关于全面放开养老服务市场提升养老服务质量的若干意见》（国办发〔2016〕91号）等的规定，养老机构可依法依规使用农村集体建设用地发展养老服务设施。探索允许营利性养老机构以有偿取得的土地、设施等资产进行抵押融资。

9.3.3 科技创新保障

加强森林康养科学研究，组织开展森林康养关键技术研究，为森林康养产业发展提供科技支撑。积极开展森林康养有效性和安全性研究，利用丰富的森林资源，开展不同林分、不同地形、不同海拔、不同气候和不同空气状况等森林康养适宜环境的研究；以亚健康、高血压、糖尿病、抑郁和免疫性疾病等慢性非传染性疾病为重点，开展森林康养适宜人群、适宜康养技术、适宜周期的动物实验和人群实验研究；

积极开展森林康养特色产品研发，利用药食同源药材，基于“药食同源”物质基础研制药膳，并结合现代保健食品研发与生产新技术，研发保健品等可用于森林康养的特色产品；加强森林康养基地环境容量研究，依托全国森林康养基地试点建设单位和省级森林康养基地，开展康养游客量、服务环境容量与生态环境容量及其相互关系的定量分析研究，从而指导森林康养基地建设，确保森林康养产业的可持续性发展，推动康养的科研项目申报，加强森林康养相关成果的转化和新技术、新产品的推广应用，康养项目可申报奖项见表 9-8。

表 9-8　森林康养项目可申报科技创新奖项

奖项名称	主要内容	申报窗口
梁希林业科学技术奖	梁希林业科学技术奖是经国家科学技术部批准面向全国的林业和草原科学技术奖，主要奖励在林业和草原科学技术进步中做出突出贡献的集体和个人，其目的是鼓励林业和草原科技创新，充分调动广大林业和草原科技工作者的积极性，促进林业和草原事业高质量发展	国家林业和草原局科技主管部门对梁希奖的评选工作进行指导，由中国林学会负责奖励评审工作。梁希奖每年评审一次。梁希林业科学技术奖的申报应严格按照《梁希林业科学技术奖奖励办法（2019 年修订版）》和《梁希林业科学技术奖奖励办法实施细则（2019 年修订版）》的规定执行。梁希林业科学技术奖由成果完成单位向具有推荐资格的推荐单位申报。所有申报项目须经具有推荐资格的推荐单位预审后，择优推荐到梁希林业科学技术奖励工作办公室。 梁希林业科学技术奖各奖项均网上在线申报，梁希林业科学技术奖自然科学奖、技术发明奖和科技进步奖经推荐单位同意推荐的项目，须按申报流程从网上注册、申报，网址：http://pj.fhui.org。所有的附件材料均以 PDF 格式（附件主要包括技术评价证明、应用证明、查新报告、代表性论文或专著等）上传至申报系统
广东省农业技术推广奖	广东省农业技术推广奖以提高农业科技工作者的素质、强化农业科技社会化服务体系的功能、加快先进适用农业技术成果的推广和应用为目的，推动农业高质量发展，加快实现农业农村现代化。每年组织一次省推广奖评选活动，奖励种植业、畜牧业、渔业、农机、林业、水利、气象等行业科研成果和实用技术在农业领域的推广应用	广东省农业技术推广奖评审委员会（以下简称“省评委会”）设在省农业农村厅，广东省农业技术推广奖评审委员会办公室（以下简称“省评委会办公室”）设在省农业农村厅科技教育处，负责省推广奖评审活动的组织管理与协调服务工作。省推广奖推荐实行归口管理制度，申报项目须由有关单位进行推荐，不受理个人申报和推荐。各地级以上市林业、水利、气象等行业管理部门汇总本地区申报项目后，报省对口厅局统一推荐。具体详见《广东省农业技术推广奖励试行办法实施细则》，项目申报和推荐单位请登陆《广东省农业技术推广奖申报评审系统》（以下简称“申报评审系统”）（网址 http://210.76.80.131:81/mmd_nytgj）进行网上申报和推荐

（续）

奖项名称	主要内容	申报窗口
南粤林业科学技术奖	南粤林业科技奖主要面向全省林业行业领域，奖励在我省林业科学研究、技术开发、成果转化、技术推广、科技产业化、标准化、调查规划、科学普及等领域取得的重大林业科技成果，为广东林业科学技术进步做出突出贡献的集体和个人。广东省林学会负责南粤林业科技奖的评审、授奖工作	南粤林业科技奖评审委员会办公室设在广东省林学会秘书处，负责奖励的日常工作，包括组织申报、接受推荐、形式审查、组织评审、异议处理和公布结果等。 南粤林业科技奖接受全省林业行业及其他与林业相关项目的申报，申报条件详见《南粤林业科学技术奖奖励办法（试行）》。申报南粤林业科学技术奖的项目完成单位和完成人，需在广东省林学会网站（http://www.gdfst.org）注册会员，并填写《南粤林业科学技术奖推荐书》，上传相关附件材料（主要包括技术评价证明、知识产权证明、应用证明、代表性论文或专著等，以PDF或JPG格式上传）
广东省科学技术奖	广东省科学技术奖是为奖励在推动我省科学技术进步活动中作出突出贡献的公民、组织，调动广大科技工作者的积极性和创造性，加速我省科学技术进步和促进经济建设与社会发展而设立。省科学技术行政部门负责省科学技术奖评审的组织工作，省科学技术奖评审委员会办公室设在省科学技术行政部门，负责省科学技术奖评审委员会的日常工作。省科学技术奖每年评审一次。申报省科学技术奖的项目必须是在我省辖区内研究开发、应用推广，或者属于我省为第一完成单位或完成人与国内外合作研究开发的成果	省科学技术奖候选项目由地级以上市人民政府、省人民政府各有关组成部门及直属机构、经省科学技术行政部门认定的符合规定资格条件的其他单位和科学技术专家等单位或者专家推荐。推荐的项目必须经过科学技术成果评价和科学技术成果登记。由推荐单位填写统一格式的推荐书，并提供各种有关材料。各学科（专业）评审组，负责各学科（专业）范围内推荐项目的初评工作，初评结果报省科学技术奖评审委员会。省科学技术奖评审委员会对各学科（专业）评审组初评结果进行综合评审，作出获奖项目、等级及人选的决议，并经省科学技术行政部门审核后，报省人民政府批准。申报条件具体详见《广东省科学技术奖励办法》、《广东省科学技术奖励办法实施细则》和《广东省科学技术奖评审标准》。提名者、填报人、填报人所在单位登录“广东政务服务网”（网址：http://www.gdzwfw.gov.cn），按照“切换区域和部门”—“省科技厅”—“广东省科技业务管理阳光政务平台”（以下简称“阳光政务平台”）操作步骤进入系统进行填报、审核等工作

9.3.4 资金投入保障

积极拓宽投融资渠道。依据项目的不同性质，确定政府直接投入、贷款贴息、项目补贴、补充资本金、社会资本建设等不同投入方式。积极争取中央和省、市政府的政策支持和财政投入，鼓励和引导民间资本以独资、合资、合作、联营、项目融资等方式参与项目建设。引导、支持社会力量积极参与，鼓励各类林业、健康、养老、中医药等产业基金进入森林康养产业。将森林康养产业项目纳入林业产业投资基金支持范围。积极争取和协调开发性政策性金融及有关商业金融机构长周期低成本资金支持。对符合政策规定的森林康养产业贷款项目纳入林业贷款贴息范围。促进投资主体多元化，鼓励社会资本以合资、合作、租赁、承包等形式依法合规进入森林康养产业，引导其与林场、合作社、农户等经营主体建立利益联结机制，实现资源优化配置和集约化、规模化经营。支持社会力量结合森林康养资源建设特色养老机构。

广东省自然资源厅、广东省文化和旅游厅和广东省林业局联合印发《关于加快发展森林旅游的通知》明确提出：各地各有关部门要加大对森林旅游发展的支持力度，将森林旅游发展纳入各地经济社会发展规划，将森林旅游地的基础设施建设纳入当地固定资产投资计划，将森林旅游地植被景观建设列入森林保育扶持范围，林业基本建设、林业重点工程、旅游产业发展等建设资金要适当向森林旅游倾斜。森林康养项目可以申请全国林业产业投资基金、中央财政林业补助资金、林业改革发展资金和开发性和政策性金融等资金进行建设（表 9-9）。

表 9-9 森林康养项目可申报补助资金

奖项名称	主要内容	申报要求
全国林业产业投资基金	《关于推动全国林业产业投资基金业务工作的通知》中明确指出，林业产业基金支持的范围包括所有林业项目，即以林业资源为经营对象，以林产品生产、经营、加工、流通、服务为主业的新建和续建项目。林业产业基金支持的范围包括但不限于以下各领域：一是生态旅游经营类，以森林、湿地、沙地资源开展生态旅游经营活动，重点是森林旅游及康养。二是森林药材及保健植物培育，以制药龙头企业为主体，整合上下产业链项目等	申报林业产业投资基金项目的要求，包括中国内地依法注册、具有独立法人资格的林业国有企业、民营企业、外商投资企业、混合所有制企业，以及其他投资、经营主体；持续经营 3 年以上，总资产规模 5000 万元以上，固定资产规模 2000 万元以上，年销售收入 5000 万元以上等 7 个条件。其中，成长性明显的新兴产业、创新型林业中小企业项目可适当放宽条件；特殊新设企业、兼并重组企业项目、优质林业 PPP 项目可不受上述条件限制
中央财政林业补助资金	中央财政林业补助资金是指中央财政预算安排的用于森林生态效益补偿、林业补贴、森林公安、国有林场改革等方面的补助资金。根据《中央财政林业补助资金管理办法》，森林康养项目可以申请森林生态效益补偿、林业补贴、林业防灾减灾补贴和林业贷款贴息补贴等补助资金。国有林场（苗圃）、国有森工企业为保护森林资源，缓解经济压力开展的多种经营贷款项目，以及自然保护区和森林公园开展的森林生态旅游贷款项目	中央财政林业补助资金申请主要内容和有关要求：①上年度有关情况；②本年度有关计划及情况
林业改革发展资金	林业改革发展资金是指中央财政预算安排的用于森林资源管护、森林资源培育、生态保护体系建设、国有林场改革、林业产业发展等支出方向的专项资金。 森林抚育补助是指对承担森林抚育任务的国有森工企业、国有林场、林业职工、农民专业合作社和农民开展间伐、补植、退化林修复、割灌除草、清理运输采伐剩余物、修建简易作业道路等生产作业的所需劳务用工和机械燃油等给予适当的补助，抚育对象为国有林中，或集体和个人所有的公益林中的幼龄林和中龄林	贴息条件为：各类经济实体营造的生态林（含储备林）、木本油料经济林、工业原料林贷款；国有林场、重点国有林区为保护森林资源、缓解经济压力开展的多种经营贷款，以及自然保护区、森林（湿地、沙漠）公园开展的生态旅游贷款；林业贷款贴息采取一年一贴、据实贴息的方式，年贴息率为 3%。对贴息年度（上一年度 1 月 1 日至 12 月 31 日）之内存续并正常付息的林业贷款，按实际贷款期限计算贴息。中央财政安排一定的补助资金，省级财政部门会同林业主管部门应当根据本省林业贷款实际情况，明确具体的贴息规模、贴息计算和拨付方式

（续）

奖项名称	主要内容	申报要求
开发性和政策性金融	根据《关于进一步利用开发性和政策性金融推进林业生态建设的通知》，林业利用开发性和政策性金融贷款（以下简称林业政策贷款）主要支持范围包括：国家储备林建设；国家公园、森林公园、湿地公园、沙漠公园等保护与建设；森林旅游休闲康养等林业产业发展；林业生态扶贫项目建设；其他林业和生态建设项目	

9.3.5 人才培育

加强森林康养人才队伍培养，鼓励省内高等院校强化森林康养学科建设，发展森林康养职业教育，加快实用性、技能型森林康养人才培养，尤其是要培养掌握森林和医学专业知识的复合型人才，将森林康养专业人才培训纳入相关计划，开展森林康养向导、森林讲解员、森林康养管理人员、森林康养师的培训，建立完善的森林康养服务体系，开发一套以上森林康养方案课程，每年开展在森林疗养师指导下的森林康养体验活动 4 次，建立森林康养服务效果评估机制。鼓励相关领域的专业技术人员特别是退休专家、医生、教师从事森林康养专业体验辅导工作。

基地两年内至少应配备（或签约常驻）1 名森林疗养师、3 名森林康养向导及相关专业人员。

9.3.6 宣传推广

充分利用报纸、广播、电视、网络、宣传栏等多种形式，大力宣传发展森林康养的重要意义、政策措施和发展路径、发展模式、实用技术、成功案例等，从政策指导、技术培训、市场信息、经营管理等方面为森林康养发展经营者提供服务，调动社会企业农民发展林业产业的积极性，营造全社会关心支持林业产业发展的良好氛围环境。采取积极的营销策略，从各个层次、各个领域扩大公民有序参与，形成最为广泛的共识。立足资源禀赋，准确把握市场定位，引导各地不断推出具有地方特色、资源特色和文化特色的森林康养活动，加大特色森林康养产品的宣传和推介。开展品牌创建，打造森林康养名牌基地、名牌企业、名牌产品、名牌服务。鼓励并支持森林康养企业和相关项目参加“中国森林旅游节”“国际旅游产业博览会”等重点旅游展会，扩大森林康养宣传的整体效应。

参考文献

孙碧竹,2019. 我国社会养老服务体系发展研究 [D]. 长春：吉林大学 .

张杰,2019. 广东省森林养生旅游开发研究 [D]. 广州：广州中医药大学 .

附 件

表1 广东省森林康养基地（试点）单位名单

序号	基地名称	申报单位	位置	级别	类型	主要特色	投资（亿元）	面积（hm^2）	森林覆盖率（%）	提供负离子（个/cm^3）
1	石门国家森林公园森林康养基地	广州市石门国家森林公园管理处	广州市	省级	国有	森林浴场、红叶		2629	96.76	6500
2	炉山生态综合示范园森林康养基地	广东省龙眼洞林场	广州市	省级	国有	林下经济种植		1620	93.9	3000
3	西樵山国家森林公园森林康养基地	佛山市南海区西樵山森林公园旅游开发总公司	佛山市	省级	国有	佛教文化				
4	梁化国家森林公园森林康养基地	惠州市国有梁化林场（广东梁化森林公园管理处）	惠州市	省级	国有	梅花		25000	97.1	4178
5	水台林场森林康养基地	云浮市国有水台林场	云浮市	省级	国有	温泉		250	91	
6	南寿峰森林康养基地	梅州市南寿峰健康产业园	梅州市	省级	私营	健康产业				
7	马骝山森林公园森林康养基地	广州市岭南中草药博览园有限公司	广州市	省级	私营	南药				
8	和平县古树森林康养基地	和平县古树森林康养旅游开发有限公司	河源市	省级	私营	古树名木		147.8	65.91	32000
9	瑞山森林康养基地	广东瑞山高新农业生态园股份有限公司	梅州市	省级	私营	长寿之乡	51	2066.7	85%	27000

（续）

序号	基地名称	申报单位	位置	级别	类型	主要特色	投资（亿元）	面积（hm^2）	森林覆盖率（%）	提供负离子（个/cm^3）
10	茶花森林公园森林康养基地	广东友丰油茶科技有限公司	韶关市	省级	私营	油茶				
11	南澳县黄花山林场森林康养基地	南澳县黄花山林场	汕头市	省级	国有			20600	92.3	
12	广东省南雄市帽子峰旅游景区森林康养基地	韶关丹雄巅峰旅游运营管理有限公司	韶关市	省级	私营			974	94.8	
13	河源市弘顺省级森林康养基地	和平县弘顺农业有限公司	河源市	省级	私营			130.3	70	
14	韩山省级森林公园森林康养基地	广东天亿实业有限公司	梅州市	省级	私营			14129	83.6	
15	安墩水美康养基地	惠东县大川投资有限公司	惠州市	国家级 省级	私营	温泉、红色文化	30	1660	88	5400
16	惠州市惠阳井龙森林康养基地	惠州态合园农业有限公司	惠州市	省级	私营			2142	80	
17	汕尾市海丰莲花山森林公园康养基地	海丰莲花山度假村有限公司	汕尾市	省级	私营	温泉、宗教文化	1.1	153.2	91	30000
18	茂名市国有新田林场小狗工区大河尾森林康养基地	茂名市国有新田林场	茂名市	省级	国有			2755	97	
19	洞天仙境生态旅游度假区森林康养基地	英德市国业旅游开发有限公司	清远市	省级	私营			566.7	65	
20	饶平青岚森林康养基地	饶平青岚地质公园有限公司	潮州市	省级	私营			120	70.2	
21	广州水润山森林康养基地	广州一衣口田有机农业有限公司	广州市	省级	私营			266	88.3	5223

（续）

序号	基地名称	申报单位	位置	级别	类型	主要特色	投资（亿元）	面积（hm^2）	森林覆盖率（%）	提供负离子（个/cm^3）
22	增城派潭香江森林康养基地	南方香江集团有限公司	广州市	省级	私营	疗养院		1705	85	113800
23	南丹山森林康养基地	佛山市南丹山旅游度假有限公司	佛山市	省级	私营			300	94.8	32000
24	仁化县红城林场生态康养基地	仁化县红城林场	韶关市	省级	国有			567.2	82	2400
25	始兴县龙斗輋森林康养基地	始兴县国有龙斗輋林场	韶关市	省级	国有			507.2	98	94463
26	广东省西岩山岽顶湖森林康养基地	广东凯达茶业股份有限公司	梅州市	省级	私营			451	90.4	1517
27	熙和湾客乡文化旅游产业园森林康养基地	熙和集团有限公司	梅州市	省级	私营			451	80	3000
28	竹海大观森林康养旅游基地	广宁县竹海旅游发展有限公司	肇庆市	省级	私营			813	82	1570
29	广东华辰玫瑰－寻源谷森林康养基地	广东华辰玫瑰生物科技有限公司	肇庆市	省级	私营			723	81	5200
30	金子山原生态休闲度假旅游景区	连山壮族瑶族自治县天之源旅游投资开发有限公司	清远市	省级	私营	冰雪、雾凇	30	200	88	3993

表2 2020年四部委国家森林康养基地（第一批）名单（以县为单位的国家森林康养基地）

序号	省份	基地名称
1	内蒙古	牙克石市
2	黑龙江	漠河市
3	福建	福州市晋安区
4		武平县
5		将乐县
6		顺昌县
7	江西	婺源县
8		大余县
9		资溪县
10	河南	鄢陵县
11	广东	广宁县
12		连山壮族瑶族自治县
13		平远县
14	重庆	石柱土家族自治县
15	云南	墨江哈尼族自治县
16		普洱市思茅区
17		腾冲市

表3 2020年四部委国家森林康养基地（第一批）名单（以经营主体为单位的国家森林康养基地）

序号	省份	基地名称及建设主体
1	天津	九龙山森林康养基地——天津九龙山国家森林公园
2	河北	仙台山森林康养基地——石家庄万邦达旅游开发有限公司
3		奥伦达部落·丰宁森林康养小镇——承德居易旅游开发有限公司
4	山西	历山森林康养基地——山西省中条山国有林管理局
5		左权龙泉森林康养基地—左权龙泉国家森林公园（左权万景旅游开发有限公司）
6		太行洪谷森林康养基地——山西太行洪谷国家森林公园管理处
7	内蒙古	林胡古塞森林康养基地——内蒙古白桦林生态旅游有限公司

（续）

序号	省份	基地名称及建设主体
8	吉林	四平市云翠谷森林康养基地——四平市明银休闲度假村有限公司
9		长春莲花山森林康养基地——长春悦翊房地产开发有限公司
10		吉林森工仙人桥森林温泉康养基地——吉林森工森林康养发展集团有限责任公司
11		临江溪谷森林康养基地——临江溪谷森林公园旅游度假有限公司
12	黑龙江	伊春西岭森林医养度假基地——伊春市宝宇龙花酒店有限公司
13		绥阳双桥森林康养游基地——黑龙江省绥阳林业局有限公司
14		伊春桃山玉温泉森林康养基地——伊春沐心旅游发展有限责任公司
15		鹤北林业局森林康养基地——黑龙江省鹤北重点国有林管理局
16	江苏	东台黄海海滨国家森林公园——东台黄海海滨国家森林公园管理中心
17		云台山国家森林公园——云台山国家森林公园管委会
18	浙江	桐庐天子地森林康养基地——桐庐天子地旅游开发有限公司
19		千岛湖龙川湾森林康养基地——浙江千岛湖西南景区旅游有限公司
20		丽水白云国家森林公园——丽水白云森林公园管理处
21		衢州柯城区灵鹫山森林康养基地——衢州市柯城区绿创森林运动有限责任公司
22	安徽	霍山县陡沙河温泉森林康养基地——华强大别山国际旅游度假区开发集团有限公司
23		天柱山森林康养基地——潜山市天柱山国家森林公园
24		石台西黄山富硒农旅度假区森林康养基地——石台县西黄山茶叶实业有限公司
25		金寨县茶西河谷森林康养基地——金寨县映山红农业发展有限公司
26	福建	梅花山森林康养基地——福建省梅花山旅游发展有限公司
27		邵武市二都森林康养基地——福建省邵武市国有林场二都场
28		三元格氏栲森林康养基地——三明市三元格氏栲森林旅游公司
29		岁昌森林康养基地——福建岁昌生态农业开发有限公司
30		匡山生态景区（一期项目建设工程）——浦城县旅游投资开发有限公司
31	江西	萍乡市麓林湖养生公馆——萍乡市都市农庄生态园开发有限公司
32		新光山庄——江西省新光山水开发有限公司
33		南昌市茶园山生态实验林场森林康养基地——南昌市林业科学研究所
34	山东	桃花岗森林康养基地——泗水县泗张镇人民政府
35		寿光林发集团森林康养基地——寿光林业生态发展集团有限公司
36		牛郎山森林康养基地——山东牛郎山旅游开发有限公司
37		获鹿山谷——安丘峰山文化发展有限公司

（续）

序号	省份	基地名称及建设主体
38	河南	竹林长寿山森林康养基地——河南竹林长寿山文旅集团有限公司
39		龙峪湾国家森林公园——洛阳龙峪湾森林养生避暑度假有限公司
40	湖北	五道峡景区横冲森林康养基地——湖北荆山楚源生态文化旅游开发有限公司
41		大口国家森林公园——钟祥市大口国家森林公园管理处
42		燕儿谷森林康养基地——湖北省罗田县燕儿谷生态观光农业有限公司
43		通城县药姑山森林康养基地——湖北省国有通城县岳姑林场
44	湖南	涟源龙山森林康养基地——湖南涟源龙山国家森林公园管理处
45		灰汤温泉森林康养基地——湖南省总工会灰汤温泉职工疗养院
46		方家桥森林康养基地——湖南天堂山国家森林公园管理处
47		幕阜山森林康养基地——湖南幕阜山国家森林公园管理处
48		九观湖森林康养基地——华夏湘江股份有限公司
49	广东	河源市野趣沟森林康养基地——河源市野趣沟旅游区有限公司
50		安墩水美森林康养基地——惠东县大川投资有限公司
51	广西	大明山森林康养基地——广西大明山国家级自然保护区管理局
52		六万大山森林康养基地——广西壮族自治区国有六万林场
53		东兰红水河森林公园——东兰县林业局
54	海南	乐东永涛花梨谷森林康养基地——乐东佳源农林发展有限公司
55		南岛森林康养基地——海南融盛置业有限公司
56		仁帝山雨林康养基地——五指山仁商基业有限公司
57		霸王岭森林康养基地——海南省霸王岭林业局
58	重庆	武隆区仙女山森林康养基地——重庆市武隆喀斯特旅游产业（集团）有限公司
59		永川区茶山竹海森林康养基地——重庆茶山竹海旅游开发有限公司
60		巴南区彩色森林康养基地——重庆邦天农业发展有限公司
61	四川	洪雅县玉屏山森林康养基地——四川玉屏山旅游资源开发有限公司
62		南江县米仓山森林康养基地——南江县米仓山国家森林公园管理局
63		海螺沟森林康养基地——四川省甘孜藏族自治州海螺沟景区管理局
64		雅安市海子山森林康养基地——雅安世外乡村旅游开发有限责任公司

（续）

序号	省份	基地名称及建设主体
65	贵州	六盘水娘娘山森林康养基地——六盘水娘娘山国家湿地公园管理处
66		桃源河景区森林康养基地——贵阳旅文旅游产业发展股份有限公司
67		开阳县水东乡舍森林康养基地——贵州水东乡舍旅游发展有限公司
68		翠芽27度森林康养基地——贵州月出江南景区运营管理有限公司
69		麻江县蓝梦谷蓝莓森林康养基地——麻江县农业文化旅游园区管理委员会
70	云南	龙韵养生谷——红河龙韵休闲旅游开发有限公司
71		昆明潘茂野趣庄园森林康养基地——云南德茂生物科技有限公司
72	陕西	黄陵国家森林公园森林康养基地——陕西黄陵国家森林公园有限公司
73		天竺山森林康养基地——山阳县天竺山国家森林公园管理委员会
74		黄龙山国有林管理局森林康养基地——延安市黄龙山国有林管理局
75		陕西省楼观台森林康养基地——陕西省楼观台国有生态实验林场
76	青海	互助县北山林场森林康养基地——互助土族自治县北山林场
77		莫河骆驼场森林康养基地——青海省柴达木农垦莫河骆驼场有限公司
78	新疆	阿勒泰市克兰河峡谷森林康养基地——新疆阿勒泰市人民政府
79		奇台江布拉克国家森林公园——新疆天山东部国有林管理局奇台分局

HADS 量表（医院用焦虑抑郁量表）

住院号：　床号：　姓名：　日期：

情绪在大多数疾病中起着重要作用，如果医生了解您的情绪变化，他们就能给您更多的帮助，请您阅读以下各个项目，在其中最符合你过去一个月的情绪情况选项后括号内打“√”。对这些问题的回答不要做过多的考虑，立即做出的回答往往更符合实际情况。

1. 我感到紧张（或痛苦）[A]：

0– 根本没有（　）

1– 有时候（　）

2– 大多时候（　）

3– 几乎所有时候（　）

2. 我对以往感兴趣的事情还是有兴趣 [D]：

0– 肯定一样（　）

1– 不像以前那样多（　）

2– 只有一点（　）

3– 基本上没有了（　）

3. 我感到有点害怕好像预感到什么可怕的事情要发生 [A]：

0– 根本没有（　）

1– 有一点，但并不使我苦恼（　）

2– 是有，不太严重（　）

3– 非常肯定和十分严重（　）

4. 我能够哈哈大笑，并看到事物好的一面 [D]：

0– 我经常这样（　）

1– 现在已经不太这样了（　）

2– 现在肯定是不太多了（　）

3– 根本没有（　）

5. 我的心中充满烦恼 [A]：

0– 偶然如此（　）

1– 时时，但并不轻松（　）

2– 时常如此（　）

3– 大多数时间（　）

6. 我感到愉快 [D]：

0– 大多数时间（　）

1– 有时（　）

2– 并不经常（　）

3– 根本没有（　）

7. 我能够安闲而轻松地坐着 [A]：

0– 肯定（　）

1– 经常 4（　）

2– 并不经常（　）

3– 根本没有（　）

8. 我对自己的仪容失去兴趣 [D]：

0– 我仍然像以往一样关心（　）

1– 我可能不是非常关心（　）

2– 并不像我应该做的那样关心我（　）

3– 肯定（　）

9. 我有点坐立不安，好像感到非要活动不可 [A]：

0– 根本没有（　）

1– 并不很少（　）

2– 是不少（　）

3– 却是非常多（　）

10. 我对一切都是乐观地向前看 [D]：

0– 差不多是这样做（　）

1- 并不完全是这样（ ）

2- 很少这样做（ ）

3- 几乎从不这样做（ ）

11. 我突然发现有恐慌感 [A]：

0- 根本没有（ ）

1- 并非经常（ ）

2- 非常肯定，十分严重（ ）

3- 确实很经常（ ）

12. 我好像感到情绪在渐渐低落 [D]：

0- 根本没有（ ）

1- 有时（ ）

2- 很经常（ ）

3- 几乎所有时间（ ）

13. 我感到有点害怕，好像某个内脏器官变化了 [A]：

0- 根本没有（ ）

1- 有时（ ）

2- 很经常（ ）

3- 非常经常（ ）

14. 我能欣赏一本好书或意向好的广播或电视节目 [D]：

0- 常常如此（ ）

1- 有时（ ）

2- 并非经常（ ）

3- 很少（ ）

评分标准：

本表包括焦虑和抑郁 2 个亚量表，分别针对焦虑 [A] 和抑郁 [D] 问题各 7 题。

焦虑和抑郁亚量表的分值区分为：

0 ～ 7 分属无症状；8 ～ 10 分属可疑存在；11 ～ 21 分属肯定存在；

在评分时，以 8 分为起点，即包括可疑及有症状者均为阳性。

匹兹堡睡眠质量指数量表（PSQI 调查表）

姓名：______ 性别：______ 年龄：______ 文化程度：______

职业：______ 评定日期：______ 第______次评定

编号：______ 临床诊断：______

填表提示：以下的问题仅与您过去一个月的睡眠习惯有关。你应该对过去一个月中多数白天和晚上的睡眠情况作精确的回答，要回答所有的问题。

1. 过去一个月你通常上床睡觉的时间是？上床睡觉的时间是______

2. 过去一个月你每晚通常要多长时间（分钟）才能入睡？多少分钟______

A. ≤ 15 分　　B. 16 ～ 30 分

C. 31 ～ 60 分　　D. ≥ 60 分

3. 过去一个月每天早上通常什么时候起床？起床时间______

4. 过去一个月你每晚实际睡眠的时间有多少？每晚实际睡眠的时长______

A. ＞ 7 小时　　B. 6 ～ 7 小时

C. 5 ～ 6 小时　　D. ＜ 5 小时；

●从以下每一个问题中选一个最符合你的情况作答，打“√”

5. 近 1 个月，您有没有因下列情况影响睡眠而烦恼

a. 不能在 30 分钟内入睡

过去一个月没有（　　）

每周平均不足一个晚上（　　）

每周平均 1 ～ 2 个晚上（　　）

每周平均 3 个或更多晚上（　　）

b. 夜间易醒或早醒

过去一个月没有（　　）

每周平均不足一个晚上（　　）

每周平均 1 ～ 2 个晚上（　　）

每周平均 3 个或更多晚上（　　）

c. 夜间去厕所

过去一个月没有（　　）

每周平均不足一个晚上（　　）

每周平均 1 ～ 2 个晚上（　　）

每周平均 3 个或更多晚上（　　）

d. 呼吸不畅

过去一个月没有（　　）

每周平均不足一个晚上（　　）

每周平均 1 ～ 2 个晚上（　　）

每周平均 3 个或更多晚上（　　）

e. 大声咳嗽或鼾声高

过去一个月没有（　　）

每周平均不足一个晚上（　　）

每周平均 1 ～ 2 个晚上（　　）

每周平均 3 个或更多晚上（　　）

f. 感觉冷

过去一个月没有（　　）

每周平均不足一个晚上（　　）

每周平均 1 ～ 2 个晚上（　　）

每周平均 3 个或更多晚上（　　）

g. 感觉热

过去一个月没有（　　）

每周平均不足一个晚上（ ）

每周平均 1 ～ 2 个晚上（ ）

每周平均 3 个或更多晚上（ ）

h. 做噩梦

过去一个月没有（ ）

每周平均不足一个晚上（ ）

每周平均 1 ～ 2 个晚上（ ）

每周平均 3 个或更多晚上（ ）

i. 疼痛不适

过去一个月没有（ ）

每周平均不足一个晚上（ ）

每周平均 1 ～ 2 个晚上（ ）

每周平均 3 个或更多晚上（ ）

j. 其他影响睡眠的事情，如果有，请说明：________________

过去一个月没有（ ）

每周平均不足一个晚上（ ）

每周平均 1 ～ 2 个晚上（ ）

每周平均 3 个或更多晚上（ ）

6. 近 1 个月，总的来说，您认为自己的睡眠质量

非常好（ ）

尚好（ ）

不好（ ）

非常差（ ）

7. 近 1 个月，您用催眠药物的情况

过去一个月没有（ ）

每周平均不足一个晚上（ ）

每周平均 1 ～ 2 个晚上（ ）

每周平均 3 个或更多晚上（ ）

8. 近 1 个月你在开车、吃饭或参加社会活动时难以保持清醒状态？

过去一个月没有（ ）

每周平均不足一个晚上（ ）

每周平均 1 ～ 2 个晚上（ ）

每周平均 3 个或更多晚上（ ）

9. 近 1 个月，你在积极完成事情上是否有困难？

没有困难（ ）

有一点困难（ ）

比较困难（ ）

非常困难（ ）

10. 您是否与人同睡一床（睡觉同伴，包括配偶等）或室友？

没有睡伴或室友（ ）

睡伴或室友不同卧房（ ）

睡伴或室友不同床（ ）

睡伴或室友同床（ ）

●如果你是与人同睡一床或有室友，请询问他（她）你过去一个月是否出现以下情况：

a. 你在睡觉时，有无打鼾声：

过去一个月没有（ ）

每周平均不足一个晚上（ ）

每周平均 1 ～ 2 个晚上（ ）

每周平均 3 个或更多晚上（ ）

b. 在你睡觉时，呼吸之间有没有长时间停顿：

过去一个月没有（ ）

每周平均不足一个晚上（ ）

每周平均 1 ～ 2 个晚上（ ）

每周平均 3 个或更多晚上（ ）

c. 在你睡觉时，你的腿是否有抽动或有痉挛：

过去一个月没有（ ）

每周平均不足一个晚上（ ）

每周平均 1 ～ 2 个晚上（ ）

每周平均 3 个或更多晚上（ ）

d. 在你睡觉时，是否出现不能辨认方向或混乱状态：

过去一个月没有（ ）

每周平均不足一个晚上（ ）

每周平均 1 ～ 2 个晚上（ ）

每周平均 3 个或更多晚上（　　）

e. 在你睡觉时，是否有其他睡不安宁的情况，请描述：

过去一个月没有（　　）

每周平均不足一个晚上（　　）

每周平均 1 ～ 2 个晚上（　　）

每周平均 3 个或更多晚上（　　）

睡眠质量得分（　　），

入睡时间得分（　　），

睡眠时间得分（　　），

睡眠效率得分（　　），

睡眠障碍得分（　　），

催眠药物得分（　　），

日间功能障碍得分（　　）

PSQI 总分（　　）

匹兹堡睡眠质量指数量表简介

一、简介

PSQI是由美国匹兹堡大学医学中心精神科睡眠和生物节律研究中心睡眠专家Buysse Dj等人于1993年编制，用于评定被试者最近一个月的主观睡眠质量。被测验者自己填写，完成此表需5～10分钟。

此表已在国内由刘贤臣等进行信度和效度检验，认为合适国内患者应用。国内已有应有此表评定失眠患者和甲状腺机能亢进症患者睡眠质量的研究报告。

二、临床意义

PSQI用于评定被试最近1个月的睡眠质量。由表及里19个自评和5个他评条目组成，而其中18个条目组成7个因子，每个因子按0～3分等级计分，累积各因子成分得分为PSQI的总分，总分范围为0～21分，得分越高，表示睡眠质量越差。

三、计分指导

PSQI是由19个自我评定问题和5个由睡眠同伴评定的问题组成。仅将19个自我评定问题构成由0–3分的7个因子。“0”分指没有困难，“3”分指非常困难。所有因子分相加构成由0～21量表总分。“0”指没有困难，“21”分指在所有方面非常困难。

各成份含意及计分方法如下：

（一）睡眠质量

根据条目6的应答计分较好计1分，较差计2分，很差计3分。

（二）入睡时间

（1）条目2的计分为≤15分计0分，16～30分计1分，31～60计2分，≥60分计3分。

（2）条目5a的计分为无计0分，<1周/次计1分，1～2周/次计2分，≥3周/次计3分。

（3）累加条目2和5a的计分，若累加分为0计0分，1～2计1分，3～4计2分，5～6计3分。

（三）睡眠时间

根据条目4的应答计分，>7小时计0分，6～7计1分，5～6计2分，<5小时计3分。

（四）睡眠效率

（1）床上时间＝条目3（起床时间）–条目1（上床时间）。

（2）睡眠效率＝条目4（睡眠时间）/床上时间×100%。

（3）成分D计分位，睡眠效率>85%计0分，75%～84%计1分，65%～74%计2分，<65%计3分。

（五）睡眠障碍

根据条目5b至5j的计分为无计0分，<1周/次计1分，1～2周/次计2分，≥3周/次计3分。累加条目5b至5j的计分，若累加分为0则成分E计0分，1～9计1分，10～18计2分，19～27计3分。

（六）催眠药物

根据条目7的应答计分，无计0分，<1周/次计1分，1～2周/次计2分，≥3周/次计3分。

（七）日间功能障碍：

（1）根据条目7的应答计分，无计0分，<1

周/次计1分，1～2周/次计2分，≥3周/次计3分。

（2）根据条目7的应答计分，没有计0分，偶尔有计1分，有时有计2分，经常有计3分。

（3）累加条目8和9的得分，若累加分为0则成分G计0分，1～2计1分，3～4计2分，5～6计3分

PSQI总分=成分A+成分B+成分C+成分D+成分E+成分F+成分G。

评价等级：0～5分，睡眠质量很好；6～10分，睡眠质量还行；11～15分，睡眠质量一般；16～21分，睡眠质量很差。